Progress in Mathematics
Vol. 38

Edited by
J. Coates and
S. Helgason

Birkhäuser
Boston · Basel · Stuttgart

Séminaire de Théorie des Nombres, Paris 1981-82

Séminaire Delange-Pisot-Poitou

Marie-José Bertin, editor

1983

Birkhäuser
Boston • Basel • Stuttgart

Editor:
Marie-José Bertin
Institut Henri Poincaré
11, rue Pierre et Marie Curie
75005 PARIS
France

LC 76-642 403

CIP-Kurztitelaufnahme der Deutschen Bibliothek

Séminaire de Théorie des Nombres:
Séminaire de Théorie des Nombres. - Boston ; Basel ;
Stuttgart : Birkhäuser
   Auf d. Haupttitels. auch : Séminaire Delange-Pisot-
   Poitou

1981/82. Paris 1981 - 82. - 1983.
   (Progress in mathematics ; Vol. 38)
   ISBN 3-7643-3155-8 (Basel, Stuttgart)
   ISBN 0-8176-3155-0 (Boston)

NE: GT

CONTENTS

Ce livre reproduit la plupart des conférences faites au Séminaire de Théorie des nombres de Paris (Delange-Pisot-Poitou), 1981-82.

HEEGNER'S CONSTRUCTION OF POINTS ON THE CURVE
$$y^2 = x^3 - 1728e^3$$

B.J. BIRCH and N.M. STEPHENS[*]

§1. For some years we have been trying to explain and utilise the remarkable method invented by Heegner [6] for constructing rational points on certain elliptic curves. Our first results were announced in 1972 in Moscow, at the meeting held in honour of I.M. Vinogradov's 80th birthday ; at the time, no paper was published, as we were hoping to be able to devise a more complete theory. This note is about the first case we tried ; the approach is somewhat different to that in [3], and the numerical evidence is more detailed in this more particular situation.

We are led to a number of conjectures, of which an over-simplified version is as follows :

"If E is an elliptic curve over $\mathbb{Q}$ which is parametrised by modular functions, and K is a complex quadratic field such that the Mordell-Weil group E_K of K-rational points of E has odd rank, then the "canonical" K-rational point of E which is given by Heegner's construction has Tate height measured by $L'(E/K;1)$, the first derivative of the L-function of E over K evaluated at $s = 1$".

A more precise version appropriate to the curves $y^2 = x^3 - 1728e^3$ is formulated in §5 below. Unhappily, it is a consequence of this conjecture that the Heegner point turns out to be trivial whenever the rank is more than 1.

The plan of this note is as follows. In §2, we recall various facts, particularly about complex multiplication, and we motivate the construction of Heegner points. This construction is made more precise in §3. In §4, we recall the standard apparatus of the Birch - Swinnerton-Dyer conjectures. In §5, we describe the results of our computations and summarise them as a potentially rather general conjecture about the Tate heights of the Heegner points ; in §6 we give more detail about the numbers on which the conjecture in §5 is based.

§2. In this section we establish some notation, we make a certain amount of quotation, and we informally describe how to construct Heegner points of

$$E \; : \; y^2 = x^3 - 1728$$

and its twists

$$E^{(e)} \; : \; y^2 = x^3 - 1728e^3 \; .$$

The curve E has a very convenient parametrisation by modular functions. Let $\Gamma_6 = \Gamma_2 \cap \Gamma_3$ be the standard "cuspidal" subgroup of the modular group $\Gamma(1)$, of index 6 ; a fundamental region for H/Γ_6 is the "regular hexagon" given by

$$|\mathrm{Re}(z)| \leq 3 \; , \quad |z-n| \geq 1 \quad \text{for} \quad n \in Z \; ,$$

with the identification $z \sim z+6$ and with "opposite sides" identified by $z \sim n+3 - (z-n)^{-1}$. The Riemann surface H/Γ_6 is obtained from the j-line $H/\Gamma(1)$ by straightening out the branch points above i and $\rho = e^{2\pi i/3}$, so may be parametrised by functions $j^{1/3}$ and $\sqrt{(j-1728)}$; hence H/Γ_6 , completed by the addition of a single point at infinity, is the elliptic curve E .

The holomorphic differentials on E are multiples of $\eta^4(z)dz$, where

$$\eta^4(z) = e^{\pi iz/3} \prod_1^\infty (1-e^{2\pi inz})^4 = e^{\pi iz/3} - 4e^{7\pi iz/3} + 2e^{13\pi iz/3} -\ldots$$

We may also parametrise E by elliptic functions, a generic point being $(p(u),\tfrac{1}{2}p'(u))$ where

$$\tfrac{1}{4}\{p'(u)\}^2 = p^3(u)-1728 ,$$

and then the elliptic parameter u is determined in terms of z by

$$u(z) = -\frac{\pi i}{3} \int_z^{i\infty} \eta^4(t)dt .$$

Using the parameter u , E is identified with the torus $\mathbb{C}^+/\omega\Lambda(1,\rho)$, where $\Lambda(1,\rho)$ is the lattice of unit equilateral triangles generated by 1 and ρ , and the period

$$\omega = .701091.. ;$$

and then the group law on E corresponds to straightforward addition of u , as a complex number modulo the period lattice.

To obtain rational points of $E^{(e)}$, we use the theory of complex multiplication.

If w is complex quadratic, it is a root of an equation $Aw^2+Bw+C = 0$, with A,B,C coprime integers ; its discriminant $\Delta(w)$ is then $B^2-4AC < 0$. Denote the ring $Z[\tfrac{1}{2}(\Delta+\Delta^{1/2})]$ by R(w) ; then the set $\mathfrak{A}(w) = \{m+nw\,|\,m,n \in Z\}$ is a primitive (fractional) ideal of R(w) ; so w determines a primitive ideal class of R(w). By the same token, w determines a class of primitive binary quadratic forms of discriminant $\Delta(w)$, namely the class of the form $Ax^2+Bxy+Cy^2$.

Let j(z) be the modular invariant ; then j(w) is an algebraic integer, which depends only on the class of the ideal $\mathfrak{A}(w)$; so we may regard j as a function of ideals, or as a function of ideal classes. The field $K(w) = \mathbb{Q}(w,j(w))$

is the ring class field of $R(w)$; it depends only on the discriminant $\Delta(w)$, and as $\mathfrak{U}$ runs through a complete set of primitive ideal classes of $R(w)$, $j(\mathfrak{U})$ runs through a complete set of $K(w)/\mathbb{Q}(w)$ conjugates ; $K(w)$ is a normal extension of $R(w)$, and its Galois group $G(w)$ is naturally isomorphic to the group $G'(w)$ of primitive ideal classes of $R(w)$.

Now let $\gamma_2(z)$ be the function that is real on the imaginary axis and satisfies $\gamma_2^3 = j$, and let $\gamma_3(z)$ be the function that is real and positive when $z = \frac{1}{2}+iT$, with T large, and satisfies $\gamma_3^2 = j-1728$, both as in Weber's Algebra. Then $\gamma_2(w) \in K(w)$ so long as $3 \nmid \Delta(w)$ and $3 \mid B$; and $\gamma_3(w) \in K(w)$ when $\Delta \equiv 1$ (4) and $i\gamma_3(w) \in K(w)$ when $\Delta \equiv 4$ or $8 \pmod{16}$. (See for instance $[4]$).

Accordingly, by taking $w = \frac{1}{2}(3+\Delta^{1/2})$ when $3 \nmid \Delta$ and $\Delta \equiv 1$ (4), we obtain a point $(\gamma_2(w),\gamma_3(w))$ of $E : y^2 = x^3 - 1728$ with $x,y \in K(w)$, x real and y pure imaginary ; and by taking $w = \Delta^{1/2}$ when $3 \nmid \Delta$ and $\Delta \equiv 4,8$ (16) we obtain a point $(\gamma_2(w),\gamma_3(w))$ of E with $x,iy \in K(w)$ and x,y real. Note that if $\Delta \equiv 4$ (16), Δ is not a primitive discriminant ; say $\Delta = 4\Delta_1$, $w_1 = \frac{1}{2}(\Delta_1+\Delta_1^{1/2})$; then $K(w)$ is equal to, or a cubic extension of, $K(w_1)$ according as $\Delta_1 \equiv 1$ (8) or $\Delta_1 \equiv 5$ (8) [except that in the exceptional case $\Delta(w) = -12$, $K(w) = K(w_1) = \mathbb{Q}(w) = \mathbb{Q}(\rho)$].

Let us write $K'(w)$ short for the real subfield of $K(w)$; then $[K'(w):\mathbb{Q}] = [K(w):\mathbb{Q}(w)] = h$, the class number of $G'(w)$, but whereas $K(w)$ is an abelian extension of $\mathbb{Q}(w)$, with Galois group $G(w)$ isomorphic to this group of primitive ideal classes, the extension $K'(w)/\mathbb{Q}$ is not usually normal. The Galois group of $K(w)$ over $\mathbb{Q}$ is (generalised) dihedral.

In case $w = \frac{1}{2}(3+\Delta^{1/2})$ with $\Delta < 0$, $\Delta \equiv 1$ (4), we write $Q'(w)$ for the point $(\Delta\gamma_2(w),\Delta^{3/2}\gamma_3(w))$; then $Q'(w)$ is a point of the curve $E^{(\Delta)}$ with $x,y \in K'(w)$. In a similar way, when $w = \Delta^{1/2}$ with $\Delta < 0$, $\Delta \equiv 4,8$ (16) we write $Q''(w)$ for the point $(-\Delta\gamma_2(w),(-\Delta)^{3/2}\gamma_3(w))$; then Q'' is a point of $E^{(-\Delta)}$ with $x,y \in K'(w)$.

An obvious way to obtain rational points on the elliptic curves $E^{(\pm\Delta)}$ is to take the trace of the points $Q'(w)$, $Q''(w)$ - that is to say, add up the $K'(w)/\mathbb{Q}$ conjugates according to the addition law on the curve. However, this is not really convenient, if $K'(w)/\mathbb{Q}$ is not Galois. On the other hand, $K(w)$ is always Galois over $\mathbb{Q}(w)$ with known Galois group, so it is better to take the $K(w)/\mathbb{Q}(w)$ trace of the points $Q'(w)$, $Q''(w)$ of $E_{K(w)}$, so as to obtain a point $S(w)$ of $E_{\mathbb{Q}(w)}$. It can, in fact, be shown that $S(w)$ is a point of $E_{\mathbb{Q}}^{(\pm\Delta)}$.

Note that to each ideal $\mathfrak{U}_1$ of $R(w)$ correspond six possible points $P(w_1)$ such that the lattice $\Lambda(1,w_1)$ is similar to $\mathfrak{U}_1$ - increasing w_1 by an integer is liable to multiply γ_2 , γ_3 respectively by a power of ρ or -1 ; so in taking the trace of $P(w)$ it is necessary to take properly normalised representatives $w_1, w_2, \ldots, w_h$ of the ideal class representatives $\mathfrak{U}_1, \mathfrak{U}_2, \ldots, \mathfrak{U}_h$.

In practice, we will use a somewhat generalised construction. If the discriminant of the field $\Delta(w)$ is composite and more than 8 , then the classes of binary forms of discriminant $\Delta(w)$ fall into several genera. In fact, if G^* is the kernel of all quadratic characters of the Galois group $G = G(w) = \mathrm{Gal}(K(w)/\mathbb{Q}(w))$, then in the natural isomorphism between $G'(w)$ and $G(w)$ the genera correspond to the cosets of G/G^* ; the fixed field $M(w)$ of G^* is the compositum of the quadratic fields whose discriminant divides $\Delta(w)$ - it is called the genus field, and the quadratic characters of G are the genus characters. If χ_m is a genus character, it corresponds to a quadratic extension $\mathbb{Q}(w, m^{1/2})$ with $|m|$ dividing $|\Delta(w)|$; the sum

$$\Sigma \chi_m(w) u(P(w))$$

(computed in terms of the elliptic parameter u) leads to a point of E in a quadratic extension $\mathbb{Q}(m^{1/2})$ with $|m|$ dividing $|\Delta|$; so we may obtain Heegner points of $E^{(m)}$ by working via $R(w)$ with $|m|$ dividing $|\Delta(w)|$ properly.

§3. In this section, we will be quite specific.

Let m be a square-free integer such that

$$\underline{\text{either}} \quad m < 0 \ , \ 3 \nmid m \ , \ \text{and} \ m \equiv 1 \quad (4) \qquad (3.1\text{A})$$
$$\underline{\text{or}} \quad m > 0 \ , \ 3 \nmid m \ , \ \text{and} \ m \equiv 2,3 \ (4) \qquad (3.1\text{B})$$

Suppose $-|m| = ef$, where e has the same sign as m and $\qquad (3.2)$

$$\underline{\text{either}} \quad e \equiv f \equiv 1 \ (4) \ , \ e < 0 \ \text{and} \ f > 0 \qquad (3.3\text{A})$$
$$\underline{\text{or}} \quad e \equiv 2,3 \ (4) \ , \ f \equiv 2,3 \ (4), \ e > 0$$
$$\text{and} \ f < 0 \ . \qquad (3.3\text{B})$$

Define $w = \frac{1}{2}(3+m^{1/2})$ so that $\Delta(w) = m$ in case $m < 0$, $\qquad (3.4\text{A})$

and $w = m^{1/2}$ so that $\Delta(w) = -4m$ in case $m > 0$. $\qquad (3.4\text{B})$

Let $A_j x^2 + B_j xy + C_j y^2$ for $j = 1,\ldots,h$ be representatives of the classes of primitive quadratic forms of discriminant $\Delta(w)$; normalise them so that

$$\underline{\text{either}} \quad 3 \mid B \ , \ 3 \nmid AC \ \text{or} \ 3 \nmid B \ , \ 3 \mid A \ , \ 3 \mid C \qquad (3.5)$$
and in addition
$$\underline{\text{either}} \quad A \equiv 1 \qquad (4) \ , \ B \equiv C \equiv 0 \quad (2) \qquad (3.6\text{A})$$
$$\underline{\text{or}} \quad A \equiv C \equiv 0 \quad (4) \ , \ B \equiv 3 \qquad (4) \qquad (3.6\text{B})$$
$$\underline{\text{or}} \quad A \equiv C \equiv \pm 1 \ (4) \ , \ B \equiv 1 \qquad (4) . \qquad (3.6\text{C})$$

Take w_j as the root of $A_j w^2 + B_j w + C_j = 0$ with positive imaginary part. Then the points $P(w_j)$ are a complete set of $K(w)/\mathbb{Q}(w)$ conjugates of $P(w) = (\gamma_2(w),\gamma_3(w))$.

For any e , $\mathbb{Q}(e^{1/2})$ is a quadratic subfield of $M(w)$; let χ_e be the genus character corresponding to $\mathbb{Q}(w,e^{1/2})$, so that χ_m is the identity. We may regard χ_e either as a character of the Galois group $G(w)$, or as a character on the primitive ideal classes ; write $\chi_e(w_j)$ for its value on the ideal class similar to the lattice $\Lambda(1,w_j)$, and define

$$P_{e,f} = \sum_{\substack{\sigma \in G(w)}} \chi_e(\sigma)\sigma[P(w)] \qquad (3.7)$$

$$= \sum_{j=1}^{h} \chi_e(w_j)P(w_j) \ .$$

Note that $S(w)$ of §2 is $P_{\Delta,1}$ when $\Delta \equiv 4,8 \pmod{16}$ and is $P_{\Delta,-1}$ when $\Delta \equiv 1$ (4). We shall denote $P_{m,1}$ $(m < 0)$ or $P_{m,-1}$ $(m > 0)$ by P_m .

For $e \neq m$, $P_{e,f}$ is defined over $\mathbb{Q}(w,e^{1/2})$ and is taken to $-P_{e,f}$ by the endomorphism $(w,e^{1/2}) \longrightarrow (w,-e^{1/2})$ of $\mathbb{Q}(w,e^{1/2})$. The x-coordinate of $P(w)$ is real, and the y-coordinate is real or pure imaginary according as $e > 0$ or $e < 0$, so the same is true of the coordinates of $P_{e,f}$. Write (X,Y) for the coordinates of $P_{e,f}$; thus $Q_{e,f} = (eX,e^{3/2}Y)$ is a rational point of $E_{\mathbb{Q}}^{(e)}$. By a similar argument, if P_m is (X,Y) then $Q_m = (mX,m^{3/2}Y)$ is a rational point of $E_{\mathbb{Q}}^{(m)}$.

In practice, we computed the u-coordinates

$$u(P_{e,f}) = \sum_{j=1}^{h} \chi_e(w_j)u(w_j)$$

where

$$u(w) = -\frac{\pi i}{3} \int_{w}^{i\infty} \eta^4(z)dz$$

$$= e^{\pi i w/3} - \frac{4}{7}e^{7\pi i w/3} + \ldots$$

$$= \sum_{\alpha \equiv 1(3)} \left(\frac{\alpha}{2}\right)_3 \frac{1}{\alpha} \exp\left(\frac{2\pi i}{3}wN\alpha\right) \ ,$$

the sum being taken over all integers α of $\mathbb{Z}[\rho]$. This series is rapidly convergent and gives $u(P_{e,f})$ as a point of $\mathbb{C}^{+}/\omega\Lambda(1,\rho)$. Unfortunately, this does not lead easily to the expression of $Q_{e,f}$ as an explicit <u>rational</u> point of $E^{(e)}$.

§4. The curve E has an L-function defined in the usual way which we may write explicitly as

$$L(E;s) = \prod L(E,p;s) \ ,$$

where the product is over primes $p \geq 5$ and

$$L(E,p;s) = (1 - (N_p - p - 1)p^{-s} + p^{1-2s})^{-1} \ ,$$

with N_p the number of points on the modulo p reduction of E . Consistent with the theory of Eichler-Shimura, $L(E;s)$ is the Mellin transform of the differential on E ; so

$$L(E;s) = \sum_1^\infty a_n \, n^{-s}$$

where

$$\eta^4(s) = \sum_1^\infty a_n \, e^{\pi inz/3} \ .$$

If e is square-free, then $E^{(e)}$ has L-function

$$L(E^{(e)};s) = L(E;s,\chi_e) = \sum_1^\infty a_n \, \chi_e(n) \, n^{-s} \ ,$$

where χ_e is the quadratic character with conductor the discriminant of $\mathbb{Q}(e^{1/2})$. The conductor of the curve is $36|de|$.

The Birch – Swinnerton-Dyer conjectures assert that

$$\mathrm{rank}(E_{\mathbb{Q}}^{(e)}) = 0 \ \longrightarrow \ L(E^{(e)};1) = \tau_\infty(E^{(e)}) \prod_{p|6e} \tau_p(E^{(e)}) |\omega| / \mu^2(E_{\mathbb{Q}}^{(e)})$$

$$(4.1)$$

$$\mathrm{rank}(E_{\mathbb{Q}}^{(e)}) = 1 \ \longrightarrow \ L(E^{(e)};1) = 0 \quad \text{and} \qquad\qquad (4.2)$$

$$L'(E^{(e)};1) = \tau_\infty(E^{(e)}) \prod_{p|6e} \tau_p(E^{(e)}) |\omega| \, \hat{h}(G)/\mu^2(E_{\mathbb{Q}}^{(e)}) \quad (4.3)$$

$$\mathrm{rank}(E_{\mathbb{Q}}^{(e)}) \geq 2 \ \longrightarrow \ L(E^{(e)};1) = L'(E^{(e)};1) = 0 \ ; \qquad (4.4)$$

here, $\hat{h}(G)$ is the Tate height of a generator G of $E_{\mathbb{Q}}^{(e)}$, $|\omega|$ is the conjectured order of the Tate-Shafarevich group, $\mu(E_{\mathbb{Q}}^{(e)})$ is the order of the torsion sub-group of $E_{\mathbb{Q}}^{(e)}$, and for each prime p

$$\tau_p(E^{(e)}) = \int_{E^{(e)}_{\mathbb{Q}_p}} \frac{dx}{2y} \ ,$$

$E^{(e)}_{\mathbb{Q}_\infty}$ being interpreted as $E^{(e)}_{\mathbb{R}}$.

So long as $e \neq 3$ (and this case will be excluded) the torsion group has order 2 ; and the factors τ_p are elementary and may be readily calculated - but it is dangerous to quote their values from other sources, since individually they depend on the particular model taken for $E^{(e)}$. We find

<u>Lemma</u>. Suppose that e is **square-free** and not divisible by 3 . Then

  (i)   If $p|e$ and $p \neq 2$ then $\tau_p(E^{(e)}) = 3 + (p/3)_2$.

  (ii) $\tau_3(E^{(e)}) = 2$

  (iii) $\tau_2(E^{(e)}) = 2,4,2,6,4,2$ according as
        $e \equiv 1,2,3,5,6,7 \ (8)$.

  (iv) If $e > 0$, $\tau_\infty(E^{(e)}) = \omega/e^{1/2}$ and if $e < 0$
        $\tau_\infty(E^{(e)}) = \omega(-3/e)^{1/2}$

where

$$\omega = \int_{12}^{\infty} \frac{dx}{\sqrt{(x^3 - 1728)}} = .701091..$$

In view of this lemma, the conjectures (4.1), (4.3) may be written more explicitly as

If $\mathrm{rank}(E^{(e)}_{\mathbb{Q}}) = 0$ then $\tau_\infty(E^{(e)})^{-1} L(E^{(e)};1) = 2^A 3^B |ш| \ ; \ (4.5)$

if $\mathrm{rank}(E^{(e)}_{\mathbb{Q}}) = 1$ then $\tau_\infty(E^{(e)})^{-1} L'(E^{(e)};1) = 2^A 3^B |ш| \hat{h}(G)$,

$$(4.6)$$

where in either case

   $A = [$number of prime factors of e congruent to
        $2 \bmod 3] + 2 \ [$number of prime factors of e
        congruent to $1 \bmod 3]$, (4.7)

and $B = 1,0$ according as $e \equiv 5 \ (8)$ or not. (4.8)

§5. <u>Calculations and conjectures</u>.

We computed $u(P_{e,f})$, as given by (3.9), for all pairs (e,f) satisfying (3.1) to (3.3) for which $|ef|$ is square-free and less than 4000. In all such cases, $E_{\mathbb{Q}}^{(e)}$ has odd rank and $E_{\mathbb{Q}}^{(f)}$ has even rank ; we found that $P_{e,f}$ turned out to be trivial (that is to say, $u(P_{e,f})$ turned out to be a period or half a period) whenever either $E_{\mathbb{Q}}^{(e)}$ had rank at least 3 or $E_{\mathbb{Q}}^{(f)}$ had rank at least 2 . In the remaining case, we compared the values of $u(P_{e,f})$, for fixed e , with each other, and with $u(G_e)$ when we knew a generator G_e of $E_{\mathbb{Q}}^{(e)}$.

When $E_{\mathbb{Q}}^{(e)}$ has rank 1 , the three assertions

(A) "$u(P_{e,f}) \equiv mu(G_e)$ modulo half periods",

(B) "$P_{e,f}$ is equal to $\pm mG_e$ modulo torsion, as a point of $E_{\mathbb{Q}}^{(e)}$",

(C) "$\hat{h}(P_{e,f}) = m^2 \hat{h}(G_e)$, where $\hat{h}$ is the Tate height on $E_{\mathbb{Q}}^{(e)}$",

are all equivalent ; it is most convenient to express the results in terms of the Tate height, though the form (A) of the assertion is the one we actually computed.

All our results are consistent with the formula

$$\hat{h}(P_{e,f}) = 2^{2\alpha}3^{2\beta}S(e)S(f)\hat{h}(G_e) \qquad (5.1)$$

where

$\alpha = \left[\tfrac{1}{2}(A-1)\right]$ and $A = A(ef) = A(e) + A(f)$ is given by (4.7), $[\ ]$ denotes the integer part, $\qquad (5.2)$

$\beta = 1$ if $e < 0$ and $e \equiv f \equiv 5$ (8) and $\beta = 0$ otherwise, $\qquad (5.3)$

$S(e) = |\text{ɯ}(E^{(e)})|$ if $\text{rank}(E_{\mathbb{Q}}^{(e)}) = 1$, $S(e) = 0$ otherwise $\qquad (5.4)$

$$S(f) = |w(E^{(f)})| \text{ if } \text{rank}(E_{\mathbb{Q}}^{(f)}) = 0 \text{ , } S(f) = 0$$
otherwise. $\hspace{10em}$ (5.5)

In particular, when $f = \pm 1$, experimental evidence showed that

$$\hat{h}(P_e) = 2^{2\alpha} S(e) \hat{h}(G_e) \hspace{6em} (5.6)$$

where the meaning of α, S is unchanged.

Fitting this together with the Birch – Swinnerton-Dyer formulae in §4, we are led to

<u>Conjecture</u>. If the pair (e,f) satisfy (3.1) to (3.3) then

$$\hat{h}(P_{e,f}) = \frac{L'(E^{(e)};1)}{\tau_\infty(E^{(e)})} \frac{L(E^{(f)};1)}{\tau_\infty(E^{(f)})} 2^L 3^M . \hspace{3em} (5.7)$$

Here, L, M are small integers determined experimentally as

$$L = \begin{cases} -1 & \text{if } |m| = |ef| \equiv 2 \ (3) \\ -2 & \text{if } |m| = |ef| \equiv 1 \ (3) \end{cases} \hspace{3em} (5.8)$$

$$M = \begin{cases} 0 & \text{if } e > 0 \text{ or } e < 0 , e \equiv f \ (8) \\ -1 & \text{if } e < 0 , e \not\equiv f \ (8) . \end{cases} \hspace{2em} (5.9)$$

In particular, since $L(E^{(\pm 1)};1)/\tau_\infty(E^{(\pm 1)}) = 1$,

$$\hat{h}(P_e) = \frac{L'(E^{(e)};1)}{\tau_\infty(E^{(e)})} 2^{L^*} 3^{M^*} \hspace{4em} (5.10)$$

where $L^* = L$ and

$$M^* = \begin{cases} -1 & \text{if } m \equiv 5 \ (8) , m < 0 \\ 0 & \text{otherwise} \end{cases} \hspace{3em} (5.11)$$

We are not able to give an entirely satisfactory explanation for the disagreeable factors $2^L 3^M$ of (5.7) and $2^{L^*} 3^{M^*}$ of (5.10) †.

---

† (added later) Numerical evidence (obtained since this note was first written) for other curves suggests these factors

appear for two reasons. One, the curve $E^{(e)}$ is isogenous to the curves

$$A^{(e)} : ey^2 = x^3 + 1 \qquad B^{(e)} : ey^2 = x^3 - 15x + 22$$

$$C^{(e)} : ey^2 = x^3 - 27 \qquad D^{(e)} : ey^2 = x^3 - 135x + 594 .$$

All of these curves have the same rank for fixed e , but the values of τ_p for $p \mid 6e$ may differ by factors which are a power of 2 and a power of 3 . It would be more natural to consider the construction of points and the L-function of the curve isogenous to $E^{(e)}$ which is the strong Weil curve.

Secondly, the complex numbers as defined by (3.4) do not in every case lead to "Heegner points" as defined in [2] – points which are more canonical – but rather they lead to multiples of Heegner points. The effect on $P_{e,f}$ is another factor which is a power of 2 and a power of 3.

Numerical evidence (to be published later) for other curves E using strong Weil curves and the canonical Heegner points suggest that a formula similar to (5.7) is true with a constant to replace $2^L 3^M$ which is apparently independent of E as well.

§6. We must be precise about the extent to which we verified the formulae (5.1) to (5.6) ; although we calculated the $u(P_{e,f})$ for all square free $|ef|$ less than 4000, it is not true that we found the generator G_e for all relevant e - and of course in no case is the value of $|\text{Ш}|$ better than conjectural.

It is convenient to split the verification into two stages :

(I) The formula (5.6) may be checked directly.

(II) When $|f| > 1$, $u(P_{e,f})$ may be compared with $u(P_e)$.

Stage I was in fact checked only for the cases listed in Table 1 corresponding to the cases where G_e was found or rank $(E^{(e)}) = 3$. Stage II was checked in all relevant cases with $|ef| < 4000$; the formulae (5.1) and (5.6) were consistent with the values of $S(e)$ and $S(f)$ listed in Table 2.

Of course, it is not possible to check that the non-zero values of $S(e)$, $S(f)$ listed in Table 2 really satisfy (5.4) and (5.5) as we have no way of evaluating the Tate-Safarevic group completely. But we have made quite strong checks :

(A) In all cases where $u(P_{e,f})$ is trivial, either $E^{(e)}$ has rank three of $E^{(f)}$ has rank 2. This has been checked by explicitly finding generators except for those values of f in Table 2 marked with an asterisk ; for these it is expected that the search region was too small.

(B) We have computed $L(E^{(f)};1)$ for all f satisfying (3.3) and $|f| < 4000$ (only f for which there exists an e satisfying (3.3) and $|ef| < 4000$ are relevant) and verified the value of $S(f)$, according to the conjectures (4.1) and (4.2).

(C) We have approximately computed $L'(E^{(e)};1)$ for all e satisfying (3.3), $-2000 < e < 1000$, and using the values of G_e verified the value of $S(e)$, according to the conjectures (4.3) and (4.4), for all such e in Table 1.

(D) We have calculated 2-descents for $E^{(m)}$ whenever $|m| < 4000$ and verified that the values of $S(e)$ and $S(f)$ given in Table 2 are even precisely in the case when there is more than one 2-descent-consistent with (5.4) and (5.5).

(E) We have noted that for negative values of f , the value of $S(f)$ in Table 2 is divisible by 9 precisely when the class number of the corresponding quadratic field is divisible by 3 ; but we have not checked 3-descents thoroughly.

We briefly describe some of the methods and limitations of the computations.

(a) 2-descents were computed using the ideas of Cassels [5].

(b) The values of G_e were found by searching a 2-descent for small solutions. No check cas ever made that the solution found was indeed basic, but in all cases it was believed to be so.

(c) The values of $u(w_j)$ in (3.9) were correct to about 7 decimal places. Hence, when h is large, $u(P_{e,f})$ has less accuracy, due to accumulated rounding errors. In four cases, the rounding errors made comparison with $u(G_e)$ or $u(P_e)$ using (A) of §5 difficult. These were when $e = 158$, $f = -13$ because $u(G_e)$ is very close to $\omega/12$; when $e = 899$, $f = -1$ and $f = -2$, because $u(G_e)$ is very close to zero ; when $e = 122$, $f = -29$ because $u(G_e)$ is very close to $5\omega/22$.

(d) The values of the L-function were computed using the formula obtained from the functional equation :

$$L(E^{(f)};1) = 2 \sum_n {}' \chi_f(n)a_n \exp(-2\pi/\sqrt{D})/n$$

where D is the conductor of $E^{(f)}$. Accuracy was sufficient to determine an integer $|\text{Ш}|$, the conjectured order of the Tate-Safarevic group.

(e) The approximate values of the derivative of the L-function were computed using the formula :

$$L'(E^{(e)};1) = 2 \sum_n \chi_e(n)\, a_n \left\{ \log\sqrt{D}\, \exp(-2\pi n/\sqrt{D}) + 2\pi \int_{1/\sqrt{D}}^{\infty} e^{-2\pi nx} \log x\, dx \right\}.$$

This formulation has the advantage that the intergrand is independent of e . For each n , the integral was tabulated for all relevant values of $1/\sqrt{D}$, enabling efficient simultaneous evaluations of $L'(E^{(e)};1)$ for e satisfying (3.3) and $-2000 < e < 1000$. These values correspond to the conductor D satisfying $|D| < 144.10^6$.

---

* The talk which was based on this paper was presented by
  the second author.

TABLE 1. <u>Values of</u> e <u>satisfying</u> (3.3) <u>for which stage</u> I
<u>verification was made</u> (<u>i.e. values of</u> e <u>for which</u>
G_e <u>was determined or</u> S_e <u>was zero</u>).

2, ± 7, 10, ± 11, 14, ± 19, 22, ± 23, 26, ± 31, 34, ± 35, 38, ± 43, 46, -47, -55, 58, -59, 62, ± 67, 70, 71, 74, ± 79, -83, 86, ± 91, ± 95, -103, 106, 110, -115, ± 119, 122, ± 127, 130, 134, -139, 142, ± 143, 151, 154, ± 155, 158, -163, 170, 182, -187, 190, -199, -203, 211, -215, 218, ± 223, 235, 238, ± 247, -251, 254, ± 259, 266, -271, -283, 286, ± 287, -299, -307, 310, 322, ± 323, 326, 331, -335, 359, -367, ± 371, 374, 386, ± 395, ± 403, 406, ± 407, ± 427, -431, 434, 442, 443, ± 455, 470, 478, 494, -503, 506, ± 511, 515, 518, 527, -547, -551, ± 559, 566, 574, -587, -595, 598, 602, 610, -619, 626, -635, 638, -643, 658, -671, ± 679, 694, -703, -707, 715, 730, -731, -739, -755, 758, ± 763, -767, 770, -787, 791, -803, 806, -815, 826, 842, 851, 854, 863, -871, 874, 886, 895, ± 899, 910, -923, 926, 938, 946, -955, -959, 962, 970, 974, -995, 998, -1007, 1015, 1022, -1027, 1030, -1043, 1054, -1055, -1063, 1066, 1094, -1099, 1106, -1147, 1154, -1159, 1171, 1178, 1190, 1211, 1222, -1235, 1246, 1247, -1259, -1267, -1291, ± 1295, 1298, 1310, -1315, 1330, ± 1339, 1342, -1343, 1346, 1358, 1387, 1390, -1391, -1403, 1406, -1435, 1442, 1454, 1462, ± 1463, 1474, 1478, -1483, ± 1495, 1523, 1526, -1531, 1534, 1538, -1543, ± 1547, 1558, -1559, 1562, 1570, 1591, 1598, -1603, -1607, 1610, -1615, 1630, -1631, 1634, -1643, 1646, -1651, 1654, -1655, -1687, 1706, -1727, ± 1739, 1742, -1759, -1763, 1766, 1771, -1783, 1786, -1787, 1807, 1826, 1834, 1838, 1843, 1874, -1879, 1891, 1894, 1898, 1919, -1931, -1939, -1951, -1963, 1978, -1987, 2002, -2015, -2071, 2114, -2119, -2135, 2143, 2146, 2158, 2170, 2179, -2191, 2198, -2219, 2230, -2231, 2242, 2263, 2282, -2287, 2290, 2294, 2314, -2315, 2318, -2327, 2342, -2359, ± 2387, 2402, 2426, 2438, -2443, 2459, 2470, 2482, 2483, 2494, -2495, 2503, 2510, 2522, 2530, 2542, 2543, 2546, -2551, -2555, 2587, 2590, 2594, 2606, ± 2611, 2618, -2623, -2627, 2635, -2639, 2654, 2666, 2674, 2678, 2698, 2702, 2710, -2723, -2743, 2755, 2758, -2771, 2774, 2782, 2786, -2819, 2834, 2839, 2846, -2855, -2867, 2914, 2926, 2954, -2987, 2990, 3010, 3031, 3035, -3059, 3062, 3071, 3094, -3139, -3155, 3166, 3178, 3182, -3239, -3247, 3266, 3286, 3287, 3298, -3311, -3331, -3355, ± 3367, 3374, -3379, 3382, ± 3395, 3406, 3434, 3439, -3443, -3451, 3458, 3482, -3503, 3514, ± 3515, 3542, -3547, -3551, -3559, 3586, 3590, 3602, -3619, ± 3667, 3670, 3679, 3683, 3686, 3706, 3707, 3710, -3715, -3731, 3739, 3770, 3794, -3811, -3815, 3818, -3835, 3878, -3895, 3907, 3922, 3926, 3955, ± 3959, 3962, -3967, 3970.

TABLE 2a). <u>Values of</u> S(e) <u>for those</u> e <u>in table</u> 1.

S(e) = 1   for all such   e   except:

S(e) = 0   506, 730, -1727, 2678, 3071.

S(e) = 4   386, ±407, 598, 626, 970, 1154, 1298, 1346, 1474, -1495, 1526, 1538, 1562, 1634, ±1739, 1826, 1874, 2242, 2402, 2482, 2530, 2590, 2594, ±2611, -2627, 2698, 2782, 2834, -2867, 3266, 3298, 3406, -3443, 3586, ±3959.

S(e) = 9   79, 142, 223, 235, 254, 326, 359, 427, -431, 443, -503, 574, 842, 874, 895, 899, -1055, 1171, 1211, 1339, 1342, 1406, 1478, 1523, -1559, -1607, 1646, 1654, -1759, 1771, -1879, -1931, -1951, -2071, 2143, 2170, 2230, 2263, 2459, 2510, 2543, 2635, 2666, 2755, 2758, 2914, 3035, 3062, 3166, 3287, 3482, 3514, -3547, 3590, 3667, 3670, 3706, 3739, 3955, 3962, -3967.

S(e) = 16   3818.

S(e) = 36   3602.

TABLE 2b). <u>Values of</u> S(f) <u>for those</u> f <u>for which there is</u>
<u>an</u> e <u>satisfying</u> (3.3) <u>and</u> |ef| ⟨ 4000 .

S(f) = 1   for all such f except :

S(f) = 0   -26, 37, -38, -61, 65, -110, -118, -157, -182, 193,
            -214, 217, -262, -286, 305, ±329, -334*, 349,
            -358*, -362, -370, 373, -397, -430, ±433, 485,
            -517, -526, -533, -566, -661*, -665, -673, -713,
            -817, -913*, -973, -1069, -1141, -1169*, -1177*,
            -1321*, -1385, -1501, -1517, -1549*, -1649, -1729,
            -1793*, -1853, -1933*, -1937, -1993*.

S(f) = 4   -22, -37, -46, 61, -65, -86, -94, -134, -142, 157,
            -166, -190, -217, -218, -230, ±253, -278, -305,
            -313, -326, ±341, -349, ±365, -373, -374, -386,
            397, ±413, -422, -442, -454, -458, -469, -470,
            -502, 533, -553, -554, -577, -581, -649, -721,
            -769, -793, -853, -877, -889, -917, -937, -997,
            -1001, -1081, -1105, -1133, -1157, -1265, -1349,
            -1357, -1441, -1589, -1645, -1657, -1685, -1741,
            -1861, -1885, -1897, -1909, -1957, -1961.

S(f) = 9   17, -29, 41, -53, 73, ±89, 97, 101, -106, -109,
            113, 137, 145, 161, -170, 185, 197, -202, 209, 229,
            ±233, ±241, 257, 265, 269, -274, -277, 281, -293,
            -298, -302, 337, 377, 389, 401, 409, 449, 457,
            -461, ±473, 481, -493, ±497, 505, -509, 521, -542,
            545, ±557, -565, 569, -593, -617, -629, -677, -685,
            -797, -821, -901, -905, -929, -949, -985, -989,
            -1033, -1073, -1097, -1145, -1193, -1285, -1289,
            -1309, -1313, -1337, -1373, -1397, -1405, -1433,
            -1457, -1541, -1585, -1613, -1621, -1661, -1777,
            -1865, -1873, -1889, -1901, -1913, -1973.

S(f) = 16   -193, -382, -478, -485, -506, 517, -601, -613,
            -737, -781, -1021, -1121, -1201, -1241, -1429,
            -1693, -1705, -1745, -1757, -1781, -1789, -1801.

S(f) = 25   -113, -205, -257, -281, -317, -389, -394, -421,
            461, -466, -562, -697, -809, -829, -857, -865,
            -869, -893, -1129, -1153, -1277, -1453, -1481,
            -1537, -1553, -1577, -1609, -1637, -1717.

S(f) = 36   313, -1297, -1837.

S(f) = 49   -449, -569, -953, -977, -1061, -1093, -1117,
            -1345, -1381, -1465, -1493, -1513.

S(f) = 64   -1633, -1969.

S(f) = 81   353, -1361, -1409, -1709, -1997.

S(f) = 121 -1229.

Bibliography

[2] B.J. BIRCH.- <u>Heegener points on Elliptic Curves</u>.
Symposia Mathematica, Indam Rome, Vol. XV (1973),
441-445.

[3] B.J. BIRCH.- <u>Diophantine Analysis and Modular Functions</u>.
Proceedings of the Bombay Colloquium on Algebraic
Geometry (1968), 35-42.

[4] B.J. BIRCH.- <u>Weber's Class Invariants</u>. Mathematika 16
(1969), 283-294.

[5] J.W.S. CASSELS.- <u>The rational solutions of the</u>
Diophantine equation $Y^2 = X^3 - D$. Acta Math. 82
(1950), 243-273.

[6] K. HEEGNER.- <u>Diophantische Analysis und Modulfunktionen</u>.
Math. Zeit., 56 (1952), 227-253.

VALEURS SPÉCIALES DES FONCTIONS L DES CARACTÈRES

DES SOMMES DE JACOBI

G. BRATTSTRÖM

Le sujet de cet article est une conjecture concernant
les valeurs spéciales de la fonction L de certains caractères de Hecke d'un corps abélien k , construits à partir
des sommes de Jacobi. Nous allons donner la démonstration de
la conjecture dans le cas où k est un corps imaginaire quadratique à nombre de classes impair. Pour un tel caractère
Ψ dont le type à l'infini est dans la "bonne partie",
l'hypothèse exprime $L(\Psi,0)$, à un facteur rationnel près,
comme produit de la racine carrée du discriminant du sous-
corps réel maximal de k et de valeurs de la fonction Γ et
de leurs inverses.

Les caractères de sommes de Jacobi furent introduits
par Weil ([W1] et [W2]). Dans [W1] il a exprimé la fonction
zêta de Hasse-Weil des certaines courbes algébriques en termes des fonctions L de ces caractères ; en particulier cela
démontre la conjecture de Hasse pour ces courbes.

Dans une série des exposés à Institute of Advanced
Study en 1973, Weil a fait remarquer les analogies formelles
entre les sommes de Gauss (dont les sommes de Jacobi sont des
produits) et les valeurs de la fonction Γ en nombres
rationnels. (Voir ci-dessous l'association à un caractère de
sommes de Jacobi Ψ d'un produit $\Gamma_\Sigma(\Psi)$ de valeurs de la
fonction Γ). Il a aussi raconté à Lichtenbaum son idée
qu'il devrait être possible de calculer les valeurs spéciales

de la fonction L d'un caractère de sommes de Jacobi en
termes de telles valeurs de la fonction Γ . Puis en 1980
Lichtenbaum a formulé la conjecture précise, que nous
appellerons la "Γ-hypothèse".

§1. <u>Caractères de Hecke</u>.

Définissons d'abord un caractère de Hecke (de type A_0
selon Weil mais comme pour nous il n'y en aura pas d'autres
nous allons supprimer cette épithète). Soient k un corps de
nombres algébriques, G l'ensemble des plongements $k \hookrightarrow \mathbb{C}$
et $\mathbb{Z}[G]$ le groupe abélien libre sur G . (Si k est Galois
sur $\mathbb{Q}$ et si on considère k comme sous-corps de $\mathbb{C}$, on
pourra donc identifier G au groupe de Galois de $k/\mathbb{Q}$, et
$\mathbb{Z}[G]$ à l'anneau de groupe entier de G). Soit de plus $I_\mathfrak{f}(k)$
le groupe d'idéaux de k premiers à un idéal entier fixe $\mathfrak{f}$.
Alors on a la

<u>Définition</u>. Un caractère de Hecke Ψ de k à conducteur $\mathfrak{f}$
est un homomorphisme

$$\Psi : I_\mathfrak{f}(k) \longrightarrow \mathbb{C}^\times$$

tel qu'il existe $\omega \in \mathbb{Z}[G]$ tel que pour tout $\alpha \in k$ tel que
$\alpha \equiv 1 \ (\mathrm{mod}^\times \mathfrak{f})$ et tel que $\alpha^\sigma \rangle 0$ pour tout plongement réel
$\sigma : k \hookrightarrow \mathbb{R}$ on a

$$\Psi((\alpha)) = \alpha^\omega .$$

Puis on définit l'ensemble des caractères de Hecke
comme l'union des ensembles des caractères de Hecke à conduc-
teur $\mathfrak{f}$, pour $\mathfrak{f}$ parcourant tous les idéaux entiers de k .
De tout caractère de Hecke à conducteur $\mathfrak{f}$ on peut évidemment obtenir un caractère de Hecke à conducteur $\mathfrak{g}$ pour tout
$\mathfrak{g}$ divisible par $\mathfrak{f}$; nous allons identifier les deux caractères. Sous cette identification les caractères de Hecke
forment un groupe, et on a un homomorphisme de ce groupe à
$\mathbb{Z}[G]$, donné par le type à l'infini associé à chaque caractère. On dira "Ψ est à conducteur $\mathfrak{f}$ " même si $\mathfrak{f}$ n'est

pas minimal.

On pourrait également définir un caractère de Hecke comme caractère continu du groupe de classes d'idèles, mais comme les caractères de sommes de Jacobi, auxquels est consacré la plupart de cet article, se définissent plus naturellement en termes d'idéaux, c'est ce point de vue-là qu'on va adopter.

§2. <u>Exemples</u>.

1. Caractères de Dirichlet, c'est-à-dire $\omega = 0$. Donc, si $\mathfrak{f}$ est le conducteur on a que si $\alpha \equiv 1 \pmod{\times} \mathfrak{f}$ et si $\alpha^\sigma > 0$ pour tout plongement réel σ , alors $\Psi((\alpha)) = 1$. Ces caractères sont d'ordre fini et prennent donc leurs valeurs dans les racines de l'unité. Grâce à la loi de réciprocité d'Artin un tel Ψ peut être vu comme caractère du groupe de Galois d'une extension finie abélienne de k . Une telle interprétation n'existe pas si $\omega \neq 0$. Cependant les caractères de Hecke généraux partagent avec les caractères de Dirichlet la propriété suivante : ils prennent leurs valeurs dans une extension finie de k (voir [I]). Nous verrons plus tard des exemples des caractères de Hecke à valeurs dans k même ; le type à l'infini d'un tel caractère annihile le groupe de classes d'idéaux de k .

2. La norme : $\mathfrak{a} \longmapsto \mathbb{N}\mathfrak{a} = |\mathfrak{o}_k/\mathfrak{a}|$ pour tout $\mathfrak{a} \in I(k) = I_{\mathfrak{o}_k}(k)$. Dans ce cas $\omega = \sum_{\sigma \in G} \sigma$ et on peut prendre $\mathfrak{f} = \mathfrak{o}_k$.

3. Pour $k \subset \mathbb{C}$ imaginaire quadratique on peut définir un caractère de Hecke Ψ en posant $\Psi(\mathfrak{a}) = \alpha^w$ où $(\alpha) = \mathfrak{a}^h$, h étant le nombre de classes de k et w le nombre de racines de l'unité dans k . Alors $\omega = hwe$, où e est l'élément identité de G , et on peut prendre $\mathfrak{f} = \mathfrak{o}_k$.

4. Courbes elliptiques/variétés abéliennes. Soit k un corps imaginaire quadratique, que nous supposons plongé dans $\mathbb{C}$, et soit E une courbe elliptique définie sur un corps de

nombres algébriques L , à multiplication complexe par un
ordre R de o_k . On supposera que l'isomorphisme
$R \xrightarrow{\sim} \mathrm{End}(E)$ est normalisé. On peut alors définir un caractère de Hecke associé à ces données :

$$X_E : I_f(L) \longrightarrow \mathbb{C}^{\times}$$

où f est divisible par tous les premiers où E a mauvaise
réduction. Si $L \supset k$ on a $\omega = \Sigma \, \sigma$ où σ parcourt les plongements $L \hookrightarrow \mathbb{C}$ sur k . Le produit $L(X_E, s)L(\bar{X}_E, s)$ est
égal à la fonction zêta de Hasse-Weil de E ; donc la conjec-
ture de Hasse est vraie pour les courbes elliptiques à multiplication complexe.

Tout ce que nous avons dit se généralise aux variétés
abéliennes à multiplication complexe (voir [S-T]).

5. Sommes de Jacobi - voir le paragraphe suivant.

§3. <u>Caractères de sommes de Jacobi</u>.

Les sommes en question sont des produits de sommes de
Gauss et de leurs inverses, et on peut en construire des
caractères de Hecke, comme on le fera ci-dessous.

Soient F un corps fini, $\chi : F^{\times} \longrightarrow \mathbb{C}^{\times}$ un caractère
multiplicatif non-trivial et $\psi : F^{+} \longrightarrow \mathbb{C}^{\times}$ un caractère
additif non-trivial. Alors nous définissons la somme de Gauss

$$\tau(\chi, \psi) = - \sum_{a \in F^{\times}} \chi(a)\psi(a) \in \mathbb{C} \ .$$

Fixons maintenant un entier $N \geqslant 1$ et un idéal premier
$\mathfrak{p}$ de $K_N = \mathbb{Q}(\mu_N)$ ne divisant pas N . On suppose K_N plongé
dans $\mathbb{C}$. On posera $F = \varkappa(\mathfrak{p}) =$ le corps résiduel à $\mathfrak{p}$, et
pour le caractère ψ on prendra $\psi_{\mathfrak{p}}(x) = e^{(2i\pi \cdot \mathrm{tr}x)/p}$ où
tr est la trace de $\varkappa(\mathfrak{p})$ à $\mathbb{Z}/p\mathbb{Z}$. Fixons $\alpha \in \mathbb{Z}/N\mathbb{Z} - \{0\}$ et
prenons pour χ le caractère $\chi_{\mathfrak{p}}^{\alpha}$ où pour chaque $x \in \varkappa(\mathfrak{p})^{\times}$,
$\chi_{\mathfrak{p}}(x)$ est l'unique relèvement de la racine N-ième de $\varkappa(\mathfrak{p})$

$x^{(\mathbb{N}p-1)/N}$ à une racine N-ième de K_N . Posons maintenant

$$J_N(\alpha)(p) = \tau(\chi_p^\alpha, \psi_p) .$$

Comme ψ_p est un caractère primitif $J_N(\alpha)(p) \neq 0$; en effet $|J_N(\alpha)(p)| = \sqrt{\mathbb{N}p}$, par un théorème classique.

Par extension multiplicative on a donc un homomorphisme

$$J_N(\alpha) : I_N(K_N) \longrightarrow \mathbb{C}^\times .$$

Soit maintenant k un corps contenu dans K_N . On peut alors définir un homomorphisme

$$J_N(\alpha,k) : I_N(k) \longrightarrow \mathbb{C}^\times$$

en posant $J_N(\alpha,k)(\mathfrak{a}) = J_N(\alpha)(\mathfrak{a}\mathfrak{o}_{K_N})$ pour chaque $\mathfrak{a} \in I_N(k)$. Plus généralement, pour un corps abélien k donné, soient $N_1, N_2, \ldots N_s$ des entiers (pas nécessairement distincts) tels que $k \subset K_{N_i}$ pour $i = 1,2,\ldots s$ et soit $\theta = (\alpha_1, \ldots \alpha_s) \in \prod_{i=1}^{s} (\mathbb{Z}/N_i\mathbb{Z})$ donné. On peut alors considérer l'homomorphisme

$$J(\theta,k) = \prod_{i=1}^{s} J_{N_i}(\alpha_i,k) : I_N(k) \longrightarrow \mathbb{C}^\times$$

où N est le p.p.m.c. des N_i .

A ce point la question suivante se pose : quand est-ce que $J(\theta,k)$ est un caractère de Hecke ? En réponse nous allons énoncer un critère précis ; dans ce but on introduit $\omega(\theta,k)$, un "candidat pour le type à l'infini" de $J(\theta,k)$. Ceci n'est pas en général un élément de $\mathbb{Z}[G]$ mais de $\mathbb{Q}[G]$.

D'abord on pose, pour $\alpha \in \mathbb{Z}/N\mathbb{Z} - \{0\}$

$$\omega(\alpha,K_N) = \omega(\alpha) = \sum_{\substack{t \bmod N \\ (t,N)=1}} \langle -\tfrac{\alpha t}{N}\rangle \sigma_t^{-1} \in \mathbb{Q}[G] ,$$

où $\sigma_t : \zeta_N \longmapsto \zeta_N^t$ pour chaque racine N-ième de l'unité ζ_N . Puis on pose, pour $k \subset K_N$

$$\omega(\alpha,k) = p(\omega(\alpha))$$

où $p : \mathrm{Gal}(K_N/\mathbb{Q}) \longrightarrow \mathrm{Gal}(k/\mathbb{Q})$ est la projection naturelle. Pour un $J(\theta,k)$ général $\omega(\theta,k)$ se définit par extension multiplicative.

Voici le critère annoncé, démontré par Weil ([W2]) pour le cas où tous les N_i sont égaux :

<u>Théorème</u> (Kubert-Lichtenbaum-Weil). $J(\theta,k)$ est un caractère de Hecke si et seulement si

$$\omega(\theta,k) \in \mathbb{Z}[G] \ .$$

Dans ce cas

(i) $\omega(\theta,k)$ est le type à l'infini de $J(\theta,k)$.

(ii) $J(\theta,k)$ prend ses valeurs dans k .

(iii) $J(\theta,k)$ est <u>équivariant</u>, i.e. pour tout $\sigma \in G$ et pour tout $\mathfrak{a} \in I_{\mathfrak{f}}(k)$ (pour un $\mathfrak{f}$ convenable)

$$J(\theta,k)(\mathfrak{a}^{\sigma}) = J(\theta,k)(\mathfrak{a})^{\sigma} \ .$$

<u>Remarques</u> : 1. (i) et (ii) sont le théorème de Stickelberger.

2. Si $J(\theta,k)$ est un caractère de Hecke on peut démontrer qu'il est indépendant du choix des $\psi_{\mathfrak{p}}$.

Appelons <u>caractère de sommes de Jacobi strict</u> un caractère de Hecke qui peut s'écrire sous la forme $J(\theta,k)$.

<u>Définition</u>. Pour k un corps de nombres algébriques, un caractère de Hecke Ψ est un <u>caractère de sommes de Jacobi</u> s'il existe des corps abéliens k_j et des θ_j correspondants tels que

$$\Psi = \prod_{j=1}^{t} (J(\theta_j,k_j) \circ \mathbb{N}_{k/k_j})$$

où $J(\theta_j,k_j)$ sont des caractères de sommes de Jacobi stricts.

Le type à l'infini d'un caractère de sommes de Jacobi se déduit de la formule

$$\omega(J(\theta,k')\circ \mathbb{N}_{k/k'}) = r(\omega(J(\theta,k')))$$

où l'homomorphisme $r : \mathbb{Z}[\mathrm{Gal}(k'/\mathbb{Q})] \longrightarrow \mathbb{Z}[\mathrm{Gal}(k/\mathbb{Q})]$ est donné par $r(\sigma) = \displaystyle\sum_{\tau \mid k' = \sigma} \tau$.

Remarquons qu'on pourrait considérer des objets encore plus généraux en enlevant la condition que chaque $J(\theta_j,k_j)$ soit un caractère de Hecke séparément. On a le critère d'intégralité analogue, comme l'a démontré Kubert [Ku]. Pourtant on n'a pas encore démontré les résultats ci-dessous concernant la "Γ-hypothèse" pour ces caractères ; donc pour l'instant nous réservons le terme "caractère de sommes de Jacobi" pour les caractères qu'on vient de définir. Pour la plupart des corps abéliens k l'inclusion des caractères plus généraux n'ajoute rien de nouveau ; par exemple ceci est le cas pour tous les corps totalement réels et pour tous les corps imaginaires quadratiques sauf $\mathbb{Q}(\sqrt{-2})$, pour lequel on a le caractère $J_8(1)(J_2(1)\circ \mathbb{N}_{\mathbb{Q}(\sqrt{-2})/\mathbb{Q}})$ qui n'entre pas dans notre cadre. Ce cadre est aussi celui d'Iwasawa dans [I], bien que l'inclusion des caractères généralisés soit nécessaire pour que la formule $[A:S] = h$ à la p. 107 soit valable pour $k = \mathbb{Q}(\sqrt{-2})$. Par contre, l'idéal de Stickelberger considéré par Sinnott ([Si]) consiste en types à l'infini des caractères de sommes de Jacobi plus généraux considérés par Kubert.

§4. La Γ-hypothèse.

Comme pour les caractères de Dirichlet on définit, pour un caractère de Hecke Ψ d'un corps de nombres algébriques k , la série L

$$L(s,\Psi) = \sum_{\substack{a \in I_f(k) \\ a\ \text{entier}}} \Psi(a)\mathbb{N}a^{-s} \quad , \quad \mathrm{Re}\ s \gg 0 \ ,$$

et comme dans le cas d'un caractère de Dirichlet cette série a une équation fonctionnelle et une continuation analytique.

Soit k un corps de nombres algébriques, abélien sur $\mathbb{Q}$ et soit Ψ un caractère de sommes de Jacobi de k dont le type à l'infini est dans la "bonne partie", c'est-à-dire que les facteurs dans l'équation fonctionnelle autres que la fonction L elle-même n'ont ni zéro ni pôle en $s = 0$. (Voir [Ka] p. 203 et l'introduction de [B-L]). Cela ne dépend que du type à l'infini $\omega(\Psi)$. Alors on a la

Γ-__hypothèse__ (__Lichtenbaum 1980__) :

$$L(0,\Psi)\Gamma_\Sigma(\Psi)\sqrt{d^+} \quad \text{est rationnel.}$$

Ici d^+ est le discriminant absolu du sous-corps réel maximal de k , et $\Gamma_\Sigma(\Psi)$ est un produit des valeurs de la fonction Γ qu'on définira maintenant. Il sera plus commode de le définir pour un homomorphisme $J(\theta,k)$ sans lui imposer la condition d'être un caractère de Hecke, ce qui permet de commencer par l'homomorphisme $J_N(\alpha)$. On fixe $\sigma \in G = \mathrm{Gal}(K_N/\mathbb{Q})$ et on pose

$$\Gamma_\sigma(J_N(\alpha)) = \Gamma(\tfrac{ab}{N}) \in \mathbb{R}^\times/\mathbb{Q}^\times$$

où $a \in \mathbb{Z}$ est un représentant de α et $b \in \mathbb{Z}$ est tel que $\sigma(\zeta_N) = \zeta_N^b$ pour chaque racine N-ième de l'unité ζ_N . Grâce à l'équation fonctionnelle de la fonction Γ il est clair que $\Gamma_\sigma(J_N(\alpha))$ ne dépend pas du choix de a et de b . Posons ensuite pour $k \subset K_N$

$$\Gamma_\sigma(J_N(\alpha,k)) = \prod_{\tau\mid k=\sigma} \Gamma_\tau(J_N(\alpha))$$

où $\sigma \in \mathrm{Gal}(k/\mathbb{Q})$, et si k est un corps abélien quelconque posons pour $k' \subset k \cap K_N$

$$\Gamma_\sigma(J_N(\alpha,k')\circ N_{k/k'}) = \Gamma_{\sigma\mid k'}(J_N(\alpha,k')) .$$

Par extension multiplicative on a donc défini $\Gamma_\sigma(\Psi)$ pour tous les caractères de sommes de Jacobi Ψ de k . Supposons maintenant de plus que k est un corps CM ; soit Σ un type CM de k . Alors on pose

$$\Gamma_\Sigma(\Psi) = \prod_{\sigma\in\Sigma} \Gamma_{\sigma^{-1}}(\Psi) .$$

Si $\omega(\Psi)$ est dans la bonne partie on peut démontrer (voir
[Ka] p. 203 et l'introduction de [B-L]) qu'on peut associer
à $\omega(\Psi)$ un unique type CM Σ , et c'est ce Σ-là qui appa-
rait dans la Γ-hypothèse ci-dessus. Dans un cas spécial
cette construction est due à Deligne. Si k est totalement
réel on définit Σ comme l'ensemble de plongements de k
dans $\mathbb{C}$.

Il n'est nullement évident que $\Gamma_{\Sigma}(\Psi)$ soit indépendant
de la représentation du caractère Ψ comme caractère de
sommes de Jacobi ; il est certainement possible qu'un caractère puisse s'écrire comme caractère de sommes de Jacobi de
deux façons différentes. En effet, cette indépendance n'a
été démontrée que pour les corps totalement réels ([B]) et
pour les corps imaginaires quadratiques ([B-L]). Elle
s'ensuivrait de la Γ-hypothèse, au moins si $L(0,\Psi) \neq 0$,
mais l'hypothèse n'a pas été démontrée en général elle non
plus. Par conséquent dans l'expression $\Gamma_{\Sigma}(\Psi)$ Ψ signifie
toujours un caractère de sommes de Jacobi <u>avec une représentation donnée en tant que tel</u>, au moins dans les cas où
l'indépendance n'est pas connue.

La Γ-hypothèse a été démontrée dans les trois cas
suivants :

1. pour k totalement réel ([B])

2. pour k imaginaire quadratique à nombre de classes
   impair ([B-L])

3. pour k un corps abélien quelconque on sait que
   $L(0,\Psi)\Gamma_{\Sigma}(\Psi)\sqrt{d^{+}}$ est algébrique ([L]).

Selon Lichtenbaum il semble en outre très probable que
l'hypothèse soit compatible (à un nombre rationnel près) avec
l'énoncé de rationalité contenu dans la conjecture de Birch
et Swinnerton-Dyer pour les variétés abéliennes considérées
dans l'appendice de [G-R], les caractères de Hecke associés
à ces variétés pouvant s'exprimer comme caractères de sommes
de Jacobi. Pourtant, on ne peut pas être sûr qu'il n'y ait
pas d'autres facteurs qui interviendront dans les cas plus

compliqués, et c'est pour cette raison-là qu'on parle d'une hypothèse plutôt que d'une conjecture.

Le reste de cet article est consacré à une esquisse de la preuve de l'hypothèse pour un corps imaginaire quadratique à nombre de classes impair - pour les détails voir [B-L].

§5. La Γ-hypothèse pour un corps imaginaire quadratique à nombre de classes impair.

L'instrument princïpal de la démonstration sera ce qu'on appelle "le théorème de Damerell" (ce qui n'est pas tout-à-fait exact, car le théorème original de Damerell était un énoncé d'algébricité plutôt que de rationalité). Ce théorème exprime certaines valeurs spéciales de la fonction L d'un caractère de Hecke en termes des périodes des conjuguées d'une courbe elliptique à multiplication complexe par le corps imaginaire quadratique en question.

Avant d'énoncer le théorème il faut introduire quelques notations.

Soit k un corps imaginaire quadratique à nombre de classes impair et soit E une courbe elliptique à multiplication complexe par o_k et définie sur H, le corps de classes d'Hilbert de k. Supposons en plus que E soit isogène à tous ses conjugués - autrement dit, E est une "$\mathbb{Q}$-courbe" ([G], [S]). On suppose E plongé dans $\mathbb{C}$ et que l'isomorphisme $o_k \xrightarrow{\sim} \mathrm{End}(E)$ soit normalisé. (Dans notre cas les $\mathbb{Q}$-courbes existent toujours - voir [G]).

On remarque que X_E, le caractère associé à E, est équivariant, c'est-à-dire pour tout $\sigma \in \mathrm{Gal}(H/\mathbb{Q})$ et pour tout $a \in I_f(H)$, f étant le conducteur de X_E, $X_E(a^\sigma) = X_E(a)^\sigma$. Posons maintenant $\Psi_E(b) = X_E(bo_H)$ pour tout $b \in I_{f \cap o_k}(k)$. Ψ_E est donc un caractère de Hecke de k à type à l'infini égal à he où h est le nombre de classes de k et e est l'élément trivial de $\mathrm{Gal}(k/\mathbb{Q})$. Les valeurs de Ψ_E sont dans k comme celles de X_E le sont.

Soit Ψ un caractère de Hecke équivariant à valeurs dans k et de type à l'infini $a\rho$, ρ étant l'élément non-trivial de $\mathrm{Gal}(k/\mathbb{Q})$ et a un entier divisible par h . Alors il existe un caractère de Dirichlet χ tel que

$$\Psi = \chi\Psi_E^{a_0}$$

où $a_0 = a/h$. Posons en plus $D = -\mathrm{discr}(k/\mathbb{Q})$ (donc un nombre positif), et pour chaque $\sigma \in G = \mathrm{Gal}(H/k)$ soit Ω_σ la période de E^σ , déterminée à un élément k près - plus précisément on prend un modèle de Weierstrass de E , ce qui donne des modèles de Weierstrass de toutes les E^σ , ainsi que des différentielles $(dx/y)^\sigma$ et des réseaux L_σ . Il existe alors des idéaux $\mathfrak{a}_\sigma$ tels que $L_\sigma = \Omega_\sigma \mathfrak{a}_\sigma$. Avec ces notations le "théorème de Damerell" est le suivant :

Théorème. Si $b \in \mathbb{Z}$, $1 \leqslant b \leqslant a$, alors

$$L(\Psi,b)(\pi\sqrt{D})^{a-b}\Big(\prod_{\sigma \in G} \Omega_\sigma\Big)^{a_0} \cdot U$$

est un élément de k ; ici U tourne par χ , c'est-à-dire pour chaque $\tau \in \mathrm{Gal}(k^{ab}/k)$ $\tau(U) = \chi(\tau)U$.

Quant à la preuve du théorème nous renvoyons le lecteur à $[\mathrm{B-L}]$. Une autre version du théorème de Damerell, précisée à un élément d'une extension finie de $\mathbb{Q}$ près se trouve dans $[\mathrm{G-S}]$.

En revanche nous allons déduire la Γ-hypothèse du théorème de Damerell ci-dessus. Soit donc Ψ un caractère de sommes de Jacobi d'un corps imaginaire quadratique k à nombre de classes impair. Comme le groupe de types à l'infini de caractères de sommes de Jacobi n'est autre que l'idéal de Stickelberger et que l'indice de cet idéal dans $\mathbb{Z}[\mathrm{Gal}(k/\mathbb{Q})]$ est égal à h ($[\mathrm{Si}]$, $[\mathrm{I}]$), on trouve que Ψ peut s'écrire sous la forme

$$\Psi = \chi\overline{\Psi}_E^{a_0} \cdot \mathbb{N}^{-b} \, ,$$

où χ est un caractère de Dirichlet, a_0 et b sont des entiers et E est une $\mathbb{Q}$-courbe comme tout-à-l'heure. On suppose en plus que E n'a pas de mauvaise réduction en dehors de la place au-dessus du premier rationnel qui ramifie dans k - voir $[G]$, §§11 et 12. On a donc

$$L(\Psi,0) = L(\Psi',b)$$

où $\Psi' = \Psi\mathbb{N}^b = \chi\overline{\Psi}_E^{a_0}$. Supposons maintenant que $\omega(\Psi)$ est dans la bonne partie, ce qui revient à dire exactement que $1 \ll b \ll a = a_0 h$ (voir $[B-L]$). En appliquant le théorème de Damerell on obtient

$$L(\Psi,0)(\pi\sqrt{D})^{a-b}(\prod_{\sigma\in G} \Omega_\sigma)^{a_0}\cdot U \in k \ ,$$

avec les notations du théorème. Il s'agit donc d'interpréter les facteurs $\pi\sqrt{D}$, $\prod_{\sigma\in G} \Omega_\sigma$ et U en termes de valeurs de la fonction Γ , et de montrer que ces valeurs sont les bonnes. Plus précisément nous montrerons que χ , Ψ_E et $\mathbb{N}$ sont des caractères de sommes de Jacobi séparément et que

$$\Gamma_\Sigma(\chi) = U$$

$$\Gamma_\Sigma(\Psi_E) = (\prod_{\sigma\in G} \Omega_\sigma)(\pi\sqrt{D})^h$$

$$\Gamma_\Sigma(\mathbb{N}) = \pi\sqrt{D}$$

(toutes les égalités étant dans $\mathbb{C}^\times/\mathbb{Q}^\times$, bien entendu). Par le théorème 7.6 de $[B-L]$ les Γ_Σ sont indépendants des représentations des caractères comme sommes de Jacobi.

$\mathbb{N}$ s'écrit facilement de manière explicite comme somme de Jacobi $((J_D(1)J_3(1)^{-(D-3)/2})\circ\mathbb{N}_{k/\mathbb{Q}}$ si $D \neq 3,4,8)$ et on peut calculer Γ_Σ directement.

Supposons que $\Sigma = \{e\}$; le cas $\Sigma = \{\rho\}$ s'ensuivra grâce à la formule $\Gamma_{\{\rho\}}(\Psi) = \Gamma_{\{e\}}(\overline{\Psi})$ (Lemme 1.8 dans $[B-L]$). Supposons aussi que $D \neq 3,4,8$. Alors on peut construire un caractère de sommes de Jacobi J de même type à l'infini que Ψ_E et de conducteur une puissance de p , l'unique idéal premier de k divisant D (rappelons que h , le nombre de classes de k , est impair). Les deux caractères diffèrent donc par un caractère de Dirichlet χ_0 . Comme le conducteur de Ψ_E aussi peut être pris comme une puissance de $\mathfrak{p}$, il en est de même de χ_0 et comme Ψ_E et J prennent leurs valeurs dans k , χ_0 est quadratique. Par conséquent χ_0 est modérément ramifié (car $\mathfrak{p}$ est au-dessus d'un premier impair), donc a le conducteur (minimal) $\mathfrak{o}_k$ ou $\mathfrak{p}$. Par la théorie de corps de classes cela implique que χ_0 ne peut être que le caractère trivial. Pour $D = 3,4,8$ on peut s'arranger avec des méthodes ad hoc pour exprimer Ψ_E comme caractère de sommes de Jacobi. Puis on utilise la formule de Chowla et Selberg pour calculer $\Gamma_{\{e\}}(J)$ en termes des périodes. Comme $\mathbb{N}$ et $\overline{\Psi}_E = \Psi_E^{-1}\mathbb{N}^h$ sont des caractères de sommes de Jacobi et Ψ l'est par hypothèse, χ l'est aussi. Pour démontrer que $\Gamma_{\{e\}}(\chi) = U$ on utilise le théorème suivant, dû à Deligne et puis généralisé par Lichtenbaum et Kubert dans [K-L]. Pour l'instant soit k un corps abélien quelconque.

Théorème. Soit $\Psi = J(\theta,k)$ un caractère de sommes de Jacobi strict qui est aussi de la forme $\chi\mathbb{N}^r$ où $r \in \mathbb{Z}$ et χ est un caractère de Dirichlet de k . Posons $\Gamma^*(\Psi) = \Gamma_e(\Psi)(2i\pi)^{-r}$, en notant par e l'élément trivial de $G = \mathrm{Gal}(k/\mathbb{Q})$. Alors, le corps fixé par $\ker(\chi)$ est engendré sur k par $\Gamma^*(\Psi)$, et $\Gamma^*(\Psi)$ tourne par χ (cette notion ayant un sens évident dans $\mathbb{C}^\times/\mathbb{Q}^\times$). En particulier $\Gamma^*(\Psi)$ est algébrique.

Il est très vraisemblable que la théorème est vrai même sans la restriction que Ψ soit strict, et cela a été démontré pour k imaginaire quadratique dans [B-L].

On a donc démontré que

$$L(0,\Psi)\Gamma_\Sigma(\Psi) \in k \ .$$

Mais $\Gamma_\Sigma(\Psi)$ est réel et comme Ψ est équivariant, $L(0,\Psi)$ l'est aussi. Par conséquent

$$L(0,\Psi)\Gamma_\Sigma(\Psi) \in \mathbb{Q} \ .$$

Bibliographie

[B] G. BRATTSTRÖM.- L-functions of Jacobi-sum Hecke Cha-
     racters. PhD thesis, Cornell University 1981.

[B-L] G. BRATTSTRÖM et S. LICHTENBAUM.- Jacobi-sum Hecke
     Characters of Imaginary Quadratic Fields, à
     paraître.

[G] B.H. GROSS.- Arithmetic on Elliptic Curves with Complex
     Multiplication. Springer Lecture Notes in Mathema-
     tics, Springer-Verlag 1980.

[G-R] B.H. GROSS.- On the Periods of Abelian Integrals and a
     formula of Chowla and Selberg (with an appendix by
     D.E. Rohrlich). Invent. Math. 45 (1978), 193-211.

[G-S] C. GOLDSTEIN et N. SCHAPPACHER.- Séries d'Eisenstein et
     fonctions L de courbes elliptiques à multiplica-
     tion complexe. J. reine angew. Math. 327 (1981),
     184-218.

[I] K. IWASAWA.- Some Remarks on Hecke Characters. Algebraic
     Number Theory, Papers contributed for the Interna-
     tional Symposium in Kyoto 1976, Japan Society for
     the Promotion of Science, Tokyo 1977.

[Ka] N. KATZ.- p-adic L-functions for CM Fields. Invent.
     Math. 49 (1978), 199-297.

[Ku] D. KUBERT.- Jacobi Sums and Hecke Characters, à
     paraître.

[K-L] D. KUBERT et S. LICHTENBAUM.- Jacobi-sum Hecke Charac-
     ters and Gauss Sum Identities. Compositio Math., à
     paraître.

[L] S. LICHTENBAUM.- Values of L-functions of Jacobi-sum
     Hecke Characters of Abelian Fields. Proceedings of
     Conference on Modern Trends in Number Theory
     Related to Fermat's Last Theorem, à paraître.

[S] G. SHIMURA.- Introduction to the Arithmetic Theory of
     Automorphic Functions. Math. Soc. Japan, Iwanami
     Shoten and Princeton University Press, 1971.

[S-T] G. SHIMURA et Y. TANIYAMA.- Complex Multiplication of
     Abelian Varieties and its Application to Number
     Theory. Math. Soc. Japan 1975.

[Si] W. SINNOTT.- On the Stickelberger Ideal and the
     Circular Units of an Abelian Field. Invent. Math.
     62 (1980), 181-234.

[W1]   A. WEIL.- Jacobi Sums as "Grössencharaktere". Trans.
       Amer. Math. Soc. 73 (1952), 487-495.

[W2]   A. WEIL.- Sommes de Jacobi et caractères de Hecke.
       Nachrichten Akad. Wiss. Göttingen (1974), 1-14.

LES CONSTANTES LOCALES ET GLOBALES DE L'EQUATION FONCTIONNELLE

DE LA FONCTION L D'ARTIN D'UNE REPRESENTATION SYMPLECTIQUE

par Ph. Cassou-Noguès et M.J. Taylor

§ 1 - Les conjectures de Fröhlich.

Les corps locaux considérés dans cet exposé sont des extensions de degré fini d'un corps p-adique. Pour tout corps de nombres ou corps local L nous notons 0_L l'anneau des entiers de L.

Soient K un corps de nombres ou un corps local et N une extension galoisienne, finie, de K, de groupe de Galois Γ. Nous supposons en outre que N est une extension modérément ramifiée de K.

L'action naturelle de Γ sur 0_N permet de considérer cet anneau comme $0_K[\Gamma]$-module et par restriction des scalaires comme $\mathbb{Z}[\Gamma]$ (resp. $\mathbb{Z}_p[\Gamma]$)-module dans le cas global (resp. local).

Pour tout caractère χ du groupe Γ nous désignons par $W(\chi)$ la constante de l'équation fonctionnelle de la fonction L d'Artin associée à χ (resp. la constante locale de Langlands et Deligne ([Te])) dans le cas global (resp. local). Lorsque le caractère χ est symplectique nous savons que $W(\chi)$ est égal à ± 1.

Le lien découvert par Fröhlich entre la structure des anneaux d'entiers comme Γ-module et le signe des constantes associées aux caractères symplectiques de Γ est à l'origine de nombreux travaux récents.

La relation existant entre ces deux problèmes a été formulée par Fröhlich dans deux conjectures que nous présentons maintenant :

Conjecture A : Le signe des "constantes symplectiques" de Γ détermine la structure de 0_N comme $\mathbb{Z}[\Gamma]$-module.

Cette conjecture a été démontrée dans le cas général par

M.J. Taylor en 1981 ([T]). Il démontre que $O_N \oplus O_N$ est un $\mathbb{Z}[\Gamma]$-module stablement libre et que la seule obstruction à ce que O_N soit un $\mathbb{Z}[\Gamma]$-module stablement libre provient du signe des constantes symplectiques de Γ.

Il faut par contre remarquer que la structure de O_N comme $\mathbb{Z}[\Gamma]$ ou $\mathbb{Z}_p[\Gamma]$-module est insuffisante pour déterminer le signe des constantes symplectiques de Γ. Dans le cas local la structure galoisienne de O_N est triviale, O_N est un $\mathbb{Z}_p[\Gamma]$-module libre, alors que certaines constantes symplectiques peuvent être égales à -1. De même dans le cas global l'anneau des entiers d'une extension quaternionienne de degré 2^n avec $n > 3$ est toujours un $\mathbb{Z}[\Gamma]$-module stablement libre alors que les constantes symplectiques de Γ peuvent être égales à -1 ([F4] et [F5]). Pour résoudre ce problème Fröhlich a considéré une structure "plus fine" que la structure galoisienne, c'est la structure galoisienne hermitienne, associée au couple formé par le Γ-module O_N et la forme trace $((x,y) \longrightarrow Tr_{N|K}(xy))$. Il conjecture dans le cas global et le cas local :

Conjecture B : <u>La structure galoisienne, hermitienne de</u> O_N <u>détermine le signe des constantes symplectiques de</u> Γ.

En partant des méthodes introduites par Fröhlich nous avons avec M.J. Taylor démontré cette conjecture dans le cas global et le cas local ([CN-T1] et [CN-T2]). Nous nous proposons de donner un aperçu rapide de la démonstration de ce résultat.

Le théorème que nous démontrons dans le cas global et dont nous déduisons la démonstration de la conjecture B permet de faire le lien entre la théorie galoisienne et la théorie galoisienne, hermitienne des anneaux d'entiers de corps de nombres.

Enfin remarquons que notre résultat dans le cas local peut être considéré comme complémentaire de l'interprétation donnée par Deligne ([D]) des constantes locales associées aux caractères orthogonaux de Γ, de degré 0 et de déterminant trivial.

§ 2 - <u>Groupes des classes hermitiens.</u>

Les définitions rappelées dans ce paragraphe sont données par Fröhlich ([F2]). Le lecteur peut également se reporter à ([F3] et [F6]).

Soient Γ un groupe fini et F un corps de nombres ou un corps local. Nous considérons la catégorie des $O_F[\Gamma]$-modules hermitiens (M,h) où M est un $O_F[\Gamma]$-module libre (resp. localement libre) si F est un corps local (resp. corps de nombres), $V = M \otimes_{O_F} F$ et h une application :

$$h : V \times V \longrightarrow F[\Gamma]$$

telle que :

(i) h est F-linéaire en chaque variable et $F[\Gamma]$-linéaire à droite

(ii) $\qquad\qquad h(m,n) = \overline{h(n,m)}$, $\forall m,n \in V$

où - est l'involution standard de $F[\Gamma]$ définie par :

$$\overline{\sum_{\gamma \in \Gamma} a_\gamma \gamma} = \sum_{\gamma \in \Gamma} a_\gamma \gamma^{-1} .$$

Nous notons $K_O H(O_F[\Gamma])$ le groupe de Grothendieck des classes d'isométrie des $O_F[\Gamma]$-modules hermitiens et des sommes orthogonales.

Ces groupes de Grothendieck sont difficiles à utiliser, c'est pourquoi Fröhlich a introduit de "bonnes approximations", qu'il appelle groupe des classes hermitien. La description qu'il donne de ces groupes en "terme d'Hom" est une nouvelle fois bien adaptée aux problèmes posés par les structures galoisiennes et galoisiennes, hermitiennes.

Pour tout anneau A notons A* le groupe des éléments inversibles.

Soient $\bar{F}$ une clôture algébrique de F et Ω_F le groupe de Galois de $\bar{F}$ sur F. Si F est un corps de nombres nous désignons par J(F) (resp. U(F)) le groupe des idèles (resp. des idèles unités) de F.

Le caractère d'une représentation T de Γ sur $\bar{F}$ est dit symplectique si T laisse invariante une forme bilinéaire alternée et non dégénérée. Nous notons R_Γ l'anneau des caractères virtuels de Γ et nous désignons par R_Γ^S le sous-groupe engendré par les caractères de représentations symplectiques ([M], chap. III).

Toute représentation T de Γ dans $GLn(\bar{F})$ se prolonge en un homomorphisme d'algèbre de $F[\Gamma]$ dans $Mn(\bar{F})$. Si α est un élément de $F[\Gamma]^*$ l'élément det $T(\alpha)$ de $\bar{F}^*$ ne dépend que du caractère χ de la représentation T. Nous le notons $Det(\alpha)(\chi)$. L'application $Det(\alpha)$, définie sur les caractères de représentations de Γ, se prolonge par linéarité à R_Γ. C'est un homomorphisme de groupe de R_Γ dans $\bar{F}^*$.

Nous désignons par $\text{Det}(0_F[\Gamma]^*)$ le groupe d'homomorphismes $\text{Det}(\alpha)$ avec α appartenant à $0_F[\Gamma]^*$ et nous définissons $\text{Det}^S(0_F[\Gamma]^*)$ par restriction de $\text{Det}(0_F[\Gamma]^*)$ à R_Γ^S.

Si F est un corps local nous définissons le groupe des classes hermitien par :

$$(2\text{-}1) \qquad \text{HCL}(0_F[\Gamma]) = \text{Hom}_{\Omega_F}(R_\Gamma^S , \bar{F}^*) / \text{Det}^S(0_F[\Gamma]^*)$$

Si F est un corps de nombres nous posons :

$$\widetilde{0}_F[\Gamma] = \prod_P 0_{F_P}[\Gamma]$$

où P parcourt les places de F et où 0_{F_P} désigne le complété de 0_F (resp. F) en P si P est finie (resp. infinie).

Si $\alpha = (\alpha_P)$ est un élément de $0_F[\Gamma]^*$ nous définissons l'élément $\text{Det}(\alpha)$ de $\text{Hom}_{\Omega_F}(R_\Gamma, J(\bar{F}))$ par :

$$\text{Det}(\alpha)(\chi)_P = \text{Det}(\alpha_P)(\chi) \, , \, \forall \chi \in R_\Gamma \, ,$$

pour toute place P de F.

Nous considérons le groupe :

$$(2\text{-}2) \qquad (\text{Hom}_{\Omega_F}(R_\Gamma, J(\bar{F})) / \text{Det}(\widetilde{0}_F[\Gamma]^*)) \times \text{Hom}_{\Omega_F}(R_\Gamma^S, \bar{F}^*)$$

et l'homomorphisme Δ de $\text{Hom}_{\Omega_F}(R_\Gamma, \bar{F}^*)$ dans ce groupe :

$$\Delta(f) = (f^{-1}(\text{mod. } \text{Det}(\widetilde{0}_F[\Gamma]^*)) \, , \, f^S)$$

où f^S désigne la restriction de f à R_Γ^S.

Si F est un corps de nombres nous définissons le groupe des classes hermitien par :

$$(2\text{-}3) \qquad \text{HCL}(0_F[\Gamma]) = \text{coker } \Delta$$

et le groupe des classes hermitien adèlique par :

$$(2\text{-}4) \qquad AHCL(O_F[\Gamma]) = \mathrm{Hom}_{\Omega_F}(R_\Gamma^S, J(\bar{F})) / \mathrm{Det}^S(\widetilde{O}_F[\Gamma]^*) \ .$$

L'application :

$$(f(\mathrm{mod}\ \mathrm{Det}(\widetilde{O}_F[\Gamma]^*))\,,\,g) \longrightarrow f^S g(\mathrm{mod}\ \mathrm{Det}^S(\widetilde{O}_F[\Gamma]^*))$$

induit un homomorphisme de $HCL(O_F[\Gamma])$ dans $AHCL(O_F[\Gamma])$.

En outre pour toute place P de F on peut définir un isomorphisme k_P de $HCL(O_{F_P}[\Gamma])$ dans $AHCL(O_F[\Gamma])$ ([F2], chap. II, § 5, et [CN-T1], § 3).

<u>Remarques</u>.

1/ Le groupe $AHCL(O_F[\Gamma])$ peut être également vu comme un groupe des classes associé à une certaine catégorie de modules hermitiens ([F2] § 4 et [F6]) et l'isomorphisme k_P comme induit par un homomorphisme naturel de groupes de Grothendieck.

2/ On ne sait pas en général définir d'homomorphisme intéressant de $K_O H(O_{F_P}[\Gamma])$ dans $K_O H(O_F[\Gamma]$.

Fröhlich définit, via le pfaffien, le discriminant d'un $O_F[\Gamma]$-module hermitien comme un élément du groupe des classes hermitien. Il en déduit un homomorphisme, noté d, de $K_O H(O_F[\Gamma])$ dans $HCL(O_F[\Gamma])$ ([F2], chap. II, § 5 et [F6], § 4).

§ 3 - <u>Les groupes</u> $\widetilde{H}(\mathbb{Z}[\Gamma])$ <u>et</u> $\widetilde{G}(\mathbb{Z}[\Gamma])$ ([CN-T1] et [CN-T2]).

Les groupes que nous introduisons dans ce paragraphe sont essentiels pour la démonstration de la conjecture B.

Bien qu'ils soient définis pour tout groupe fini Γ leur définition est rendue naturelle par les éléments intéressants qu'ils contiennent lorsque Γ est le groupe de Galois d'une extension de corps de nombres ou d'un corps local.

Considérons les groupes suivants :

$$(3\text{-}1) \qquad \widetilde{H}(\mathbb{Z}[\Gamma]) = \mathrm{Hom}_{\Omega_\mathbb{Q}}(R_\Gamma^S, \pm 1) \times \mathrm{Hom}_{\Omega_\mathbb{Q}}(R_\Gamma^S, \mathbb{Q}_+^*)$$

42

où $\mathbb{Q}_+^*$ est le groupe multiplicatif des rationnels strictement positifs et $\Omega_{\mathbb{Q}}$ opère trivialement sur ± 1.

$$(3-2) \qquad \widetilde{G}(\mathbb{Z}[\Gamma]) = \mathrm{Hom}_{\Omega_{\mathbb{Q}}}(R_\Gamma^S/T(R_\Gamma),\pm 1) \times \mathrm{Hom}_{\Omega_{\mathbb{Q}}}(R_\Gamma^S,\mathbb{Q}^*)$$

où T est l'homomorphisme de R_Γ dans R_Γ^S tel que $T(\chi) = \chi + \bar\chi$, où $\bar\chi$ est le caractère complexe conjugué de χ.

Pour toute extension de degré fini F de $\mathbb{Q}$ nous définissons un homomorphisme u_F de $\widetilde{H}(\mathbb{Z}[\Gamma])$ dans le groupe $\mathrm{AHCL}(O_F[\Gamma])$ défini en (2-4) par :

$$(3-3) \qquad u_F((f,g)) = fg \bmod \mathrm{Det}^S(\widetilde{O}_F[\Gamma]^*)$$

où -1 et $\mathbb{Q}_+^*$ sont plongés diagonalement dans $J(F)$.

Nous définissons un plongement de $\mathrm{Hom}_{\Omega_{\mathbb{Q}}}(R_\Gamma^S/T(R_\Gamma),\pm 1)$ dans $\mathrm{Hom}_{\Omega_{\mathbb{Q}}}(R_\Gamma,J(\bar{\mathbb{Q}}))$, noté i, en posant :

$$i(f)(\chi) = f(\chi \bmod. T(R_\Gamma)) \text{ (resp. 1)}$$

si χ est symplectique (resp. non symplectique), où -1 est plongé dans $J(\bar{\mathbb{Q}})$ par

$$(3-4) \qquad (-1)_p = -1 \text{ (resp. 1)} \quad \text{pour toute place finie (resp. infinie)}$$
p de $\mathbb{Q}$.

Nous notons également i l'homomorphisme de $\widetilde{G}(\mathbb{Z}[\Gamma])$ dans le groupe (2-2) défini par :

$$(3-5) \qquad i((f,g)) = (i(f) \bmod. \mathrm{Det}(\widetilde{\mathbb{Z}}[\Gamma]^*),g) \ .$$

Nous en déduisons de manière évidente un homomorphisme, noté $\tilde{i}$ de $\widetilde{G}(\mathbb{Z}[\Gamma])$ dans $\mathrm{HCL}(\mathbb{Z}[\Gamma])$.

<u>Théorème</u> 3.6. Pour tout groupe fini Γ

(i) $\tilde{i}$ est un isomorphisme de $\widetilde{G}(\mathbb{Z}[\Gamma])$ dans $\mathrm{HCL}(\mathbb{Z}[\Gamma])$

(ii) Pour toute extension finie F de $\mathbb{Q}$, modérément ramifiée en 2, alors u_F est un isomorphisme de $\widetilde{H}(\mathbb{Z}[\Gamma])$ dans $\mathrm{AHCL}(O_F[\Gamma])$.

La partie (ii) de ce théorème est démontrée dans [CN-T1] et la partie (i) dans [CN-T2]. En fait la démonstration de (i) et (ii) peut être ramenée à la démonstration de l'égalité :

$$(3\text{-}7) \qquad \mathrm{Hom}(R_\Gamma^S, \pm 1) \cap \mathrm{Det}^S(O_F[\Gamma]^*) = \{1\} \ ,$$

où -1 est plongé dans $J(\bar{\mathbb{Q}})$ par (3-4), pour toute extension finie F de $\mathbb{Q}$, modérément ramifiée en 2. La démonstration de (3-7) utilise les théorèmes d'induction pour les caractères symplectiques ([B-S], voir également [M], chap. III, § 5) et la description due à Wall ([W]) du sous-groupe de torsion de $K_1^!(O_L[\Gamma])$, image dans $K_1(L[\Gamma])$ du groupe $K_1(O_L[\Gamma])$, lorsque L est une extension finie de $\mathbb{Q}_p$ et Γ un p-groupe fini. Notons que le groupe $K_1^!(O_L[\Gamma])$ est isomorphe au groupe $\mathrm{Det}(O_L[\Gamma]^*)$.

Nous désignons par $\tilde{K}_o H(\mathbb{Z}[\Gamma])$ le sous-groupe des éléments de $K_o H(\mathbb{Z}[\Gamma])$ dont l'image par l'homomorphisme discriminant d, défini § 2, appartient à $\tilde{G}(\mathbb{Z}[\Gamma])$, identifié via i à un sous-groupe de $HCL(\mathbb{Z}[\Gamma])$. Par projection sur chacun des facteurs de $\tilde{G}(\mathbb{Z}[\Gamma])$ nous en déduisons des homomorphismes θ et η :

$$\theta : \tilde{K}_o H(\mathbb{Z}[\Gamma]) \longrightarrow \mathrm{Hom}_{\Omega_\mathbb{Q}}(R_\Gamma^S/T(R_\Gamma), \pm 1)$$

$$\eta : \tilde{K}_o H(\mathbb{Z}[\Gamma]) \longrightarrow \mathrm{Hom}_{\Omega_\mathbb{Q}}(R_\Gamma^S, \mathbb{Q}^*) \ .$$

Soit p un nombre premier. Nous fixons une extension F de $\mathbb{Q}$ modérément ramifiée en 2. Nous notons $\tilde{k}_p$ le composé de l'homomorphisme k_p de $HCL(\mathbb{Z}_p[\Gamma])$ dans $AHCL(\mathbb{Z}[\Gamma])$, défini paragraphe 2, avec l'homomorphisme naturel de $AHCL(\mathbb{Z}[\Gamma])$ dans $AHCL(O_F[\Gamma])$. Soient d_p l'homomorphisme $\tilde{k}_p \circ d$ et $\tilde{K}_o H(\mathbb{Z}_p[\Gamma])$ le sous-groupe des éléments de $K_o H(\mathbb{Z}_p[\Gamma])$ dont l'image par d_p appartient à $\tilde{H}(\mathbb{Z}[\Gamma])$, identifié via u_F à un sous-groupe de $AHCL(O_F[\Gamma])$. Par projection sur chacun des facteurs de $\tilde{H}(\mathbb{Z}[\Gamma])$ nous définissons des homomorphismes θ_p et η_p :

$$\theta_p : \tilde{K}_o H(\mathbb{Z}_p[\Gamma]) \longrightarrow \mathrm{Hom}_{\Omega_\mathbb{Q}}(R_\Gamma^S, \pm 1)$$

$$\eta_p : \tilde{K}_o H(\mathbb{Z}_p[\Gamma]) \longrightarrow \mathrm{Hom}_{\Omega_\mathbb{Q}}(R_\Gamma^S, \mathbb{Q}_+^*) \ .$$

§ 5 - <u>Structure galoisienne, hermitienne des anneaux d'entiers</u> .

Nous revenons à la situation décrite dans le paragraphe 1. Le groupe Γ est le groupe de Galois d'une extension galoisienne, finie et modérément ramifiée N du corps K et K est une extension finie de k où k est le corps $\mathbb{Q}$ des rationnels ou le corps p-adique $\mathbb{Q}_p$.

Si L est une extension finie de k nous notons $Tr_{L|k}$ la trace de L sur k. Si C est une catégorie de $0_k[\Gamma]$-modules nous notons $[M]$ l'élément défini par l'objet M de C dans le groupe de Grothendieck associé à C.

Nous considérons les formes hermitiennes suivantes :

$$Tr : N \times N \longrightarrow k[\Gamma]$$

$$\text{avec} \quad Tr(m,n) = \sum_{\gamma \in \Gamma} Tr_{N|k}(m.n^\gamma)\gamma^{-1}, \quad \forall m,n \in N$$

$$\xi : K[\Gamma] \times K[\Gamma] \longrightarrow k[\Gamma]$$

$$\text{avec} \quad \xi(x,y) = Tr_{K|k}(\bar{x}y), \quad \forall x,y \in K[\Gamma] \ .$$

L'étude de la structure galoisienne des anneaux d'entiers répond à la volonté de comparer les $0_K[\Gamma]$-modules 0_N et $0_K[\Gamma]$ qui, par extension des scalaires à K, définissent des $K[\Gamma]$-modules isomorphes. On aborde ce problème en comparant les restrictions de ces modules à $\mathbb{Z}[\Gamma]$. Pour cela on étudie l'élément $U_{N|K}$ défini par :

$$U_{N|K} = [0_N] - [0_K[\Gamma]]$$

dans le groupe de Grothendieck $K_0(\mathbb{Z}[\Gamma])$ qui permet de classifier les $\mathbb{Z}[\Gamma]$-modules projectifs.

Nous procédons de même pour les structures galoisiennes, hermitiennes. Les $0_k[\Gamma]$-modules hermitiens $(0_N, Tr)$ et $(0_K[\Gamma], \xi)$ sont les restrictions à $0_k[\Gamma]$ de $0_K[\Gamma]$-modules hermitiens qui définissent, par extension des scalaires à $\bar{K}$, des $\bar{K}[\Gamma]$-modules isométriques. Nous étudions l'élément $X_{N|K}$ défini par :

$$X_{N|K} = [0_N, Tr] - [0_K[\Gamma], \xi]$$

dans le groupe $K_0H(0_k[\Gamma])$ qui permet de classifier les $0_k[\Gamma]$-modules hermitiens.

Pour tout caractère χ de Γ nous désignons par $Nf(\chi)^{1/2}$ la racine carrée positive de la norme absolue du conducteur d'Artin de χ. Puisque l'extension $(N|K)$ est modérément ramifiée et que les caractères symplectiques sont à valeurs réelles et de déterminant trivial nous savons ([Te], § 3, proposition 2 et [F1] théorème 9 (iii)) que pour tout caractère symplectique χ de Γ :

$$Nf(\chi)^{1/2} \in \mathbb{Q}^*$$
$$W(\chi) = \pm 1$$
$$W(\chi^\omega) = W(\chi), \quad \forall \omega \in \Omega_\mathbb{Q} .$$

Si $k = \mathbb{Q}_p$ nous définissons $W_{N|K}$ de $Hom_{\Omega_\mathbb{Q}}(R_\Gamma^S, \pm 1)$ et $f_{N|K}$ de $Hom_{\Omega_\mathbb{Q}}(R_\Gamma^S, \mathbb{Q}_+^*)$ par :

$$W_{N|K}(\chi) = W(\chi), \forall \chi \in R_\Gamma^S$$
$$f_{N|K}(\chi) = Nf(\chi)^{1/2}, \forall \chi \in R_\Gamma^S$$

Si $k = \mathbb{Q}$ nous définissons $W_{N|K}$ de $Hom_{\Omega_\mathbb{Q}}(R_\Gamma^S/T(R_\Gamma), \pm 1)$ et $f_{N|K}$ de $Hom_{\Omega_\mathbb{Q}}(R_\Gamma^S, \mathbb{Q}^*)$ par :

$$W_{N|K}(\chi(\text{mod. } T(R_\Gamma))) = W(\chi), \forall \chi \in R_\Gamma^S$$

$$f_{N|K}(\chi) = Nf(\chi)^{1/2} W_\infty(\chi), \forall \chi \in R_\Gamma^S$$

où $W(\chi)$ est la constante d'Artin à l'infini ([M], chap. II, définition 7-1).

Pour tout nombre premier p nous fixons une extension finie F de $\mathbb{Q}$, modérément ramifiée en 2, qui dépend de p ([CN-T1], § 3) et nous considérons $\tilde{H}(\mathbb{Z}[\Gamma])$ comme un sous-groupe de $AHCL(O_F[\Gamma])$ suivant les résultats du paragraphe 4.

<u>Théorème</u>. Soient k le corps $\mathbb{Q}$ des rationnels ou le corps p-adique $\mathbb{Q}_p$, K une extension finie de k et N une extension galoisienne, finie, et modérément ramifiée de K, de groupe de Galois Γ. Alors $X_{N|K}$ appartient à $\tilde{K}_o H(O_k[\Gamma])$ et l'on a :

(i) Si $k = \mathbb{Q}_p$

$$\theta_p(X_{N|K}) = W_{N|K} \ , \quad \eta_p(X_{N|K}) = f_{N|K}$$

(ii) Si $k = \mathbb{Q}$

$$\theta(X_{N|K}) = W_{N|K} \ , \quad \eta(X_{N|K}) = f_{N|K} \ .$$

Ce théorème est démontré dans [CN-T1] et [CN-T2]. Nous déduisons des travaux de Fröhlich ([F3] et [F2] chap. VI) un représentant de $d_p(X_{N|K})$ (resp. $d(X_{N|K})$) dans le cas local (resp. global). Sa définition fait apparaître les résolvantes associées à une base normale d'entiers locale (resp. en toute place). Puis nous utilisons les liens profonds mis en évidence par Fröhlich ([F1]) entre résolvantes et somme de Gauss galoisiennes et les résultats de Taylor sur les sommes de Gauss galoisiennes ([T]).

Le théorème permet de démontrer la conjecture B dans le cas local et le cas global mais aussi la conjecture A.

Si χ est un caractère symplectique et modérément ramifié de Ω_K alors χ est le caractère du groupe de Galois Γ d'une extension modérément ramifiée N de K et nous avons :

<u>Corollaire B</u>. Soit χ un caractère symplectique et modérément ramifié de Ω_K, alors :

 (i) Si K est une extension finie de $\mathbb{Q}_p$:

$$\theta_p(X_{N|K})(\chi) = W(\chi) \ , \quad \eta_p(X_{N|K})(\chi) = Nf(\chi)^{1/2}$$

(ii) Si K est un corps de nombres :

$$\theta(X_{N|K})(\chi) = W(\chi) \ , \quad \eta(X_{N|K})(\chi) = Nf(\chi)^{1/2}W_\infty(\chi) \ .$$

Ce corollaire démontre la conjecture B dans le cas local (i) et global (ii). Nous obtenons en outre la détermination de $Nf(\chi)^{1/2}$ et $Nf(\chi)^{1/2}W_\infty(\chi)$; ce dernier résultat avait été obtenu par Fröhlich ([F2], chap. VI). Nous en déduisons que les sommes de Gauss galoisiennes locales ou globales associées aux caractères symplectiques et modérément ramifiés sont déterminées par les structures galoisiennes, hermitiennes d'anneaux d'entiers. Plus précisemment si $\tau(\chi)$ désigne la somme de Gauss galoisienne associée à χ nous avons pour tout caractère symplectique χ :

$$\tau(\chi) = \theta_p(X_{N|K})(\chi) \cdot \eta_p(X_{N|K})(\chi) \quad \text{dans le cas local}$$

$$\tau(\chi) = \theta(X_{N|K})(\chi) \cdot \eta(X_{N|K})(\chi) \quad \text{dans le cas global.}$$

Montrons que le théorème implique la démonstration de la conjecture A.

Soit δ le foncteur d'oubli de $K_0 H(\mathbb{Z}[\Gamma])$ dans $K_0(\mathbb{Z}[\Gamma])$.

Si $K_0' H(\mathbb{Z}[\Gamma])$ désigne le noyau de l'homomorphisme naturel de $K_0 H(\mathbb{Z}[\Gamma])$ dans $K_0 H(\overline{\mathbb{Q}}[\Gamma])$ induit par l'extension des scalaires, nous remarquons que δ définit par restriction un homomorphisme de $K_0' H(\mathbb{Z}[\Gamma])$ dans $CL(\mathbb{Z}[\Gamma])$.

Nous savons définir ([F2], chap. II) un homomorphisme δ' de $HCL(\mathbb{Z}[\Gamma])$ dans $CL(\mathbb{Z}[\Gamma])$ tel que le diagramme suivant soit commutatif :

(5-1)

$$
\begin{array}{ccc}
K_0' H(\mathbb{Z}[\Gamma]) & \xrightarrow{\;\delta\;} & CL(\mathbb{Z}[\Gamma]) \\
& \searrow{\scriptstyle d} \quad \nearrow{\scriptstyle \delta'} & \\
& HCL(\mathbb{Z}[\Gamma]) &
\end{array}
$$

Soit $\widetilde{K}_0' H(\mathbb{Z}[\Gamma])$ le sous-groupe de $K_0 H(\mathbb{Z}[\Gamma])$ défini par :

$$\widetilde{K}_0' H(\mathbb{Z}[\Gamma]) = K_0' H(\mathbb{Z}[\Gamma]) \cap \widetilde{K}_0 H(\mathbb{Z}[\Gamma])$$

Nous déduisons du diagramme (5-1) le diagramme :

(5-2)

$$
\begin{array}{ccc}
\widetilde{K}_0' H(\mathbb{Z}[\Gamma]) & \xrightarrow{\;\delta\;} & CL(\mathbb{Z}[\Gamma]) \\
& \searrow{\scriptstyle d} \quad \nearrow{\scriptstyle t} & \\
& \widetilde{G}(\mathbb{Z}[\Gamma]) &
\end{array}
$$

où t désigne la restriction de δ' à $\widetilde{G}(\mathbb{Z}[\Gamma])$.

Nous vérifions que t est triviale sur $\mathrm{Hom}_{\Omega_{\mathbb{Q}}}(R_\Gamma^S, \mathbb{Q}^*)$ et coïncide avec la fonction t introduite dans [CN] sur le groupe $\mathrm{Hom}_{\Omega_{\mathbb{Q}}}(R_\Gamma^S / T(R_\Gamma), \pm 1)$.

Nous savons que $X_{N|K}$ appartient au groupe $\widetilde{K}_0' H(\mathbb{Z}[\Gamma])$. Nous déduisons du théorème et de la commutativité du diagramme (5-2) l'égalité :

$$t(W_{N|K}) = \delta(X_{N|K})$$

Or il est clair que $\delta(X_{N|K}) = U_{N|K}$.

Nous avons donc démontré :

<u>Corollaire</u> A. $\qquad\qquad U_{N|K} = t(W_{N|K})$.

Ce corollaire démontre la conjecture A.

<u>Remarques</u>. 1 - Le théorème ne donne pas une nouvelle méthode de démonstration de la conjecture A car nous utilisons pour le démontrer les résultats profonds de Taylor ([T]) qui étaient à la base de sa démonstration de la conjecture A.

2 - Nous nous sommes limités dans le théorème (i) aux places non archimédiennes. Pour les places archimédiennes voir [CN-T1].

BIBLIOGRAPHIE

[B-S]   A. BOREL et J.-P. SERRE - Sur certains sous-groupes des groupes de Lie compacts, Comm. Math. Helv., 27 (1953), 128-139.

[CN]   Ph. CASSOU-NOGUES - Quelques théorèmes de base normale d'entiers, Ann. Inst. Fourier, 28 (1978), 1-33.

[CN-T1]   Ph. CASSOU-NOGUES et M.J. TAYLOR - Local root numbers and hermitian, galois module structure of rings of integers, Math. Ann., 263 (1983), 251-261.

[CN-T2]   Ph. CASSOU-NOGUES et M.J. TAYLOR - Constante de l'équation fonctionnelle de la fonction L d'Artin d'une représentation symplectique et modérée, Ann. Inst. Fourier, 33 (1983), à paraître.

[D]   P. DELIGNE - Les constantes locales de l'équation fonctionnelle de la fonction L d'Artin d'une représentation orthogonale, Invent. Math., 35 (1976), 299-316.

[F1]   A. FRÖHLICH - Arithmetic and Galois module structure for tame extensions, J. reine angew. Math., 286-287 (1976), 380-440.

[F2]   A. FRÖHLICH - Class groups, in particular hermitian class groups, à paraître.

[F3]   A. FRÖHLICH - Symplectic local constants and hermitian galois module structure, Algebraic Number Theory, Inter Symposium Kyoto 1976, Ed. S. Iyanaga, Japan Soc. Promotion Science, Tokyo 1977.

[F4]   A. FRÖHLICH - Artin root numbers, conductors and representations for generalized quaternion groups, Proc. L. M.S. (3), 28 (1974), 402-438.

[F5]   A. FRÖHLICH - Galois module structure and root numbers for quaternion extensions of degree 2^n, J. of number theory, 12 (1980), 499-518.

[F6]   A. FRÖHLICH - The hermitian Class group - Integral representations and applications, Lecture Notes in Math. 882, 191-206, Springer-Verlag 1981.

[M]   J. MARTINET - Character theory and Artin L-functions, Algebraic Number fields, ed. A. Fröhlich, Academic Press, London, 1977.

[Te]   J. TATE - Local constants, Algebraic Number fields, ed. A. Fröhlich, Academic Press, London, 1977.

[T]   M.J. TAYLOR - On Fröhlich's conjecture for rings of integers of tame extensions, Invent. Math., 63 (1981), 41-79.

[W]   C.T.C. WALL - Norms of units in group rings, Proc. L.M.S., 29 (1974), 593-632.

SOLUTIONS ALGEBRIQUES DES EQUATIONS DIFFERENTIELLES p-ADIQUES

G. CHRISTOL

Dans cet exposé, nous donnons plusieurs résultats et conjectures
de la théorie des équations différentielles linéaires p-adiques et nous
montrons le lien de ceux-ci avec un résultat (non p-adique) sur les équations différentielles "solubles modulo p pour presque tout p" conjecturé
par Grothendieck [11].

Soit $\mathbb{C}_p$ le complèté de la clôture algébrique de $\mathbb{Q}_p$ muni de
la norme telle que $|p| = 1/p$ (la plupart des résultats s'étendent en
fait à des corps ultramétriques plus généraux). Nous choisissons un automorphisme σ qui relève l'automorphisme de Frobenius du corps des
restes de $\mathbb{C}_p$, c'est-à-dire tel que, pour $|x| \leq 1$, on ait $|\sigma(x) - x^p| < 1$.

Nous noterons $\mathcal{A}$ l'ensemble des fonctions analytiques dans le
disque $D(0,1^-) = \{|x| \in \mathbb{C}_p, |x| < 1\}$ à coefficients de Taylor dans $\mathbb{C}_p$.
Nous définissons un endomorphisme de $\mathcal{A}$ en posant $\phi(\Sigma a_n x^n) = \Sigma \sigma(a_n) x^{np}$
(ce choix n'est pas canonique. On peut définir d'autres "frobenius" de
$\mathcal{A}$ en prenant pour image de la fonction x n'importe quelle fonction
ϕ de $\mathcal{A}$ qui vérifie $\sup_{|x| < 1} |\phi(x) - x^p| < 1$).

La "norme de Gauss" est définie sur $\mathbb{C}_p[x]$ par
$\|\Sigma a_n x^n\| = \sup |a_n|$ et se prolonge à $\mathbb{C}_p(x)$. Le complèté de $\mathbb{C}_p(x)$ pour
cette norme sera noté E. En fait nous nous intéresserons surtout à l'an-
neau $E \cap \mathcal{A}$ (anneau des éléments analytiques dans $D(0,1^-)$ qui est constitué des limites uniformes sur $D(0,1^-)$ de fractions rationnelles de
$\mathbb{C}_p(x)$ sans pôle dans $D(0,1^-)$). Dans ce cas la norme de Gauss est la
norme de la convergence uniforme sur le disque $D(0,1^-)$.

Pour tout anneau $\mathcal{O}$, $M_\mu(\mathcal{O})$ désigne l'anneau des matrices
$\mu \times \mu$ à coefficients dans $\mathcal{O}$ et $Gl_\mu(\mathcal{O})$ le groupe des éléments inversibles de $M_\mu(\mathcal{O})$. Si H est une matrice de $M_\mu(\mathcal{A})$, la matrice $\phi(H)$
(resp. H') s'obtient en appliquant l'opérateur ϕ (resp. de dérivation)

à chacun des coefficients H_{ij} de H. Par ailleurs, nous normons $M_\mu(E)$ en posant : $\|H\| = \sup \|H_{ij}\|$

Etant donné une matrice U de $Gl_\mu(\mathcal{A})$ qui satisfait les conditions :

(1) <u>Il existe un entier h tel que la matrice $H = U\phi^h(U^{-1})$ appartienne à $Gl_\mu(E)$,</u>

(2) <u>La matrice H ainsi construite est telle que $\|H\|\,\|H^{-1}\| < p^h$,</u>

on montre qu'elle satisfait aussi la condition :

(3) $U'U^{-1}$ <u>appartient à $M_\mu(E)$.</u>

[Pour cela il suffit de vérifier que $U'U^{-1}$ est limite dans $M_\mu(E)$ de la suite $H'_k H_k^{-1}$ où la matrice

$$H_k = U\phi^{hk}(U^{-1}) = H\phi^h(H) \ldots \phi^{h(k-1)}(H)$$

appartient à $Gl_\mu(E)$. On utilise la formule $x(\phi(H))' = p\phi(xH')|$.

Nous allons étudier dans quelle mesure une matrice U de $Gl_\mu(\mathcal{A})$ qui satisfait la condition (3) satisfait aussi les conditions (1) et (2).

1) <u>Rapports entre (3) et (2).</u>

Considérons la condition suivante qui représente "la moitié" de la condition (2) :

$$(2\ bis) \qquad \|H\| = \|U\phi^h(U^{-1})\| \leq p^{\alpha h} \qquad (\alpha \geq 0)$$

Posons, pour $0 < r < 1$, $\|U\|_r = \sup_{i,j,|x| \leq r} |U_{ij}(x)|$. Un calcul simple montre que (2 bis) s'écrit :

$$\|U\|_r \leq p^{\alpha h}\|U\|_{r^{p^h}}$$

et que par suite, pour r tendant vers 1 , on a

$$\|U\|_r = 0((-\log r)^{-\alpha})$$

(si $U_{ij}(x) = \Sigma_n b_{n,ij} x^n$, ceci revient à $|b_{n,ij}| = 0(n^\alpha)$). On dit alors que la matrice U est à croissance logarithmique d'ordre α au bord du disque $D(0,1^-)$.

On peut donc considérer le résultat suivant (DWORK ROBBA) comme une sorte de réciproque correspondant à (3) $\Rightarrow$ (2).

<u>Théorème 1</u> : <u>Si une matrice</u> U <u>de</u> $Gl_\mu(\mathcal{A})$ <u>vérifie la condition</u> (3) <u>alors elle est à croissance logarithmique d'ordre</u> $\mu - 1$ <u>au bord du disque</u> $D(0,1^-)$.

La première démonstration de ce résultat apparaît dans [7] où l'on suppose $U' U^{-1} \in M_\mu(\mathbb{C}_p(x))$. Dans [8] (corollaire 4.2.6) le résultat est étendu au cas $U' U^{-1} \in M_\mu(E)$. Enfin dans [9] on trouvera une majoration effective du 0 qui apparaît dans l'expression de $\|U\|_r$. En fait tous ces articles traitent le cas des équations différentielles qui est équivalent au cas des systèmes dont nous parlons ici.

2) <u>Structure de Frobenius faible.</u>

Il s'agit d'une forme faible de l'implication (3) $\Rightarrow$ (1)

<u>Théorème 2</u> : <u>Si une matrice</u> U <u>de</u> $Gl_\mu(\mathcal{A})$ <u>vérifie la condition</u> (3), <u>il existe une matrice</u> U_1 <u>de</u> $Gl_\mu(\mathcal{A})$ <u>qui vérifie la condition</u> (3) <u>et telle que</u> $U\phi(U_1^{-1})$ <u>appartienne à</u> $Gl_\mu(E)$.

Ce résultat est démontré dans [3]. On démontre aussi que, modulo la multiplication à gauche par une matrice de $Gl_\mu(E)$, la matrice U_1 est unique et indépendante du choix du Frobenius de $\mathcal{A}$. Par ailleurs, si la matrice (de $M_\mu(E)$) $U' U^{-1}$ a des coefficients analytiques dans un disque $D(a,1^-) = \{x \in \mathbb{C}_p, |x - a| < 1\}$ avec $|a| = 1$ (prolongement analytique "à la Krasner"), on peut choisir la matrice U_1 de telle sorte que la matrice, de $M_\mu(E)$, $U_1' U_1^{-1}$ ait aussi des coefficients qui se "prolongent" dans $D(a,1^-)$.

3) <u>Eléments algébriques.</u>

Soit F_0 l'anneau des éléments de $\mathcal{A}$ qui sont algébriques sur E et soit F le complèté de F_0 (F_0 est normé par la norme de Gauss. En fait les fonctions de F_0 sont bornées dans $D(0,1^-)$ et cette norme n'est autre que la norme de la convergence uniforme sur $D(0,1^-)$). On montre que F est aussi le complèté de l'ensemble des fonctions de $\mathcal{A}$ qui sont algébriques sur $\mathbb{C}_p(x)$. Les éléments de F s'appellent des éléments algébriques dans $D(0,1^-)$. Le résultat suivant (voir [2] et [4]) montre qu'en général la condition (3) n'implique pas la condition (1) :

<u>Théorème 3.1</u> : <u>Si une matrice</u> U <u>de</u> $Gl(\mathcal{A})$ <u>vérifie la condition</u> (1) <u>et a ses coefficients bornés dans</u> $D(0,1^-)$, <u>elle appartient à</u> $Gl_\mu(F)$.

Ceci nous amène à chercher des conditions supplémentaires pour obtenir une forme forte de l'implication (3) $\Rightarrow$ (1) (structure de Frobenius "forte"). On a le résultat suivant :

<u>Théorème 3.2</u> : <u>Si une matrice</u> U <u>de</u> $Gl_\mu(F_0)$ <u>vérifie la condition</u> (3),

elle vérifie la condition (1).

Pour démontrer ce théorème on montre que toute extension finie de E contenue dans le corps des fractions de $\mathcal{A}$ est :

1) stable par l'opérateur ϕ (voir [4])

2) semi-simple en tant que $E[d/dx]$-module

On ne peut remplacer ni F par F_0 dans le théorème 3.1 (la matrice $U = \begin{pmatrix} 1 & 0 \\ \theta & 1 \end{pmatrix}$ où $\theta(x) = \Sigma_{n=0}^{\infty} x^{p^n}$ vérifie (1) mais n'appartient pas à $Gl_\mu(F_0)$) ni F_0 par F dans le théorème 3.2 (la fonction $f = \exp(\pi \Sigma_{n=0}^{\infty}(n+1) x^{p^n})$ avec $\pi^{p-1} = -p$ vérifie $f' f^{-1} \in E$ mais les $\phi^h(f)$ sont linéairement indépendants sur E).

4) <u>Equations du premier ordre.</u>

Soit f un élément inversible de $\mathcal{A}$ tel que $f' f^{-1} \in \mathbb{C}_p(x)$. Pour chaque classe résiduelle $D(\alpha,1^-)$ nous choisissons un "centre" de façon à pouvoir écrire le développement de "Mittag-Leffler" de $f' f^{-1}$:

$$f' f^{-1} = \Sigma_{\alpha,n=0}^{\infty} \lambda_{\alpha,n} / (x-\alpha)^{n+1} + \Sigma_{n=1}^{\infty} \lambda_{\infty,n} \, x^{n-1}$$

ce qui donne, à une constante près, et formellement :

$$f = \prod_\alpha (1-x/\alpha)^{\lambda_{\alpha,0}} \, e^g$$

avec :

$$g = \Sigma_{\alpha,n=1}^{\infty} \lambda_{\alpha,n}/n(x-\alpha)^{n+1} + \Sigma_{n=1}^{\infty} \lambda_{\infty,n} \, x^n/n$$

(le nombre $\lambda_{\alpha,0}$ s'appelle résidu de f'/f dans la classe $D(\alpha,1^-)$)

La fonction $(1-x/\alpha)^{\lambda_{\alpha,0}}$ appartient à $\mathcal{A}$ si et seulement si $\lambda_{\alpha,0}$ appartient à $\mathbb{Z}_p$. Dans ce cas, puisque f appartient à $\mathcal{A}$, on sait que e^g appartient à $\mathcal{A}$. Comme f'/f appartient à $\mathbb{C}_p(x)$, on peut trouver un nombre $r < 1$ tel que $r^n |\lambda_{\alpha,n}|$ soit une suite bornée (prendre pour r la distance maximum d'un pôle de f'/f au α correspondant) on en déduit que, lorsque n tend vers l'infini, la suite $|\lambda_{\alpha,n}/n|$ tend vers 0, c'est-à-dire que g appartient à E. Pour m assez grand on a $\| p^m g \| < 1/p$ donc

$$(e^g)^{p^m} = e^{p^m g} = 1 + p^m g + \ldots$$

appartient à E. Autrement dit e^g est algébrique sur E donc appartient à F_o. Pour que f lui-même appartienne à F_o, il faut et il suffit alors que $(1 - x/\alpha)^{\lambda_{\alpha,o}}$ appartienne aussi à F_o pour tout α c'est-à-dire que les $\lambda_{\alpha,o}$ soient des nombres rationnels. D'où le théorème de "structure de Frobenius forte pour les équations différentielles du premier ordre" :

Théorème 4 : Si f est un élément de $Gl_1(\mathcal{A})$ tel que f'/f appartienne à $\mathbb{C}_p(x)$, f vérifie la condition (1) (i.e. il existe h tel que $\phi^h(f)/f$ appartienne à E) si et seulement si les résidus de f'/f dans chaque classe résiduelle (i.e. $\lambda_{\alpha,o}$) appartiennent à $\mathbb{Q} \cap \mathbb{Z}_p$.

Remarque : On peut remplacer la condition $f'/f \in \mathbb{C}_p(x)$ par une condition plus faible du type f'/f "superadmissible" ([8]) mais pas par $f'/f \in E$ (condition (3)) comme le montre l'exemple $f = \exp(\pi \Sigma_{n=0}^{\infty} (n+1) x^{p^n})$ déjà signalé.

5) Conjecture dans le cas général.

Soit G une matrice de $M_\mu(\mathbb{C}_p(x))$ et a une singularité de G. On montre classiquement ([12] ou [1])que l'équation différentielle $U' U^{-1} = G$ possède une solution de la forme :

$$U = Y(t) \, e^{C \log t} \, e^{P(1/t)}$$

où $t^m = (x-a)$, Y est une matrice de $Gl_\mu(\mathbb{C}_p((t)))$ (dont les coefficients ont en général un rayon de convergence non nul [1]), C est une matrice de Jordan à coefficients dans $\mathbb{C}_p$ et P est une matrice diagonale à coefficients polynomiaux. Nous appellerons "exponentielles de la matrice G" les valeurs propres des matrices C correspondant à chacun des points singuliers de G (le résidu dans la classe $D(\alpha,1^-)$ de la fonction f'/f utilisé au § 4 n'est autre que la somme des exponentielles correspondant aux pôles de cette fonction contenus dans la classe $D(\alpha,1^-)$).

Nous faisons la conjecture suivante (voir aussi DWORK [6]) :

Conjecture 5 : Si U est une matrice de $Gl_\mu(\mathcal{A})$ telle que $U' U^{-1}$ appartienne à $Gl_\mu(\mathbb{C}_p(x))$, pour que U vérifie la condition (1) il suffit que les exponentielles de $U' U^{-1}$ appartiennent toutes à $\mathbb{Q} \cap \mathbb{Z}_p$.

On peut espèrer démontrer cette conjecture au moins dans le cas où l'équation différentielle $U' U^{-1} = G$ a, au plus, un point singulier régulier dans chaque classe résiduelle (voir [5] pour une analyse de cette situation). Dans ce cas l'expression de la solution se simplifie :

On peut prendre $t = (x-a)$, $P = 0$ et, comme l'équation a une solution U dans $Gl_\mu(\mathcal{A})$, on peut affirmer que les coefficients de la matrice Y sont analytiques dans le disque $D(a,1^-)$ (démonstration non évidente).

6) <u>Application éventuelle.</u>

Nous voulons montrer le lien de ce qui précède avec une conjecture de Grotendieck :

Nous notons $\mathbb{F}_p$ le corps à p éléments et Ω une clôture algébrique de $\mathbb{Q}(x)$ (la dérivation s'étend de manière unique à Ω).

Conjecture 6.1 : <u>Soit</u> G <u>une matrice de</u> $M_\mu(\mathbb{Q}(x))$ <u>qui vérifie la con-</u> <u>dition</u> :

(H) <u>pour presque tous les nombres premiers</u> p, <u>il existe une matrice</u> U_p <u>de</u> $Gl_\mu(\mathbb{F}_p(x))$ <u>telle que</u> $G = U'_p U_p^{-1} \pmod p$, <u>alors il existe une</u> <u>matrice</u> U <u>de</u> $Gl_\mu(\Omega)$ <u>telle que</u> $U' U^{-1} = G$.

Cette conjecture a été vérifiée dans un certain nombre de cas en particulier pour les équations différentielles Hypergéométriques (voir $[11]$).

Un élément de Ω qui n'a pas de singularité en 0 peut être, pour presque tout p, représenté par une fonction analytique bornée dans le disque $D(0,1^-)$. Aussi faisons-nous la conjecture (plus faible que 6.1) suivante :

Conjecture 6.2 : <u>Si une matrice</u> G <u>n'a pas de pôle en</u> 0 <u>et vérifie la</u> <u>condition</u> (H) <u>alors, pour presque tout</u> p, <u>il existe une matrice</u> U <u>de</u> $Gl_\mu(\mathcal{A})$ <u>telle que</u> $U' U^{-1} = G$.

Par ailleurs Katz a démontré $[10]$ que l'hypothèse (H) impliquait que la matrice G n'avait que des points singuliers réguliers et que les matrices "exponentielles" C associées étaient diagonales et avaient des valeurs propres rationnelles. Ce résultat, outre qu'il doit faciliter la démonstration de la conjecture 6.2, nous place dans les conditions d'application de la conjecture 5 : Pour presque tout p il existerait une matrice U vérifiant la condition (1) et telle que $U' U^{-1} = G$. Comme les matrices C sont diagonales, il semble facile de démontrer que la matrice U ainsi construite a ses coefficients bornés dans $D(0,1^-)$. Le théorème 3.1 montrerait alors qu'elle appartient à $Gl_\mu(F)$. Pour achever la démonstration de la conjecture 6.1 il suffirait (!) de démontrer la conjecture suivante :

Conjecture 6.3 : <u>Soit une matrice</u> U <u>de</u> $Gl_\mu(\mathbb{Q}[[x]])$ <u>telle que</u> $U' U^{-1}$ <u>appartienne à</u> $M_\mu(\mathbb{Q}(x))$, <u>si, pour presque tout</u> p, <u>elle appartient à</u>

$Gl_\mu(F)$ __alors elle appartient à__ $Gl_\mu(\alpha)$.

Cette conjecture n'est sans doute pas facile car il existe des fonctions de $\mathbb{Q}[[x]]$ qui appartiennent à F pour presque tous les p mais qui n'appartiennent pas à α (la fonction hypergéométrique $F(1/2,1/2,1,x)$ par exemple).

Risquons une dernière conjecture (sans doute la plus hasardeuse): l'ensemble des conjectures 5, 6.2, 6.3 est plus facile à démontrer que la conjecture 6.1.

B I B L I O G R A P H I E

[1]   BALDASSARI F. Differential modules and singular points of p-adic differential equations, (preprint).

[2]   CHRISTOL G. Limities uniformes p-adiques de fonctions algébriques Thèse Sc. Math. (Paris 6 1977).

[3]   CHRISTOL G. Système différentiels linéaires p-adiques : structure de Frobenius faible Bull Soc. Math. France 109, pp. 83-122 (1981).

[4]   CHRISTOL G. Fonctions et éléments algébriques p-adiques (à paraître).

[5]   CHRISTOL G. Décomposition des matrices en facteurs singuliers application aux équations différentielles Groupe d'étude d'analyse ultramétrique 7-8ème année (1979-1981) n° 5 17 p.

[6]   DWORK B. On p-adic differential equations I. Bull. Soc. Math. France, mémoire 39-40 1974 pp. 27-37.

[7]   DWORK B. On p-adic differential equations II. Annals of Math. 98 n° 2 (1973) 366-376.

[8]   DWORK B. ROBBA P. On ordinary linear p-adic differential equations. Trans. Am. Math. Soc. 231 (1977) pp. 1-46.

[9]   DWORK B. ROBBA P. Effective p-adic bounds for solutions of homogeneous linear differential equations Trans. Am. Math. Soc. 259 (1980) pp. 559-577.

[10]   KATZ N. Nilpotent connections and the monodromy theorem. Publ. Math. IHES 39 (1970) 175-232.

[11]   KATZ N. Algebraic solutions of differential equations (p-curvature and the Hodge filtration) Inventiones Math. 18 (1972) pp. 1-118.

[12]   TURRITIN H. Convergent solutions of ordinary linear homogeneous differential equations Acta Math. 93 (1955) pp. 27-66.

SERIES D'EISENSTEIN ET CRITERE DE KUMMER

Roland GILLARD

Ce texte résulte d'un travail avec G. Robert. Il s'agit dans la
partie 1 de généraliser son article [Rob] en considérant des séries
d'Eisenstein de niveau N. La partie 2 développe un critère de Kummer
pour les extensions abéliennes d'un corps quadratique imaginaire K pour
un nombre premier inerte. Les congruences entre séries d'Eisenstein sont
alors rapprochées de l'involution de Leopoldt sur les caractères de
Dirichlet de K.

1 - Congruences entre séries d'Eisenstein.

    1.0. - Formes modulaires (cf. [KATZ])

        On fixe p un nombre premier ≥ 5 et N un entier premier
à p et ≥ 3. Soit R un anneau (commutatif). On considère les triplets
$F = (E,\omega,\beta)$ formés d'une courbe elliptique E définie sur R, d'une
forme différentielle $\omega \in H^0(E,\Omega^1_{E/R})$ toujours $\neq 0$ et d'un isomorphisme
de schémas en groupes finis sur R

1.0.1 $$\mu_N \times \mathbb{Z}/N\mathbb{Z} \longrightarrow E[N] \; ,$$

où E[N] désigne le noyau de la multiplication par N dans E. On suppose que β respecte les formes symplectiques naturelles des deux membres de 1.0.1.

    Une forme modulaire de niveau (arithmétique) N de poids n
$(n \in \mathbb{N})$ sur un anneau B est une loi f qui à chaque triplet F défini sur une B-algèbre R associe un élément f(F) de R en respectant
les hypothèses suivantes :

  i) f(F) ne dépend que de la classe d'isomorphie de F ;

ii) f est compatible à l'extension des scalaires;

iii) f est homogène : $f(E,\lambda\omega,\beta) = \lambda^{-n} \cdot f(E,\omega,\beta)$, pour $\lambda \in R^*$;

 iv) f est "définie à l'infini".

On note $M_n(B)$ l'ensemble de ces formes modulaires et $M(B)$ la somme directe $M(B) = \bigoplus_{n\geq 0} M_n(B)$.

Exemple 1 : si $B = \mathbb{C}$, la donnée de $f \in M_n(B)$ revient à se donner une fonction holomorphe $\underline{f}$ sur $GL^+ = \{(\omega_1,\omega_2) \in \mathbb{C}^2 \mid \mathrm{Im}\,\frac{\omega_2}{\omega_1} > 0\}$ vérifiant certaines conditions. En effet, à $(\omega_1,\omega_2) \in GL^+$ on associe la courbe algébrique E définie par la variété analytique $\mathbb{C}/\mathbb{Z}\,\omega_1 + \mathbb{Z}\,\omega_2$, cf. paramétrage de Weierstrass $z \xrightarrow{\xi} (\wp(z),\wp'(z))$; ω est choisie telle que $\xi^*(\omega) = dz$ et on pose $\beta\,(\exp\frac{2\pi i a}{N}, \frac{b}{N}) = \xi(\frac{a\omega_1 + b\omega_2}{N})$.

On a alors $\underline{f}(\omega_1,\omega_2) = f(E,\omega,\beta)$. Si on pose $\underline{f}(\tau) = \underline{f}(1,\tau)$, $q_N = \exp\frac{2\pi i \tau}{N}$, $\underline{f}$ admet un développement de Fourier :

$$1.0.2 \qquad\qquad \underline{f}(\tau) = \Sigma\, a_i\, q_N^i \; ;$$

la condition iv) implique que $a_i = 0$ pour $i < 0$.

Soit $B((q_N)) = \{\, \sum_{i \gg -\infty} a_i\, q_N^i\,, a_i \in B\}$. Au moyen de la "courbe de Tate", on peut définir un triplet F_∞ sur $\mathbb{Z}((q_N))$. Ceci permet d'associer à tout B et $f \in M_n(B)$ un élément $f(F_\infty)$ dans $B((q_N))$ redonnant 1.0.2 lorsque $B = \mathbb{C}$.

Exemple 2 : posons $G = (\mathbb{Z}/N\mathbb{Z})^2$ et notons B^G l'ensemble des applications de G dans l'anneau B. Si B est une $\mathbb{Z}_{(p)}$-algèbre$^{(*)}$ pour $f \in B^G$, on définit $G_{n,f} \in M_n(B)$ (si pour $n \equiv 0$ ou 2 mod p-1, f vérifie

$$1.0.3 \qquad \sum_{a=0}^{N-1} f(a,0) = \sum_{b=0}^{N-1} f(0,b) = 0 \,)$$

par

$$1.0.4 \qquad G_{n,f}(F_\infty) = a_0 + \sum_{i\geq 1} q_N^i \sum_{dd'=i} d^{n-1}\, f(d,d') \,,$$

avec $a_0 = \frac{1}{2}\, L(1-n,\, f(\cdot,0))$ $(= \frac{1}{2}\, L(0,\, f(\cdot,0) + f(0,\cdot))$ si $n = 1)$.

<u>Variantes</u> : si B est intègre, on peut considérer

$$1.0.5 \qquad\qquad E_{n,f} = G_{n,f} / a_0 \quad \text{si} \quad a_0 \neq 0 \quad \text{et}$$

$$1.0.6 \qquad\qquad S_{n,f} = \frac{2(-1)^n}{(n-1)!} \, G_{n,f} \quad \text{à priori définies seulement sur}$$

le corps des fractions de B.

<u>Lien avec l'exemple 1</u> : si $(\omega_1,\omega_2) \in GL^+$, on a

$$1.0.7 \qquad\qquad \underline{S}_{n,f}(\omega_1,\omega_2) = \sum_{\ell \in \frac{1}{N}L/L} g(\ell) \, E_n^*(\ell,L) \ ,$$

avec $L = \mathbb{Z}\,\omega_1 + \mathbb{Z}\,\omega_2$,

$$1.0.8 \qquad\qquad E_n^*(\ell,L) = \sum (\ell+\omega)^{-n}, \quad \text{somme sur les} \quad \omega \in L \quad \text{tels}$$

$\ell + \omega \neq 0$ si $n \geq 3$ et variante usuelle (cf. [We] chap. VIII) si $n = 1$ ou 2 et

$$1.0.9 \qquad\qquad g(\frac{a\omega_1 + b\omega_2}{N}) = \frac{1}{N} \sum_{b=0}^{N-1} f(n,b) \, \exp - \frac{2\pi i a n}{N} \ .$$

1.1. - <u>Le résultat</u>

Introduisons d'abord trois involutions.

1) Sur $D = \mathbb{N} \cap [1,p^2]$. A n on associe $n^* \in D$ tel que $n^* + pn \equiv p + 1 \mod p^2 - 1$. On précise par $1^* = p^2$ et $(p^2)^* = 1$.

2) Sur B^G. A f on associe $f^\#$ définie par

$$f^\#(a,b) = f(bp,\frac{a}{p})$$

3) Sur $\mathbb{C}^G$, en reprenant les notations de 1.0.9 et en identifiant G et $\frac{1}{N}L/L$. A g, reliée à f par 1.0.9, on associe $g^\natural$, reliée à $f^\#$, par

$$g^\natural(\ell) = \frac{1}{N} \sum_{\ell'} g(\ell') \, e_N(\ell',\ell)^p \ ,$$

où e_N est relié au déterminant dans la base ω_1,ω_2 de L :

$$e_N(\ell',\ell) = \exp 2\pi i N \det(\ell',\ell) \ .$$

Désignons par O l'anneau des entiers d'une extension finie de $\mathbb{Q}$ et $O_{(p)} = O \otimes \mathbb{Z}_{(p)}$. A $n \in D$, on associe $b_n \in \mathbb{Z}_{(p)}$ comme dans [Rob]; écrivons n sous la forme

$$1.1.1 \qquad n = k + \nu(p-1) , k \in [1,p] ;$$

si $n \in D$ et $n < pk$ $b_n = \dfrac{\nu!}{(p-k+\nu)!}$, si $n \geq pk$ $b_n = 1/b_{n\ast}$.

1.1.2 __THEOREME.__ Soit $F = (E,\omega,\beta)$ un triplet défini sur $O_{(p)}$ tel que $E_{p-1}(F)$ soit dans $p \cdot O_{(p)}$. Alors,

$$1.1.2.1 \qquad S_{n,f}(F) \in O_{(p)} \quad \text{pour} \quad n \in D.$$

$$1.1.2.2 \qquad [S_{n\ast f} - b_n \left(\frac{N\, E_{p+1}}{12} \right)^{\frac{n\ast-n}{p+1}} S_{n,f}\#](F) \in pO_{(p)} ,$$

si n n'est pas congru à $0,1,2,3,p-2 \mod p-1$ ou si $n = 1$.

1.2. - Principe de la démonstration

La démonstration a la même structure que celle de [Rob], mais l'introduction d'un niveau nécessite des raisonnements modulaires (i.e. en termes de problèmes de modules) pour acquérir des renseignements sur $M = M(\mathbb{Z}_p)$; si $N = 1$, M est simplement une algèbre de polynômes à deux indéterminées.

Soient $\Lambda = E_{p-1}/p$ et $L = M[\Lambda]$. Posons $U = \operatorname{Spec} M[\frac{1}{\Delta}]$, $U = \operatorname{Spec} L[\frac{1}{\Delta}]$. Soit X (resp. X_1) la courbe modulaire projective (resp. le champ algébrique) liée au problème de modules pour les couples (E,β) (resp. les courbes elliptiques E) : U apparaît comme isomorphe à $X \times_{X_1} U_1$, U_1 étant défini comme U mais avec $N = 1$; U est l'éclaté de Néron de U le long du lieu supersingulier dans la fibre en p. Cette interprétation fournit des propriétés de __lissité__. Par ailleurs U et U représentent des foncteurs en $\mathbb{Z}_p$-algèbres :

$$U(R) = \operatorname{Hom}_{alg}(M[\tfrac{1}{\Delta}],R) \simeq \{\text{classes d'isomorphie des } F \text{ définis sur } R\}$$

$$U(R) = \operatorname{Hom}_{alg}(L[\tfrac{1}{\Delta}],R) \simeq \left\{ \begin{array}{l} \text{couples } ([F],r) \text{ avec } [F] \text{ classe d'iso-} \\ \text{morphie de } F, F \text{ défini sur } R \text{ et } r \in R \\ \text{tel que } r.p = E_{p-1}(F) \end{array} \right\} .$$

Soient B (resp. Ω) l'anneau des entiers d'une extension finie (resp. maximale) non ramifiée de $\mathbb{Q}_p$ et K son corps des fractions. Les considérations précédentes permettent de démontrer un critère pour qu'une forme soit dans L.

1.2.1 <u>THEOREME</u>. Soit $f \in M \otimes_{\mathbb{Z}_p} K$. Pour que f soit dans $L \otimes_{\mathbb{Z}_p} B$, il faut et il suffit que pour tout $F \in U(\Omega)$, $f(F)$ soit dans Ω (à priori $f(F)$ est dans le corps des fractions de Ω).

Pour démontrer 1.1.2.1, il suffit de vérifier que $f \longrightarrow S_{n,f}$ définit une application de $\mathbb{Z}_p^G$ dans L, ce qui peut se vérifier au moyen de 1.2.1.

Pour 1.1.2.2, on gradue L par le poids en donnant à Λ le poids $p-1$ et on filtre $\bar{L}_n$, réduction modulo p de la composante de poids n, en posant (cf. 1.1.1) :

$$\bar{L}_n^{(t)} = \{\ f = \sum_t^{\nu} a_i \Lambda^{\nu-i}\ ,\quad a_i \in M_{k+i(p-1)}\}\ \bmod p.$$

Pour démontrer que

$$\phi_n(f) = S_{n^*_{\!}f} - b_n \left(\frac{N\ E_{p+1}}{12}\right)^{\frac{n^*-n}{p+1}} S_{n,f}$$

est dans pL_{n*}, on montre que

a) $\phi_n(f) \in \bar{L}_{n*}^{(k+1)}$

b) $f \longrightarrow \phi_n(f)$ définit une application H-linéaire où H désigne une algèbre d'opérateurs de Hecke, ceci pour une action convenable de H sur $\mathbb{Z}_p^G$.

c) $\mathrm{Hom}_H(\mathbb{Z}_p^G, \bar{L}_{n*}^{(k+1)}) = 0$.

Les restrictions importantes dans 1.1.2.2 s'introduisent dans c) : en effet la méthode consiste comme dans [Rob] à diminuer les indices en considération en utilisant l'application

$$M_n / E_{p-1}\, M_{n-p+1} \longrightarrow M_{n+p+1} / E_{p-1}\, M_{n+2}$$

définie par la multiplication par E_{p+1}. La difficulté est que l'appli-

cation précédente ne définit un isomorphisme en caractéristique p que
pour n assez gros.

2 - Critère de Kummer supersingulier.

2.0. - Le problème

Soient K un corps quadratique imaginaire tel que p reste premier dans K et F/K une extension abélienne de degré premier à p de groupe de Galois Δ . Désignons par $Cl(F)$ le groupe des classes d'idéaux de F . On souhaite discuter la condition

$$2.0.1 \qquad\qquad P \nmid |Cl(F)| \ .$$

Pour ceci introduisons $O(F)$ l'anneau des entiers de F et C son groupe d'unités elliptiques. On a alors ([G-R]), <u>si</u> p <u>ne divise pas le nombre de classes de</u> K , ce que nous supposerons désormais :

2.0.2 <u>THEOREME</u>. La condition 2.0.1 est équivalente à

$$2.0.3 \qquad\qquad p \nmid [O(F)^* : C]$$

2.1. - Traduction multiplicative semi-locale

On suppose que F contient le groupe μ_p des racines $p^{\text{ièmes}}$ de l'unité. Pour toute place w de F au dessus de p , on note F^w le complété et $O(F^w)$ son anneau d'entiers. On introduit le groupe des unités semi-locales $U = \pi\, O(F^w)^*$. On dit que $\alpha \in O(F^w)^*$ est primaire si l'extension $F^w(\sqrt[p]{\alpha})/F^w$ est non ramifiée. Ceci permet d'introduire le produit U_{pr} des groupes d'unités locales primaires $O(F^w)^*_{pr}$. On a un homomorphisme Δ-équivariant :

$$C/C^p \overset{\Lambda}{\longmapsto} U/U_{pr} \ .$$

2.1.1 <u>Proposition</u> - <u>La condition 2.0.3 est équivalente à</u>

2.1.2 Λ <u>est injective.</u>

En effet Λ se factorise en $C/C^p \overset{\Lambda_1}{\longrightarrow} O(F)^*/O(F)^{*p} \overset{\Lambda_2}{\longrightarrow} U/U_{pr}$.
2.0.1 implique l'injectivité de Λ_2 (théorie de Kummer) et 2.0.3 est équivalente à la surjectivité ou l'injectivité de Λ_1 . 2.1.1 résulte donc de 2.0.2.

2.2. - Traduction additive semi-locale

2.2.0 Notons $O_p(F)$ le complété p-adique de $O(F)$. Nous allons construire un $\mathbb{Z}_p[\Delta]$-isomorphisme

$$\delta : U/U_{pr} \longrightarrow O_p(F)/p\, O_p(F) \ .$$

Choisissons une place v de F au dessus de p et notons $\Delta^v \subset \Delta$ son groupe de décomposition. Par extension des scalaires il suffit de construire

$$\delta^v : O(F^v)^*/O(F^v)^*_{pr} \longrightarrow O(F^v)/p\, O(F^v) \ .$$

Si F <u>a été choisie assez grande</u>, F^v contient une uniformisante t telle que

2.2.0.1
$$t^{p^2-1} = -p\varepsilon \ ,$$

ε étant une unité de K^v, le complété de K. Soit $u \in O(F^v)^*$. On représente u sous la forme $u = f_u(t)$ où $f_u(T) \in O(F_0^v)[[T]]^*$ (avec $O(F_0^v)$ anneau des entiers de F_0^v, la sous-extension non ramifiée maximale de F^v/K^v). Soit $\mathrm{Frob} \in \mathrm{Gal}(F_0^v/\mathbb{Q}_p)$ l'automorphisme de Frobenius. On le fait agir sur $O(F_0^v)[[T]]$ de façon naturelle sur les coefficients et par $T \longrightarrow T^p$. Si $h \in O(F_0^v)[[T]]^*$ s'écrit $h(T) = h(0)[1+g(T)]$, avec $g(T) \in TO(F_0^v)[[T]]$, on prolonge le logarithme p-adique en posant

$$\log h(T) = \log h(0) + \sum_{i \geq 1} (-1)^{i-1} \frac{g(T)^i}{i} \ .$$

Ceci permet de définir la série $\ell_u(T)$ par

2.2.0.2
$$\ell_u(T) = \sum_{m \geq 0} \ell_m(u)\, T^m = \frac{1}{p} \log \frac{f_u(T)^p}{\mathrm{Frob}\, f_u(T)} \ ,$$

en fait dans $O(F_0^v)[[T]]$. On introduit alors l'opérateur $\triangledown$ par $\triangledown x = \mathrm{Frob}\,\varepsilon\, x$ si $x \in F_0^v$. Pour $n \in \mathbb{Z}$, on pose $f(n) = \frac{n}{p} + p^2 - 1 \in \mathbb{Q}$; f^i désigne l'application itérée i fois. On introduit$^{(*)}$ alors pour $n \in [0, p^2-2]$, n entier

$$\delta_n(u) = \sum_{i=0}^{\infty} \triangledown^i\, \ell_{f^i(n)}(u) \ ,$$

avec la convention que $\ell_x(u) = 0$ si $x \notin \mathbb{N}$, ce qui fait que la somme précédente contient au plus trois termes; l'intérêt de $\delta_n(u)$ provient de son indépendance du choix de f_u représentant u. Finalement, on pose

$$2.2.0.3 \qquad \delta^{\vee}(\bar{u}) = \text{classe de } \Sigma\, \delta_n(u)\, t^n \quad \text{modulo } p \ ,$$

où $\bar{u}$ désigne la classe de u.

2.2.0.4 <u>THEOREME</u>. L'application δ est un $Z_p[[\Delta]]$-isomorphisme.

En effet, on vérifie en utilisant les unités $1 - \alpha t^n$, $\alpha \in O(F^{\vee})$ que $\delta^{\vee}$ est surjective et on compte les dimensions. Quant à l'action de $\Delta^{\vee}$, on note qu'en fait $\Delta^{\vee} \simeq I \times J^{\vee}$, avec $I = \mathrm{Gal}(F^{\vee}/F_0^{\vee})$ $\mathrm{Gal}(K^{\vee}(t)/K^{\vee})$ et $J^{\vee} = \mathrm{Gal}(F_0^{\vee}/K^{\vee})$. L'action de I sur les coefficients des séries ci-dessus est triviale et envoie t sur ηt avec η racine de 1 d'ordre $p^2 - 1$, $\eta \in K^{\vee}$. L'action de $J^{\vee}$ se fait uniquement sur les coefficients.

Pour étudier l'image de C/C^p par Λ nous sommes donc amenés, via δ, à analyser plus en détail la structure de $O_p(F)/pO_p(F)$.

2.2.1 <u>Bases d'entiers</u> : soit $\alpha \in O(F_0^{\vee})$, engendrant une base normale sur $O(K^{\vee})$. Introduisons $\alpha' = \overset{p^2-2}{\underset{0}{\Sigma}} t^n$ et $\beta = \alpha\alpha'$.

2.2.1.1 <u>LEMME</u>. L'élément β est une base normale de $O(F^{\vee})$ sur $O(K^{\vee})$. Par extension des scalaires, β considéré dans $O_p(F)$ en est une base normale sur $O_p(K) = O(K^{\vee})$.

<u>Démonstration</u>. Soit $x \in O(F^{\vee})$: x s'écrit sous la forme

$$x = \Sigma\, x_{j,n}\, j(\alpha)\, t^n \ ,$$

somme sur les $j \in J^{\vee}$ et les $n \in [0, p^2 - 2]$, avec $x_{j,n} \in O(K^{\vee})$. Désignons par ω le caractère sur $I^{\vee}$ tel que $\forall\, i \in I^{\vee}$ $i(t) = \omega(i)\, t$ alors

$$t^n = \frac{1}{p^2 - 1} \underset{i \in I}{\Sigma}\, \omega(i)^{-n}\, i(\alpha') \ ,$$

ce qui montre que x s'exprime comme combinaison linéaire à coefficients dans $O(K^{\vee})$ des conjugués de β.

Pour discuter l'injectivité de Λ, il est naturel de découper le problème grâce à l'action de $\mathbb{Z}_p[\Delta]$. Considérons ϕ un caractère de Δ défini et irréductible sur $\bar{\mathbb{Q}}_p$, clôture algébrique de $\mathbb{Q}_p$ contenant F^V, ϕ non trivial; on note Φ (resp. Φ_1, resp. Φ_p) la somme des conjugués de ϕ sur $\mathbb{Q}_p$ (resp. de ϕ sur K^V, resp. de ϕ^p sur K^V). Deux cas peuvent se produire :

1) $K^V \subset \mathbb{Q}_p(\phi(\Delta))$, alors ϕ et ϕ^p ne sont pas conjugués sur $\mathbb{Q}_p$ et $\Phi = \Phi_1 + \Phi_p$, $\Phi_1 \neq \Phi_p$.

2) $K^V \not\subset \mathbb{Q}_p(\phi(\Delta))$, ϕ et ϕ^p sont alors conjugués sur $\mathbb{Q}_p$ et $\Phi = \Phi_1 = \Phi_p$.

Dans tous les cas ϕ définit par linéarité un isomorphisme

$$2.2.1.2 \qquad e_{\Phi_1} O(K^V)[\Delta] \xrightarrow{\ \phi\ } O(K^V)[\phi(\Delta)] \ ,$$

e_{Φ_1} désignant l'idempotent relatif à Φ_1 dans $O(K^V)[\Delta]$. Soit $x \in O_p(F)$: on peut écrire $x = X\beta$ avec $X \in O(K^V)[\Delta]$. Pour calculer $\phi(X)$ au moyen de x, on utilise la résolvante :

$$T_\phi(x) = \frac{1}{|\Delta|} \sum_{\sigma \in \Delta} \phi(\sigma)^{-1}(\sigma x)_V \ ,$$

où $(\sigma x)_V$ désigne la composante sur $O(F^V)$ de $\sigma x \in O_p(F) = \prod_W O(F^W)$. On démontre facilement le résultat suivant où $n \in [0, p^2 - 2]$ est défini par $\phi(i) = \omega^n(i)$ si $i \in I$.

2.2.1.3 <u>LEMME</u>. L'élément $T_\phi(x)$ ne diffère de $\phi(X).t^n$ que par une unité de $\bar{\mathbb{Q}}_p$ indépendante de x.

Notons n' l'entier n relatif à ϕ^p; on a :

2.2.2 <u>PROPOSITION</u>. La condition 2.0.1 est équivalente à 2.2.3 pour 2.2.3 pour tout u dans C mais non dans C^p et pour tout ϕ comme plus haut, $\phi \neq 1$, p ne divise pas simultanément $T_\phi(\delta\Lambda u).t^{-n}$ et $T_{\phi^p}(\delta\Lambda u).t^{-n'}$.

Remarquons qu'il suffit, par 2.2.1.2, de ne considérer qu'un caractère par classe de conjugaison sur $\mathbb{Q}_p$. De plus si ϕ rentre dans le cas 2) la condition se simplifie en $p \mid T_\phi(\delta\Lambda u).t^{-n}$.

2.3. - <u>APPLICATION AUX UNITES ELLIPTIQUES</u>

2.3.1 Choix de l'uniformisante t. Soit E une courbe elliptique définie sur le corps de Hilbert H de K, admettant bonne réduction en p et ayant $O(K)$ comme anneau de multiplications complexes; on note Ω_∞ sa période réelle > 0. On considère $\hat{E}$ le groupe formel associé sur le complété $O(K^v)$ de $O(H)$ en v; ainsi le schéma formel $\hat{E}$ est isomorphe à $\mathrm{Spf}\, O(K^v)[[T]]$ et on peut faire en sorte que "la" différentielle invariante soit de la forme $h(T^{p^2-1})\, dT$ avec $h(T) \in O(K^v)[[T]]$, $h(0) = 1$. On choisit alors pour t la valeur de T en un point de p-torsion sur $\hat{E}$. La formule 2.2.0.1 résulte alors du théorème de préparation de Weierstrass appliqué dans $O(K^v)[[T^{p^2-1}]]$.

2.3.2 Choisissons ϕ comme en 2.2.1. La théorie du corps de classes nous permet d'identifier ϕ à un caractère de Dirichlet sur le groupe des idéaux de K. Si le conducteur de ϕ est $\mathfrak{g}_1 = \mathfrak{g}$ ou $\mathfrak{g}p$ (avec $\mathfrak{g}$ premier à p), on dit que ϕ est de type modulo p égal à n si pour tout $a \in O(K)$ congru à 1 modulo $\mathfrak{g}$ on a $\phi(a) \equiv a^n \mod p$: l'entier n coïncide avec celui de 2.2.1 d'après les théories de la multiplication complexe et du corps de classes.

Avec les notations de [Gi] 1.1, 1.2 et 1.4, on introduit

$$b_n(\alpha) = 12\,(-1)^{n-1} \Sigma\, \alpha(\mathfrak{u})\, E_n^*(\rho(\mathfrak{g}),\mathfrak{u}^{-1})\, \Omega_\infty^{-n} \quad \text{si}\quad n > 0$$

$$b_0(\alpha) = \frac{1}{p} \log \theta\,(\rho(\mathfrak{g}),\alpha)^{p\,-\,\mathrm{Frob}} \qquad\qquad \text{si}\quad \mathfrak{g} \neq 1$$

$$\frac{1}{p} \log \theta\,(\bar\alpha)^{p\,-\,\mathrm{Frob}} \qquad\qquad \text{si}\quad \mathfrak{g} = 1\ ;$$

ici $\log$ désigne toujours le logarithme p-adique. On a posé $\bar\alpha = \alpha(\mathfrak{u})\mathfrak{u}^{-1}$ de sorte que la loi de réciprocité s'explicite par $[\mathfrak{B}, H/K]\,\theta\,(\bar\alpha) = \theta(\bar\alpha\mathfrak{B})$. Compte tenu de la définition de δ_n et de la différence entre T et z, paramètres sur $\hat{E} \otimes K^v$, on définit

$$E_n(\alpha) = b_n(\alpha) \quad \text{si}\quad n = 0 \quad \text{ou}\quad (n,p) = 1$$

$$E_n(\alpha) = \left[\frac{b_{kp}(\alpha) - \mathrm{Frob}\, b_k(\alpha)}{k\,p}\right] + \mathrm{Frob}\left[\varepsilon\,\frac{b_{k+p^2-1}(\alpha)}{k+p^2-1} - \frac{b_k(\alpha)}{p}\right]$$

$$\text{si}\quad n = kp,\quad k > 1\ .$$

D'après 2.2.0 $E_n(\alpha) \in O_p(H_\mathfrak{g})$: si $n = kp$ $k > 1$ les deux crochets sont déjà dans $O_p(H_\mathfrak{g})$ (cf. [Rob] lemme 16 pour le premier); pour ϕ comme en 2.3.2 et n son type modulo p, on pose

$$B_{\alpha}(\phi) = \Sigma \; \phi(\mathbf{B})^{-1} \; E_n(\alpha\mathbf{B}) \; ,$$

somme prise sur un système de représentants du groupe des classes de
rayon $\mathfrak{g}$ premiers à p et au conducteur de E. En notant que
$\theta(z,\alpha.(b)) = \theta(z.b^{-1},\alpha)$, que $b\rho(\mathfrak{g})$ et $\rho(\mathfrak{g})$ définissent le même
point de torsion sur E pour $b \equiv 1 \mod \mathfrak{g}$ et que
$[b]t = [\omega(b)]t = \omega(b)t$ (ω désigne le caractère de Teichmuller dans
K^V) on obtient deux expressions pour l'unité $\theta(\rho(\mathfrak{g}p),\alpha b)$, on en déduit que pour tout b dans $\mathcal{O}(K)$ congru à 1 mod $\mathfrak{g}$, on a
$E_n(\alpha b) = \omega(b)^n E_n(\alpha)$ si bien que $B_{\alpha}(\phi)$ ne dépend pas modulo p du
choix des $\mathbf{B}$.

2.3.2.1 <u>LEMME</u>. Soit x un générateur de l'idéal de Ω engendré par
les sommes $\Sigma\alpha(\mathfrak{u})\phi(\mathfrak{u})$, $\alpha \in J_{\mathfrak{g}}$ cf. [Gi]; on peut prendre $x = p$ si ϕ est
le caractère de Dirichlet χ décrivant l'action galoisienne sur les ra-
cines $p^{\text{ièmes}}$ de l'unité et $x = 1$ sinon.

Ceci résulte de la définition de J_{ξ} (réécrite sous forme d'une
suite exacte) et du lemme A-1 de [G-R].

Posons $\qquad B(\phi) = B_{\alpha}(\phi)[\Sigma\alpha(\mathfrak{u})\phi(\mathfrak{u})/x]^{-1}$

où α est choisi tel que le crochet soit $\neq 0 \mod p$; alors $B(\phi) \in \Omega$
est indépendant modulo p du choix de α.

En notant que $e_{\Phi}(C/C^p)$ (e_{Φ} idempotent évident) est engendré à
partir des unités $\theta(\rho(\mathfrak{g}_1),\alpha)$ (ou $\theta(\bar{\alpha})$ si $\mathfrak{g}_1 = 1$) le calcul de T_{Φ}
conduit à l'énoncé suivant. Pour $\phi = \chi$, on y choisit un représentant
u de $\delta_{p+1}(\zeta_p)$, $\zeta_p^p = 1$, $\zeta_p \neq 1$.

2.3.2.2 <u>THEOREME</u>. Soient ϕ et Φ comme en 2.2.1, $\phi \neq \chi$ (resp. $\phi = \chi$).
La restriction de Λ à $e_{\Phi}(C/C^p)$ est injective si et seulement si
$B(\phi)$ et $B(\phi^p)$ n'appartient pas à $p\Omega$ simultanément (resp. si
$(\text{Frob } u).B(\chi) - u.\text{Frob } B(\chi)$ n'appartient pas à $p\Omega$).

2.4. - <u>INVOLUTION DE LEOPOLDT</u>

Pour ϕ comme ci-dessus l'involution de Leopoldt associe
$\tilde{\phi} = \chi\phi^{-1}$. On la modifie en introduisant $\phi^*(\mathfrak{u}) = \tilde{\phi}(\bar{\mathfrak{u}})$, i.e. en composant avec la conjugaison complexe. Ceci respecte les conjugaisons entre
caractères sur $\mathbb{Q}_p$ et K^V, de plus $(\phi^p)^* = (\phi^*)^p$. On peut donc définir Φ^*, Φ_1^*, Φ_p^* en remplaçant ϕ par ϕ^*. Les résultats ne dépendent
que de Φ. Si F est une extension galoisienne sur $\mathbb{Q}$, on déduit de

[Leo] le résultat suivant :

2.4.0. <u>PROPOSITION</u>. Les dimensions sur $\mathbb{F}_p$ de $e_\phi[Cl(F)/Cl(F)^p]$ et $e_{\phi*}[Cl(F)/Cl(F)^p]$ diffèrent au plus de $\phi(1)$.

Comme il est naturel de se demander pour $\phi \neq \chi$ et 1 :

2.4.1 (ϕ) <u>QUESTION</u>. <u>Peut-on renforcer les résultats précédents par l'équivalence</u> $e_\phi[Cl(F)/Cl(F)^p] \neq 0 \iff B(\phi)$ <u>et</u> $B(\phi^p) \in p\Omega$.

Un optimisme naïf incite à renchérir sur 2.4.0 :

2.4.2 (ϕ) <u>QUESTION</u>. <u>A-t-on l'égalité</u>

$$\dim e_\phi[Cl(F)/Cl(F)^p] = \dim e_{\phi*}[Cl(F)/Cl(F)^p]$$

On a donc un diagramme

$$
\begin{array}{ccc}
e_\phi[Cl(F)/Cl(F)^p] \neq 0 & \overset{2.4.1\,(\phi)?}{\longleftrightarrow} & B(\phi) \quad \text{et} \quad B(\phi^p) \in p\,\Omega \\[1em]
\Updownarrow \quad 2.4.2\,(\phi)\,? & & \Updownarrow \quad \begin{array}{l} 2.4.3\,(\phi) \ \text{et} \\ 2.4.3\,(\phi^p)\,? \end{array} \\[1em]
e_{\phi*}[Cl(F)/Cl(F)^p] \neq 0 & \overset{2.4.1\,(\phi*)?}{\longleftrightarrow} & B(\phi*) \quad \text{et} \quad B(\phi*^p) \in p\,\Omega .
\end{array}
$$

avec

2.4.3 (ϕ) <u>QUESTION</u>. <u>Les conditions</u> $B(\phi)$ <u>et</u> $B(\phi*)$ <u>sont-elles équivalentes</u> ?

Le théorème suivant qui se déduit de 1.1.2, cf. 1.0.7, répond partiellement; n y désigne le type modulo p de ϕ : celui de $\phi*$ est $n*$.

2.4.4 <u>THEOREME</u>. La réponse à 2.4.3 (ϕ) est positive si n vérifie toutes les conditions :

2.4.4.1 $n \not\equiv 0,1,2,3,\ p-2 \mod p-1$

2.4.4.2 $p \nmid n$

2.4.4.2* $p \nmid n*$ (ou de façon équivalente $n \geq p+1$)

Remarquons que la congruence $n + n* \equiv 2 \mod p-1$ montre l'invariance de 2.4.4.1 par $n \longrightarrow n*$.

(*) p. 60 $\mathbb{Z}_p[(\frac{1}{\ell})_\ell$, ℓ premier $\neq p]$.

(*) p. 65   d'après une lettre de G. Henniart à G. Robert; cependant la
numérotation des indices était inadaptée à l'action de $\Delta^\vee$.

BIBLIOGRAPHIE

[Gi]   GILLARD R. : Unités elliptiques et fonctions L p-adiques,
         Sém. Delange-Pisot-Poitou, p. 99-122, Birkhäuser : Boston-
         Basel-Stuttgart, 1981.

[G-R]   GILLARD R. et ROBERT G. : Groupes d'unités elliptiques, Bull.
         Soc. Math. France, 107 (1979) 305-317.

[Katz]   KATZ N.-M. : p-adic interpolation of real analytic Eisens-
         tein series, Ann. of Math., 104 (1976), 459-571.

[Leo]   LEOPOLDT K.-W. : Zur Strucktur der 1-klassengruppe galoiss-
         cher Zahlkörper, J. Rein. u. and. Math., 199 (1958), 165-174.

[Rob]   ROBERT G. : Congruences entre séries d'Eisenstein dans le
         cas supersingulier, Inv. Math. 61 (1980), 103-158.

[We]   WEIL A. : Elliptic functions according to Eisenstein and
         Kronecker, Springer : Berlin-Heidelberg-New York, 1976.

GENERAL ASPECTS IN THE THEORY OF

MODULAR SYMBOLS

G. HARDER

The main goal of this note is to describe a general approach to the
theory of modular symbols. The basic idea of the theory of modular symbols can be described very roughly as follows : We consider cohomology
classes of arithmetic groups which are given by automorphic forms and we
integrate these classes against certain cycles. The result of this integration is - by interpretation - an intersection number. On the other
hand one should try to express these numbers in terms of special values
of L-functions which are associated to the automorphic form which gives
us the cohomology class. Then we get some information on the arithmetic
or algebraic nature of these special values and we may also say that we
computed these intersection numbers in terms of our given data.

The method goes back to Eichler, Shimura and Manin (Comp. [E],
[Sh1], [Ma1]). The terminology "modular symbols" has been used in the
special case of modular forms of weight 2 for $\Gamma_0(N)$ (Comp. [Maz]).
The method has been extended in several directions. In a series of pa-
pers ([Ku1], [Ku2]) the russian mathematician P.-F. Kurcanow extended it
to the case of automorphic forms on GL_2 over a CM-field and Oda (See
[Od]) treats the case of a real quadratic field and Manin considers the
case of a totally real field (Comp. [Ma2]).

In all the situations which I mentioned so far, the cohomology classes are obtained from cusp forms. But one should also consider cases
where these cohomology classes are constructed from Eisenstein series,
which are integrated against some compact cycles. This is discussed in a
special situation in [Ha1] and [Ha2].

In my paper [Ha2] I discussed the situation in the language of adeles and I exploit the theory of representations of adele groups. Then
the intersection numbers yield an intersection-intertwining operator

between two modules under the group of finite adeles. The special values of the L-functions enter as a normalizing factor if we compare the intersection operator with an intertwining operator which is constructed from local data.

What I want to do here is to give a description of the theory of modular symbols in the case of cuspidal cohomology by adopting the above point of view. I hope to convince the reader that the whole situation becomes very transparent. One can see a clear pattern which guides us to possible generalizations. Moreover, I think that the results become more general and also more precise than before.

I will not give the details but rather describe the general principles. I will restrict myself to the case of a trivial coefficient system and I will also not discuss the application of this method to the estimation of denominators. I hope to come back to these questions in an extended and detailed version of this note.

I - <u>THE COHOMOLOGY GROUPS.</u>

We start with an algebraic number field $F/\mathbb{Q}$ and we consider the algebraic group $GL_2/F = G/F$. We introduce the group

$$G_\infty = GL_2(F \otimes_\mathbb{Q} \mathbb{R}) = GL_2(\mathbb{R})^{r_1} \times GL_2(\mathbb{C})^{r_2}$$

and within this group we introduce the group

$$K_\infty = Z_\infty^0 \cdot (SO(2)^{r_1} \times U(2)^{r_2})$$

where Z_∞^0 is the connected component of the identity of the center Z_∞ of G_∞. Then the quotient space

$$X = G_\infty / K_\infty$$

is a disjoint union of symetric spaces of the form $H^{r_1} \times H_3^{r_2}$, where H is the usual upper half plane and H_3 is the three dimensional hyperbolic space

The adele group $G(\mathbb{A})$ is a direct product

$$G(\mathbb{A}) = G_\infty \times G(\mathbb{A}_f)$$

where $G(\mathbb{A}_f)$ is the group of finite adeles. A level subgroup is an open compact subgroup $K_f \subset G(\mathbb{A}_f) = GL_2(\mathbb{A}_f)$ and we consider the spaces

$$S_{K_f} = G(F) \diagdown G(\mathbb{A}) / K_\infty K_f = G(F) \diagdown (G_\infty / K_\infty \times G(\mathbb{A}_f) / K_f)$$

which are disjoint unions of quotients of our space X by arithmetic groups.

I want to consider the cohomology groups

$$H^d(S_{K_f}, \mathbb{Q}) \; ; \; d = r_1 + r_2.$$

Since we have natural projections

$$S_{K_f'} \longrightarrow S_{K_f}$$

if $K_f' \subset K_f$ which are finite coverings we may pass to the limit

$$\varinjlim_{K_f} H^d(S_{K_f}, \mathbb{Q}) = H^d(\widetilde{S}, \mathbb{Q}).$$

On the limit we have an action of the group

$$\pi_0(G_\infty) \times G(\mathbb{A}_f) = (\mathbb{Z} / 2\mathbb{Z})^{r_1} \times G(\mathbb{A}_f) \; .$$

I want to say a few words about the decomposition of this action into irreducibles :

Under the action of $G(\mathbb{A}_f)$ we have a decomposition

$$H^d(\widetilde{S}, \bar{\mathbb{Q}}) = \bigoplus_{\pi_f} H^d(\widetilde{S}, \bar{\mathbb{Q}})(\pi_f) \; .$$

The representations π_f are the finite components of representations π of the adele group which occur in the space of automorphic forms $\mathscr{A}(G(F) \diagdown G(\mathbb{A}))$ and whose component at infinity $-\pi_\infty-$ is a representation of G_∞ which has non-trivial $(\mathfrak{g}_\infty, K_\infty)$-cohomology in dimension d. This restricts the equivalence class of π_∞ to a finite set of classes of representations.

There is a distinguished subspace in the cohomology, namely, the space of cuspidal classes

$$H^d_{cusp}(\widetilde{S}, \bar{\mathbb{Q}}) = \bigoplus_{\substack{\pi_f \\ \pi \text{ cuspidal}}} H^d(\widetilde{S}, \bar{\mathbb{Q}})(\pi_f) \; .$$

<u>Remark</u> : The fact that we have the above decomposition is not entirely trivial. One way to get it is provided by the theory of Eisenstein cohomology. This is discussed in [Ha2], Thm. 2, (iii) in a special situation. The proof is the same in the general case except that we may have to take in to account some contributions coming from one dimensional representations. (Comp. [Ha 0], prop. 2.3). These considerations also imply that the space $H^d_{cusp}(\widetilde{S},\mathbb{Q})$ - which a priori is defined by transcendental conditions - can be defined internally in the cohomology with rational coefficients.

On each isotypical component we have still the action of $\pi_0(G_\infty) = (\mathbb{Z}/2\mathbb{Z})^{r_1}$ and under this action we get a decomposition

$$H^d(\widetilde{S},\bar{\mathbb{Q}})(\pi_f) = \bigoplus_{\xi_\infty : \pi_0(G_\infty) \to \{\pm 1\}} H^d(\widetilde{S},\bar{\mathbb{Q}})(\pi_f,\xi_\infty) \ .$$

We have the following facts

(A) : <u>If $H^d(\widetilde{S},\bar{\mathbb{Q}})(\pi_f) \neq 0$ and if π is cuspidal, then for every ξ_∞ the $\pi_0(G_\infty) \times G(\mathbb{A}_f)$ -module $H^d(\widetilde{S},\bar{\mathbb{Q}})(\pi_f,\xi_\infty)$ has multiplicity one. The Galoisgroup $\mathrm{Gal}(\bar{\mathbb{Q}}/\mathbb{Q})$ acts on $H^d_{cusp}(\widetilde{S},\bar{\mathbb{Q}})$ and permutes the isotypical components. The stabilizer of $H^d(\widetilde{S},\bar{\mathbb{Q}})(\pi_f,\xi_\infty)$ is $\mathrm{Gal}(\bar{\mathbb{Q}}/\mathbb{Q}(\pi_f))$ where $\mathbb{Q}(\pi_f)$ is the field of definition of the $G(\mathbb{A}_f)$ -module π_f.</u> (This notion will be explained later).

II - <u>THE CYCLES.</u>

Let T/F be the standard maximal split torus in GL_2/F. We use this torus to construct some infinite cycles which will give us some homology classes in $H_d(\widetilde{S},\mathbb{Q})$, which are the modular symbols.

We represent the connected components of G_∞ by matrices

$$\bar{g}_\infty = \left(\quad \cdots \quad \begin{pmatrix} \varepsilon_v & 0 \\ 0 & 1 \end{pmatrix} \quad \cdots \quad \right) \begin{matrix} v \in S_\infty \\ v \ \mathrm{real} \end{matrix}$$

where $\varepsilon_v = \pm 1$. So we may consider $\pi_0(G_\infty)$ as a subgroup of G_∞. To any $\underline{g} = (\bar{g}_\infty,\underline{g}_f) \in \pi_0(G_\infty) \times G(\mathbb{A}_f)$ we have a map

$$J_{\underline{g}} : T(F) \diagdown T(\mathbb{A}) / K^T_\infty K^T_f(\underline{g}_f) \longrightarrow G(F) \diagdown G(\mathbb{A}) / K_\infty K_f$$

$$J_{\underline{g}} : \qquad \underline{t} \qquad \longrightarrow \underline{tg}$$

where $K_\infty^T = K_\infty \cap T_\infty$ and $K_f^T(\underline{g}_f) = T(\mathbb{A}_f) \cap \underline{g}_f K_f \underline{g}_f^{-1}$.

Using this map we can construct some relative cycles

$$c(T,\eta,\underline{g}) \in H_d(S_{K_f}, \partial(S_{K_f}), \mathbb{Q})$$

where $\eta : T(F) \smallsetminus T(\mathbb{A}) / K_\infty^T K_f^T(\underline{g}_f) \longrightarrow \mu_\infty$ is a Dirichlet character which can be thought of as a function on the set of connected components of the left hand side, so it defines for us a linear combination of funda-mental classes on the left hand side.

If we normalize these linear combinations of fundamental cycles we get well defined homology classes in

$$c(T,\eta,\underline{g}) \in \varprojlim_{K_f} H_d(S_{K_f}, \partial(S_{K_f}), \mathbb{Q}) = H_d(\widetilde{S}, \partial(\widetilde{S}), \mathbb{Q}) \ .$$

By an argument due to Manin (Comp. [Maz], théorème 1) we can show that these classes have a canonical projection

$$\widetilde{c}(T,\eta,\underline{g}) \in \ker(H_d(\widetilde{S}, \partial(\widetilde{S}), \mathbb{Q}) \longrightarrow H_{d-1}(\partial(\widetilde{S}), \mathbb{Q}))$$

since the representation of $G(\mathbb{A}_f)$ on $H_{d-1}(\partial(\widetilde{S}), \mathbb{Q})$ and on this kernel do not intertwine.

Hence it makes sense to evaluate classes $[\omega] \in H^d(\widetilde{S}, \bar{\mathbb{Q}})(\pi_f, \xi_\infty)$ on these cycles and we get a map

$$\text{Int} = \text{Int}(\pi_f, \xi_\infty, \eta) : H^d(\widetilde{S}, \bar{\mathbb{Q}})(\pi_f, \xi_\infty) \longrightarrow I_{\eta^{-1}}$$

$$\text{Int} : [\omega] \longrightarrow \{\underline{g} \longrightarrow \widetilde{c}(T,\eta,\underline{g}) \cdot [\omega]\}$$

where

$$I_{\eta^{-1}} = \left\{ \Psi : \pi_0(G_\infty) \times G(\mathbb{A}_f) \longrightarrow \bar{\mathbb{Q}} \ \middle| \ \begin{array}{l} \Psi \text{ is } \mathcal{C}^\infty \text{ and} \\ \Psi(\underline{tg}) = \eta(\underline{t}^{-1})\Psi(\underline{g}) \end{array} \right\} \ .$$

(Ψ is $\mathcal{C}^\infty$ means that there is an open subgroup $K_f(\Psi) \subset G(\mathbb{A}_f)$ such that $\Psi(\underline{g}_f \underline{k}_f) = \Psi(\underline{g}_f)$ for all $\underline{k}_f \in K_f(\Psi)$).

Here we have to remember that the variable $\bar{g}_\infty$ is restricted to $\pi_0(G_\infty) \subset G_\infty$ and $\pi_0(G_\infty) = \pi_0(T_\infty/Z_\infty)$. In order to have $\text{Int} \neq 0$ we have to require two compatibility conditions

$$(*) \qquad \eta_\infty = \xi_\infty \quad \text{and} \quad \eta^{-1}|Z(\mathbb{A}) = \omega_\pi = \text{central character of } \pi.$$

But then the first of these two conditions allows us to suppress the variable at infinity. This operator Int is written down as an intertwining operator between two $\bar{\mathbb{Q}} - G(\mathbb{A}_f)$ -modules, but if we interprete what the meaning of this operator is then we find that we have a compatibility with the action of the Galois group on both sides. We have

(B) : <u>The following diagram commutes</u> :

$$
\begin{array}{ccc}
\mathrm{Int}(\pi_f,\xi_\infty,\eta) & : \ H^d(\widetilde{S},\bar{\mathbb{Q}})(\pi_f,\xi_\infty) \longrightarrow I_{\eta^{-1}} \\
\downarrow{\sigma} & \qquad\qquad\qquad\qquad \downarrow{\sigma} \\
\mathrm{Int}(\pi_f^\sigma,\xi_\infty,\eta^\sigma) & : \ H^d(\widetilde{S},\mathbb{Q})(\pi_f^\sigma,\xi_\infty) \longrightarrow I_{(\eta^\sigma)^{-1}} \quad .
\end{array}
$$

<u>Here of course the action of the Galois group on the system of spaces</u> $\underline{I_{\eta^{-1}}}$ <u>is given by the action on the values of the functions.</u>

The question arises to compute these intertwining operators. But at this point it does not make to much sense, since we do not have a <u>concrete</u> realization of the cohomology groups, these are just abstract $G(\mathbb{A}_f)$ - modules in a given equivalence class π_f of $G(\mathbb{A}_f)$ -modules.

III - <u>THE MODEL SPACE.</u>

We have a concrete realization of the $G(\mathbb{A}_f)$ -module $H^d(\widetilde{S},\bar{\mathbb{Q}})(\pi_f,\xi_\infty)$ at hand which is provided by the Whittaker model of our representation π (or π_f).

We fix a non-trivial additive character

$$\tau \ : \ F \smallsetminus \mathbb{A}_F \longrightarrow S^1$$

and we know (comp. [JL], II, 11, [Go], § 3, 4) that we have a unique realization of our representation π :

$$W_{\mathbb{C}}(\pi,\tau) \subset W_{\mathbb{C}}(\tau) = \{\Psi : G(\mathbb{A}) \longrightarrow \mathbb{C} \,|\, \Psi(\begin{pmatrix} 1 & u \\ 0 & 1 \end{pmatrix}\underline{g}) = \tau(\underline{u})\Psi(\underline{g})\} \ .$$

We have $W_{\mathbb{C}}(\pi,\tau) = \underset{v}{\otimes}\, W_{\mathbb{C}}(\pi_v,\tau_v)$ and moreover we have

$$H^d(\mathcal{g}_\infty, K_\infty, W_{\mathbb{C}}^+(\pi,\tau)) = H^d(\mathcal{g}_\infty, K_\infty, W_{\mathbb{C}}^+(\pi_\infty,\tau)) \otimes W_{\mathbb{C}}^+(\pi_f,\tau) \ .$$

Again we have the action of $\pi_o(G_\infty)$ on the infinite component and

$$H^d(\mathcal{g}_\infty, K_\infty, W_{\mathbb{C}}^+(\pi_\infty,\tau)) = \bigoplus_{\xi_\infty} \mathbb{C} \cdot \omega(\xi_\infty)$$

[i.e. I claim that there is a canonical choice of a basis element

$$\omega(\xi_\infty) \in H^d(\mathcal{g}_\infty, K_\infty, W_{\mathbb{C}}^+(\pi_\infty,\tau))(\xi_\infty)$$

which by the way is given by normalizing the special value of a Mellin transform to 1].

The Fourier coefficient map

$$\mathcal{F}_1(\ ) = \int_{U(F)\diagdown U(\mathbb{A})} \overline{\tau(\underline{u})}\ d\underline{u}$$

induces an isomorphism

$$\mathcal{F}_1^* : H^d(\widetilde{S},\mathbb{C})(\pi_f,\xi_\infty) \xrightarrow{\sim} \mathbb{C}\omega(\xi_\infty) \otimes W_{\mathbb{C}}^+(\pi_f,\tau) \xrightarrow{\sim}$$

$$W_{\mathbb{C}}^+(\pi_f,\tau) \ .$$

The next important point is that our model space $W_{\mathbb{C}}^+(\pi_f,\tau)$ is a product of local spaces where the product is taken over the finite primes, and that it is defined over a finite extension $\mathbb{Q}(\pi_f)$ of $\mathbb{Q}$. To see this we have to observe first that the representation π_f is defined over $\overline{\mathbb{Q}}$ because it is the finite part of a representation that contributes to cohomology. Hence we have a realization of π_f in the space

$$W_{\overline{\mathbb{Q}}}^+(\pi_f,\tau) \subset W_{\overline{\mathbb{Q}}}^+(\tau) = \left\{ \Psi : G(\mathbb{A}_f) \longrightarrow \overline{\mathbb{Q}} \ \middle|\ \begin{array}{l} \Psi \ \text{is}\ \mathcal{C}^\infty\ \text{and} \\ \Psi(\underline{u}_f\underline{g}_f) = \tau(\underline{u}_f)\Psi(\underline{g}_f) \end{array} \right\} \ .$$

Now we want to define a semilinear action of the Galois group $\mathrm{Gal}(\overline{\mathbb{Q}}/\mathbb{Q})$ on the $\overline{\mathbb{Q}}$-vector space $W_{\overline{\mathbb{Q}}}^+(\tau)$. For $\sigma \in \mathrm{Gal}(\overline{\mathbb{Q}}/\mathbb{Q})$ and $\Psi \in W_{\overline{\mathbb{Q}}}^+(\tau)$ the function

$$\Psi^\sigma(\underline{g}_f) = (\Psi(\underline{g}_f))^\sigma$$

is in $W_{\overline{\mathbb{Q}}}^+(\tau^\sigma)$ where $\tau^\sigma(\underline{u}_f) = (\tau(\underline{u}_f))^\sigma$. The value $\tau(\underline{u}_f)$ is always a root of unity and hence the action of $\mathrm{Gal}(\overline{\mathbb{Q}}/\mathbb{Q})$ on the set of additive characters factors through an action of $\mathrm{Gal}(\mathbb{Q}(\sqrt[\infty]{1})/\mathbb{Q})$. If

$$\mathrm{Gal}(\bar{\mathbb{Q}}/\mathbb{Q}) \longrightarrow \mathrm{Gal}(\mathbb{Q}(\sqrt[\infty]{1})/\mathbb{Q}) \overset{\Phi}{\longrightarrow} \hat{\mathbb{Z}}^{\times} = \prod_p \mathbb{Z}_p^{\times}$$

$$\sigma \longrightarrow \bar{\sigma} \longrightarrow \Phi(\bar{\sigma}) = \underline{t}_{\sigma}$$

where Φ is the classical reciprocity isomorphism then

$$\tau(\underline{u}_f^{\sigma}) = \tau^{\sigma}(\underline{u}_f) = \tau(\underline{t}_{\sigma}\,\underline{u}_f) \ .$$

Here we use the embedding

$$\hat{\mathbb{Z}}^{\times} = \prod_p \mathbb{Z}_p^{\times} \longrightarrow \prod_p \prod_{y|p} \mathscr{O}_{F_y}^{*} = \mathscr{U}_F$$

where $\mathscr{U}_F$ is the group of unit ideles in the group of finite ideles $I_{F,f}$.

We define a twisted action

$$\Psi^{\tilde{\sigma}}(\underline{g}_f) = \Psi\left(\begin{pmatrix} t_{\sigma}^{-1} & 0 \\ 0 & 1 \end{pmatrix} \underline{g}_f\right)^{\sigma}$$

and this defines a semilinear action of $\mathrm{Gal}(\bar{\mathbb{Q}}/\mathbb{Q})$ on the module $\mathscr{W}_{\bar{\mathbb{Q}}}(\tau)$.

This semilinear action of $\mathrm{Gal}(\bar{\mathbb{Q}}/\mathbb{Q})$ commutes with the linear action of $G(\mathbb{A}_f)$ on $\mathscr{W}_{\bar{\mathbb{Q}}}(\tau)$ and hence we get isomorphisms

$$\mathscr{W}_{\bar{\mathbb{Q}}}(\pi_f,\tau) \longrightarrow \mathscr{W}_{\bar{\mathbb{Q}}}(\pi_f^{\sigma},\tau)$$

$$\Psi \longrightarrow \Psi^{\tilde{\sigma}}$$

which are semilinear. For each π_f that can occur in the cohomology there exists a finite extension $\mathbb{Q}(\pi_f)$ of $\mathbb{Q}$ such that

$$\mathrm{Gal}(\bar{\mathbb{Q}}/\mathbb{Q}(\pi_f)) = \{\sigma \mid (\mathscr{W}_{\bar{\mathbb{Q}}}(\pi_f,\tau))^{\tilde{\sigma}} = \mathscr{W}_{\bar{\mathbb{Q}}}(\pi_f,\tau)\}$$

and $\mathbb{Q}(\pi_f)$ is the field of definition of π_f. If $\mathscr{W}(\pi_f,\tau) \subset \mathscr{W}_{\bar{\mathbb{Q}}}(\pi_f,\tau)$ is the space of invariants under the action of $\mathrm{Gal}(\bar{\mathbb{Q}}/\mathbb{Q}(\pi_f))$ then this is a $\mathbb{Q}(\pi_f)$-vector space on which $G(\mathbb{A}_f)$ acts and

$$\mathcal{W}_{\overline{\mathbb{Q}}}(\pi_f,\tau) = \mathcal{W}(\pi_f,\tau) \otimes_{\mathbb{Q}(\pi_f)} \overline{\mathbb{Q}}$$

$$\mathcal{W}_{\mathbb{C}}(\pi_f,\tau) = \mathcal{W}_{\overline{\mathbb{Q}}}(\pi_f,\tau) \otimes_{\overline{\mathbb{Q}}} \mathbb{C} \ .$$

(C) : <u>We can select a family of isomorphisms of</u> $G(\mathbb{A}_f)$ <u>-modules</u>

$$\mathcal{F}_{alg}(\pi_f,\xi_\infty) = \mathcal{F}_{alg} : H^d(\tilde{S},\mathbb{Q}(\pi_f))(\pi_f,\xi_\infty) \xrightarrow{\sim} \mathcal{W}(\pi_f,\tau)$$

<u>such that this family is equivariant with respect to the action of</u>
$\mathrm{Gal}(\overline{\mathbb{Q}}/\mathbb{Q})$, i.e.

$$\tilde{\sigma} \cdot \mathcal{F}_{alg}(\pi_f,\xi_\infty) \cdot \sigma^{-1} = \mathcal{F}_{alg}(\pi_f^\sigma,\xi_\infty)$$

<u>where</u> σ <u>denotes the action of the Galois group on the cohomology which</u>
<u>was described in</u> (A).

Comparing the operators $\mathcal{F}_1^*$ and $\mathcal{F}_{alg}(\pi_f,\xi_\infty)$ we get a family of
complex numbers - the so-called <u>periods</u> which satisfy

$$\mathcal{F}_1^* = \mathcal{F}_1^*(\pi_f,\xi_\infty) = \Omega(\pi_f,\xi_\infty)^{-1} \cdot \mathcal{F}_{alg}(\pi_f,\xi_\infty) \ .$$

Our model space $\mathcal{W}(\pi_f,\tau)$ has two virtues, both playing a decisive role
in our game : It is defined over a finite extension $\mathbb{Q}(\pi_f)$ of $\mathbb{Q}$ and
it is a space of $\overline{\mathbb{Q}}$-valued functions on $G(\mathbb{A}_f)$ which has a canonical
decomposition into local factors

$$\mathcal{W}(\pi_f,\tau) = \underset{y}{\otimes} \mathcal{W}(\pi_y,\tau) \ .$$

I want to say a few words about this decomposition. For almost all y
the representation π_y is in the unramified principal series (comp.
[JL], II, § 10, [Go], § 3, 2-4) and the character τ has conductor zero, i.e.

$$\tau \mid \mathcal{O}_{F,y} \equiv 1 \qquad \tau \mid y^{-1} \mathcal{O}_{F,y} \not\equiv 1 \ .$$

For these places y the Whittaker model $\mathcal{W}(\pi_y,\tau)$ contains the standard spherical function

$$\Psi_{0,y} : G(F_y) \longrightarrow \mathbb{Q}(\pi_f)$$

which is uniquely defined by the conditions

   (i) $\Psi_{o,y}$ is right invariant under the action of $G(\mathcal{O}_{F_y})$

   (ii) $\Psi_{o,y}(e) = 1$.

We say that such a prime is unramified with respect to (π_f,τ). If S is a finite set containing all ramified primes then

$$\bigotimes_{y \in S} W(\pi_y,\tau) \longrightarrow \bigotimes_y W(\pi_y,\tau)$$

by

$$\Psi_S \longrightarrow \Psi_S \otimes \bigotimes_{y \notin S} \Psi_{o,y}$$

and hence

$$\varinjlim_{S} \bigotimes_{y \in S} W(\pi_y,\tau) = \bigotimes_y W(\pi_y,\tau)$$

(comp. also [Go], § 3, 2).

Now we want to indicate how we may construct in a natural way a family of local intertwining operators

$$T^{loc}(\pi_y,n_y) : W_{\bar{Q}}(\pi_y,\tau) \longrightarrow I_{n_y^{-1}} .$$

We define these operators by writing down some integrals. These integrals are actually infinite sums but the "infinite part" of these sums are geometric series which converge for every embedding of $\bar{\mathbb{Q}}$ into $\mathbb{C}$, hence the summation makes sense in $\bar{\mathbb{Q}}$.

To write down the definition of these operators we need a remark concerning n. Our Dirichlet character n decomposes

$$n = n^{(1)} \times n^{(2)}$$
$$n \begin{pmatrix} \underline{t}_1 & 0 \\ 0 & \underline{t}_2 \end{pmatrix} = n^{(1)}(\underline{t}_1) \cdot n^{(2)}(\underline{t}_2) .$$

If we take the compatibility condition (*) into account then we see that the components have to satisfy

$$\omega_{\pi}^{-1} = n^{(1)} \cdot n^{(2)} .$$

By $\pi \otimes \eta^{(1)}$ we denote the automorphic form obtained from π by twisting with $\eta^{(1)}$ i.e.

$$(\pi \otimes \eta^{(1)})(\underline{g}) = \pi(\underline{g}) \cdot \eta^{(1)}(\det(\underline{g})) \ .$$

Then $L(\pi_y \otimes \eta_y^{(1)}, s)$ is the local Euler factor of $\pi \otimes \eta^{(1)}$ at y, (comp. [Go], § 1, 14, [JL], I, § 3), and

$$L(\pi \otimes \eta^{(1)}, s) = \prod_y L(\pi_y \otimes \eta_y^{(1)}, s) \qquad \mathrm{Re}(s) \gg 0$$

is the L-function. We put for $\Psi_y \in \mathcal{W}(\pi_y, \tau)$

$$T^{\mathrm{loc}}(\pi_y, \eta_y)(\Psi_y)(g_y) = L(\pi_y \otimes \eta_y^{(1)}, 1)^{-1} \times$$
$$\int_{T(F_y)/Z(F_y)} \eta(t_y)\Psi(t_y g_y) dt_y \ .$$

(the normalization of the measure is related to the normalization of the cycles, see for instance [Ha2], 3.1 (3.1.1) and proof of Thm. 3).

The following assertions are easy to check :

(D) : 1) <u>For almost all</u> y <u>—namely those which are unramified with res-</u><u>pect to</u> (π_y, τ, η_y) <u>we have</u>

$$T^{\mathrm{loc}}(\pi_y, \eta_y)(\Psi_{o,y})(e) = 1 \ .$$

2) Using 1) we may define

$$T^{\mathrm{loc}}(\pi_f, \eta) = \bigotimes_y T^{\mathrm{loc}}(\pi_y, \eta_y)$$

<u>without any convergence problems.</u>

3) <u>The family of these "local" intertwining operators is 'almost' com-</u><u>patible with the action of the Galois group</u> $\mathrm{Gal}(\bar{\mathbb{Q}}/\mathbb{Q})$ i.e. <u>if we consi-</u><u>der the diagram</u>

$$
\begin{array}{ccc}
\mathcal{W}(\pi_f,\tau) & \xrightarrow{\;\; T^{loc}(\pi_f,n_f)\;\;} & I_{n_f^{-1}} \\[2em]
\Big\downarrow{\scriptstyle \tilde{\sigma}} & & \Big\downarrow{\scriptstyle \sigma} \\[2em]
\mathcal{W}(\pi_f^{\sigma},\tau) & \xrightarrow{\;\; T^{loc}(\pi_f^{\sigma},n_f^{\sigma})\;\;} & I_{(n_f^{-1})^{\sigma}}
\end{array}
$$

<u>then</u>

$$
\sigma \circ T^{loc}(\pi_f,n_f) \circ \tilde{\sigma}^{-1} = n_f^{(1)}(\underline{t}_\sigma)^{\sigma} \cdot T^{loc}(\pi_f^{\sigma},n_f^{\sigma}) \;.
$$

The following formula for the intersection operator is obtained by a standard computation

$$
Int(\pi_f,\xi_\infty) = L(\pi \otimes \eta^{(1)},1) \cdot T^{loc}(\pi_f,n_f) \cdot \mathcal{F}_1^{*}(\pi_f,\xi_\infty) =
$$

$$
= \frac{L(\pi \otimes \eta^{(1)},1)}{\Omega(\pi_f,\xi_\infty)} \; T^{loc}(\pi_f,n_f) \cdot \mathcal{F}_{alg}(\pi_f,\xi_\infty)
$$

and hence we get the main result if we combine $(A) - (D)$.

<u>Theorem</u> : <u>The numbers</u>

$$
\frac{L(\pi \otimes \eta^{(1)},1)}{\Omega(\pi_f,\xi_\infty)} \in \bar{\mathbb{Q}}
$$

<u>and they transform under the action of the Galois group as follows</u> :

$$
\left(\frac{L(\pi \otimes \eta^{(1)},1)}{\Omega(\pi_f,\xi_\infty)} \right)^{\sigma} = n_f^{(1)}(\underline{t}_\sigma)^{-\sigma} \cdot \frac{L(\pi^{\sigma} \otimes (\eta^{\sigma})^{(1)},1)}{\Omega(\pi_f^{\sigma},\xi_\infty)} \;.
$$

This result should be compared with the results in [Sh2].

IV - <u>CONCLUDING REMARKS</u>.

1) It is possible to extend our considerations to the case of cohomology with coefficients where the system of coefficients is constructed by means of a rational representation of the algebraic group $G/\mathbb{Q} =$ $G/\mathbb{Q} = R_{F/\mathbb{Q}}(GL_2/F)$. Then we may use different weight vectors in the representation space to construct several cycles associated to the same π and η. This will give us formulas for the values of the L-function

at different special points. (See remark 2). But then we have to modify
the two periods $\Omega(\pi,\xi_\infty)$ by a power of the number $\pi(= 3.14159...)$ if
one goes from one special value to the next.

This power of π will be easily explained in the following way :
We have to choose a differential form

$$\omega_\infty(\xi_\infty) \in H^d(\mathcal{g}_\infty, K_\infty, \mathcal{W}_{\mathbb{C}}(\pi_\infty,\tau) \otimes V)$$

where V is the representation space defining the coefficient system.
In the case $V = \mathbb{Q}$ the choice of $\omega_\infty(\xi_\infty)$ enters in our computation in
the following way : It contributes to our final formula by a factor
which is the Mellin-transform of a classical Whittaker function in
$\mathcal{W}(\pi_\infty,\tau)$. We normalized $\omega_\infty(\xi_\infty)$ so that this integral becomes one.

In the general situation the different types of cycles give rise to
factors which are Mellin transforms of different Whittaker functions in
our space $\mathcal{W}(\pi_\infty,\tau)$ and these Whittaker functions are related by differential equations (see [JL], p. 189, p. 236 and [Go], p. 2. 20, § 2,5).
This allows us to compare the values of the different Mellin transforms
of different Whittaker functions (comp. also [Sh4]).

2) I want to make a few remarks comparing these results here to the conjectures of Deligne in [De].

The first remark is that it seems to be quite clear that using the
constructions in 1) we get some information at exactly the critical
points in the sense of Deligne. The second remark is that here we have
a completely different definition of the "transcendental period". But
one should take into account that we cannot compare the results to
Deligne's conjectures anyway since we do not know how to associate a mo-
tive M_π to our automorphic form π :

There are of course cases where one does know how to construct the
M_π, namely the case where $F = \mathbb{Q}$ or real quadratic over $\mathbb{Q}$. In my im-
pression it is not difficult to show that the periods here are related
to the periods defined by Deligne in these cases.

3) The comparison to the conjecture of Deligne raises of course questions
about the behaviour of the periods if we lift our forms π from F to
an abelian extension F'/F. It also raises the question for multiplicative relations among them.

Provided one can prove some non-vanishing results for values of L-functions for suitable choises of η one can do something in direction of the first question. Using multiplicative structures we could prove something in the direction of the second question (comp. [Sh5]).

4) The ideas mentioned in 3) have been used in Oda's paper [Od] where he considers the case of a real quadratic field $F/\mathbb{Q}$. In that paper he discusses the problem of computing the Picard number of Hilbert-modular surfaces. He wants to compute the rational classes in $H^{1,1}$ and this comes down to an investigation of relations between $\Omega(\pi_f,++)$, $\Omega(\pi_f,+-)$, $\Omega(\pi_f,-+)$ and $\Omega(\pi_f,--)$. Under some assumptions concerning F he is able to prove these relations in those cases where one does expect them. He failes to prove that there are no relations if one does not expect them. In our paper [HLR] we shall discuss this problem in the general situation (i.e. without restriction on F and for all congruence sub-groups). At this moment I have some hope that we will be able to prove a large part of the Tate-conjecture for the Shimura varieties associated to Hilbert modular surfaces. This means that we shall show that the number of cycles over any field $E/\mathbb{Q}$ can be read off from the action of $\mathrm{Gal}(\overline{\mathbb{Q}}/E)$ on the second ℓ-adic cohomology groups and from the order of the pole of the L-function if $E/\mathbb{Q}$ is solvable. Again we need some results about non-vanishing of L-functions if we twist by a character.

5) In [HLR] we shall also discuss a variant of the general method discussed in this present note. We shall integrate cohomology classes ag against cycles coming from $GL_2/\mathbb{Q} \longrightarrow GL_2/F$. In special cases this has been done by Hirzebruch-Zagier [HZ1] and [Za] and it is also in Oda's paper [Od]. We shall show that it fits exactly into the framework discussed in this note here. Moreover we shall see that again we have to use the Whittaker-model as the model space. Hence we get the same periods and this gives results about special values of convolutions of L-series (comp. [Sh3], [St], [Za] and [Pa]).

BIBLIOGRAPHY

[De]   DELIGNE P. - Valeurs de Fonctions L et Périodes d'intégrales,
         Proc. of Symp. in Pure Math., vol 33, part 2, pp. 313-346.

[E]   EICHLER M. - Eine Verallgemeinerung der abelschen Integrale,
         Math. Zeitschrift Bd. 67, (1957), p. 267-298.

[Go]   GODEMENT R. - Notes on Jacquet-Langlands Theory, The Institute
         for Advanced Study, 1970.

[Ha0]   HARDER G. - On the cohomology of $SL_2(0)$, Lie groups and their
         representations, Proc. of Summer School on Group Representations,
         I.M. Gelfand ed., A. Hilger London 1975, p. 139-150.

[Ha1]   HARDER G. - Period Integrals of Cohomology Classes which are re-
         presentate by Eisenstein series, Proc. Bombay Colloquium 1979,
         Springer 1981, p. 41-115.

[Ha2]   HARDER G. - Period Integrals of Eisenstein Cohomology Classes
         and Special Values of some L-functions, to appear in "Modern
         trends in number theory", Proc. of the MIT Colloquium 1981.

[HLR]   HARDER G. , RAPOPORT M., LANGLANDS R. - Über die Tate Vermutung
         für Hilbertsche Modulflächen (in Vorbereitung).

[Hi-Z]   HIRZEBRUCH F., ZAGIER D. - Intersection numbers of curves on Hil-
         bert modular surfaces and modular forms of Nebentypus, Inv. Math.
         36, (1976), 57-113.

[J-L]   JACQUET H., LANGLANDS R. - Automorphic Forms on GL(2), Springer
         Lecture Notes, 114, 1970.

[Ku1]   KURČANOW P.-F. - Cohomology of discrete groups and Dirichlet se-
         ries connected with Jacquet-Langlands cusp forms, Math. USSR,
         Izvestia, vol 12, 1978.

[Ku2]   KURČANOW P.-F. - Dirichlet series of Jacquet-Langlands cusp forms
         over fields of CM-type, Math. USSR, Izvestia, vol 14, 1980.

[Ma1]   MANIN Y.-I. - Parabolic points and the zeta function of modular
         curves, Math. USSR, Izvestia 6 (1972), 19-64, Izv. Akad. Nauk
         SSSR Ser. Mat. 36, 1972, 19-66.

[Ma2]   MANIN Y.-I. - Non archimedian integration and Jacquet-Langlands
         p-adic L-functions, Russian Math. Surveys 31:1, (1975), 5-57,

Uspekhi Mat. Nauk (1976), 5-54.

[Maz]   MAZUR B. - Courbes elliptiques et symboles modulaires, Séminaire
        Bourbaki 1971/72, Exp. 414, Springer Lecture Notes 317.

[Od]   ODA T. - Periods of Hilbert modular surfaces, preprint, to ap-
        pear.

[Pa]   PANCISKIN - Symmetric squares of Hecke series and their values
        at integral points, Math. USSR Sbornik, vol. 36 (1980), N° 3.

[Sh1]   SHIMURA G. - Sur les intégrales attachées aux formes automorphes,
        J. Math. Soc. Japan, 11, 1959, p. 291-311.

[Sh2]   SHIMURA G. - The special values of the zeta functions associated
        with Hilbert modular forms, Duke Mathematical Journal vol. 45,
        N° 3 (1978), p. 637-679.

[Sh3]   SHIMURA G. - On the periods of modular forms, Math. Ann. 229,
        (1977) p. 211-221.

[Sh4]   SHIMURA G. - On some arithmetic properties of modular forms of
        one and several variables, Ann. of Math. 102 (1975), p. 491-515.

[Sh5]   SHIMURA G. - Algebraic relations between critical values of zeta
        functions and inner products, preprint.

[St]   STURM J. - Special values of zeta functions and Eisenstein se-
        ries of half integral weight, Amer. J. Math., 102, (1980), 219-
        240.

[Za]   ZAGIER D. - Modular forms whose Fourier coefficients involve ze-
        ta-functions of quadratic fields, Modular functions of one va-
        riable VI, Proceedings, Bonn 1976.

SOUS-GROUPE AMBIGE,

QUOTIENT DES GENRES ET THEORIE D'IWASAWA

par   Jean-François JAULENT

L'utilisation de la théorie des classes ambiges ou, si l'on préfère, des genres, dans l'étude des Z_ℓ-extensions, remonte à Iwasawa lui-
même; et le nombre de publications sur ce sujet dans lesquelles elles
interviennent peu ou prou (ainsi [1], [4], [6], [7], [8], [9], [10], [11],
[12], [13], [14], [17], [18], [21], [22],...) témoigne du rôle que jouent
dans ces questions la formule des classes ambiges de Chevalley (cf. [5]).
et ses généralisations. Or, conformément à l'idée-force de la théorie
d'Iwasawa, il paraît légitime d'espérer que les problèmes de théorie des
genres se clarifient lorsqu'on les aborde dans la tour d'extensions prise d'emblée dans sa totalité, et non à travers ses seules sous-extensions
finies.

Notre propos est donc double : développer d'une part la théorie
des genres et des classes ambiges dans une Z_ℓ-extension; et préciser
d'autre part les informations arithmétiques que l'on peut raisonnable-
ment en attendre. Fixons quelques notations :

Etant donnés un nombre premier impair ℓ, et une extension abélienne finie K d'un corps de nombres H, dont le groupe de Galois
$\Delta = \mathrm{Gal}(K/H)$ est annulé par $(\ell - 1)$, nous considérons les Z_ℓ-extensions
N de K, qui sont galoisiennes sur H; et nous nous intéressons au grou-
pe de Galois $\mathcal{H}$ de la ℓ-extension $\hat{N}$ abélienne maximale non ramifiée
de N, ou, plus généralement, aux quotients de $\mathcal{H}$ respectivement associés par la théorie du corps de classes aux sous-extensions $\hat{N}^s$ de $\hat{N}$
dans lesquelles tels ensembles donnés de places se décomposent complètement : Si s est un ensemble fini de places de H, le quotient $\mathcal{H}^s$ de
$\mathcal{H}$ qui lui correspond est de façon naturelle un module de type fini sur
une algèbre de groupe à coefficients dans un anneau d'Iwasawa, de sorte
que lui sont associés (cf. |20|) des invariants numériques μ_ϕ^s et λ_ϕ^s ,

indexés par les caractères ℓ-adiques irréductibles du groupe Δ, qui mesurent la croissance le long de la tour des ϕ-composantes des ℓ-groupes de classes en dehors de s, attachés aux sous-extensions finies de N/K. La comparaison de ces invariants fait d'ailleurs intervenir directement le quotient des genres $\mathcal{G}^s$ et le sous-groupe ambige $\mathcal{A}^s$ associés à $\mathcal{H}^s$ dans l'extension procyclique N/K.

Deux remarques à ce sujet s'imposent : d'abord, alors que le quotient des genres $\mathcal{G}^s$ s'interprète naturellement par la théorie du corps de classes comme limite projective de quotients de classes d'idéaux, le sous-groupe $\mathcal{A}^s$ n'est guère accessible qu'à travers sa notion duale $\mathbf{A}^s$, définie comme limite inductive des groupes de classes ambiges attachés aux sous-extensions finies de N/K; ensuite, au delà de cette dualité, il existe entre les groupes $\mathbf{A}^s$ et $\mathcal{G}^s$ une profonde différence de nature que l'accident heureux du quotient de Herbrand tend à dissimuler. Disons le tout net : si l'étude du quotient des genres ne met en oeuvre sommes toutes que des calculs locaux, la détermination du sous-groupe ambige fait intervenir en revanche, et de façon non triviale, l'arithmétique des classes et des unités, et soulève de ce fait des problèmes de nature essentiellement globale. C'est précisément cette différence qui nous a permis de construire des $\mathbb{Z}_\ell$-extensions pour lesquelles le groupe $\mathcal{H}$ n'est pas semi-simple (cf. [21]).

1 - Conventions et notations.

Dans tout ce qui suit, ℓ désigne un nombre premier impair, K une extension abélienne de degré d sur un corps de nombres H, de groupe de Galois Δ annulé par $(\ell-1)$, et N une $\mathbb{Z}_\ell$-extension de K, galoisienne sur H.

Nous notons G le groupe de Galois de N/H, puis Γ celui de N/K, qui est isomorphe à $\mathbb{Z}_\ell$, et, par abus de notation, Δ un relèvement de $\mathrm{Gal}(K/H)$ dans G (si K est totalement imaginaire et H totalement réel, il existe dans G un relèvement canonique de Δ : celui qui contient la conjugaison complexe). Le groupe G s'écrit comme produit semi-direct de Γ et de Δ, et l'application de Δ dans $\mathrm{Aut}(\Gamma)$ qui définit le produit se factorise par un caractère ℓ-adique χ de Δ, conformément à l'identité :

$$\tau\gamma\tau^{-1} = \gamma^{\chi(\tau)} \text{ , pour tout } \tau \text{ dans } \Delta \text{, et tout générateur}$$
$$\text{topologique } \gamma \text{ de } \Gamma.$$

a) L'algèbre du groupe - Faisons choix, une fois pour toutes, de l'élément γ; et introduisons la résolvante :

$$\theta = \frac{1}{d} \sum_{\tau \in \Delta} \chi(\tau^{-1}) [\gamma^{\chi(\tau)} - 1] \ .$$

D'après [20], l'algèbre formelle $\mathbb{Z}_\ell[[\theta]]$ s'identifie canoniquement à l'anneau d'Iwasawa $\Lambda = \mathbb{Z}_\ell[[\gamma - 1]]$; c'est un anneau local régulier complet et donc factoriel. L'algèbre qui nous intéresse en premier chef est l'algèbre $\mathcal{D} = \mathbb{Z}_\ell[[\theta]] \circ [\Delta]$ du groupe Δ, à coefficients dans Λ, tordue par la relation :

$$\tau \, \theta \tau^{-1} = \chi(\tau)\theta \quad , \text{ pour tout } \tau \text{ de } \Delta.$$

Elle est étudiée dans [20].

Quant à l'algèbre de groupe $\mathbb{Z}_\ell[\Delta]$, c'est une $\mathbb{Z}_\ell$-algèbre compacte semi-locale qui admet pour système complet d'idempotents orthogonaux la famille $(e_\phi)_{\phi \in \hat\Delta}$ des éléments $e_\phi = \frac{1}{d} \sum_{\tau \in \Delta} \phi(\tau^{-1})\tau$, indexée par le groupe $\hat\Delta$ des caractères ℓ-adiques irréductibles de Δ. Equipée du produit de convolution défini par l'identité $e_\phi * e_\psi = e_{\phi\psi}$, le même module $\mathbb{Z}_\ell[\Delta]$ est également une algèbre compacte semi-locale, canoniquement isomorphe à l'algèbre $\mathbb{Z}_\ell[\hat\Delta]$ du groupe des caractères $\hat\Delta$.

b) Les groupes de classes - Nous désignons par s un ensemble fini de places de H, et par $\mathfrak{r}$ celui constitué par celles qui se ramifient dans l'extension procyclique N/K. Pour tout naturel m, nous notons K_m le sous-corps de N fixé par Γ^{ℓ^m}, et Γ_m le groupe de Galois Gal(K_m/K). De façon générale, nous adoptons les conventions suivantes :

 - l'indice m repère une quantité attachée au corps K_m; l'absence d'indice une quantité attachée au corps N; l'indice γ une quantité invariante par Γ.

 - l'indice s repère en position inférieure la s-partie d'une quantité, et, en position supérieure, la partie en dehors de s de cette même quantité.

 - les lettres anglaises majuscules désignent des limites projectives; les gothiques des limites inductives.

 Cela étant, nous notons $\mathcal{H}_m$ le ℓ-Sylow du groupe des classes d'idéaux du corps K_m, et $\mathcal{H}_m^s$ son quotient par le sous-groupe $\mathcal{H}_s^m$ engendré par les classes des idéaux premiers de K_m provenant de s; nous disons que $\mathcal{H}_m^s$ est le ℓ-groupe des classes en dehors de s du corps K_m.

Nous écrivons $\mathscr{H}^s = \varprojlim \mathcal{H}_m^s$ la limite du système projectif des $\mathcal{H}_m^s$ pour les applications normes, puis $\mathscr{A}^s$ le sous-groupe de $\mathscr{H}^s$ fixé par Γ, et $\mathscr{G}^s = \mathscr{H}^s/\mathscr{H}^{s\theta}$ son quotient des genres.

Nous écrivons de même $\mathcal{H}^s = \varinjlim \mathcal{H}_m^s$ la limite du système inductif des $\mathcal{H}_m^s$ pour l'extension des idéaux, puis A^s le sous-groupe ambige, et G^s le quotient des genres.

c) Les groupes d'idéaux - Par $\mathcal{D}$ nous entendons le tensorisé par $\mathbb{Z}_\ell$ du groupe multiplicatif des idéaux inversibles de l'anneau des entiers de N; nous notons $\mathcal{D}_s$ le sous-module de $\mathcal{D}$ engendré par les idéaux premiers de N provenant de s, et $\mathcal{D}^s$ le sous-module engendré par ceux qui sont étrangers à s (le sous-module $\mathcal{D}^s$ s'identifie canoniquement au quotient $\mathcal{D}/\mathcal{D}_s$); enfin nous notons $\mathcal{D}_\gamma$ le sous-module de $\mathcal{D}$ fixé par Γ, puis $\mathcal{D}_\gamma^s = \mathcal{D}_\gamma \cap \mathcal{D}^s$ et $\mathcal{D}_s^\gamma = \mathcal{D}_\gamma \cap \mathcal{D}_s$.

Par $\mathcal{P}$ nous entendons le sous-module de $\mathcal{D}$ engendré par les idéaux principaux; nous notons $\mathcal{P}_s = \mathcal{D}_s \cap \mathcal{P}$, puis $\mathcal{P}^s = \mathcal{D}^s \cap \mathcal{P}\mathcal{D}_s$ et, de façon semblable, $\mathcal{P}_\gamma = \mathcal{D}_\gamma \cap \mathcal{P}$ et $\mathcal{P}_\gamma^s = \mathcal{D}_\gamma \cap \mathcal{P}^s$ (de sorte que nous avons en particulier $\mathcal{H}^s \cong \mathcal{D}^s/\mathcal{P}^s$).

Enfin, pour tout naturel m, nous notons $\mathcal{D}_m$ le sous-module de $\mathcal{D}$ engendré par les étendus des idéaux de K_m, puis $\mathcal{D}_m^s = \mathcal{D}_m \cap \mathcal{D}^s$ et $\mathcal{D}_s^m = \mathcal{D}_m \cap \mathcal{D}_s$; le module $\mathcal{C}_m^s = \mathcal{D}_m^s \cap \mathcal{P}^s$ (en général distinct de $\mathcal{P}_m^s$) représente la capitulation en dehors de s. Nous écrivons $\mathcal{D}_s^\xi$ pour $\bigcap_{m \in \mathbb{N}} \nu_m(\mathcal{D}_s^m)$, l'opérateur norme ν_m étant défini comme suit :

d) Les groupes de normes et d'unités - Pour tout naturel m, nous posons $\omega_m = \gamma^{\ell^m} - 1$; nous notons ξ_m le polynôme cyclotomique ω_m/ω_{m-1} et, plus généralement, $\xi_{m+k/m}$ la norme algébrique $\omega_{m+k}/\omega_m = \xi_{m+1}\cdots\xi_{m+k}$; nous écrivons $\nu_{m+k/m}$ la norme arithmétique correspondante, et nous abrégeons $\nu_{m/o}$ en ν_m.

Par groupe des normes dans l'extension procyclique N/K, nous entendons l'intersection $\bigcap_{m \in \mathbb{N}} \nu_m(K_m^\times)$ des groupes de normes attachés aux sous-extensions finies; nous écrivons

$$\mathcal{N} = \varprojlim \nu_m(K_m^\times) \qquad \text{et} \qquad N = \varinjlim \nu_m(K_m^\times)$$

les limites des systèmes projectifs et inductifs qui leurs sont attachés.

Nous notons E_m le groupe des unités du corps K_m et, plus généralement, E_m^s le groupe des s-unités (i.e. des unités en dehors de s), E_m^{s*} le sous-groupe des s-unités de K_m de norme 1 sur K, puis $E^s = \bigcup_{m \in \mathbb{N}} E_m^s$ et $E^{s*} = \bigcup_{m \in \mathbb{N}} E_m^{s*}$ leurs analogues dans N; nous écrivons :

$$\mathcal{E}^s = \mathbb{Z}_\ell \otimes_{\mathbb{Z}} E^s \qquad \text{et} \qquad \mathcal{E}^{s*} = \mathbb{Z}_\ell \otimes_{\mathbb{Z}} E^{s*}, \text{ leurs complétés } \ell\text{-adiques};$$

puis $\mathcal{E}_0^s = \varprojlim E_0^s \cong \mathbb{Z}_\ell \otimes_{\mathbb{Z}} E_0^s \qquad$ et $\qquad E_0^s = \varinjlim E_0^s \cong \mathbb{Q}_\ell / \mathbb{Z}_\ell \otimes_{\mathbb{Z}} E_0^s$

$$\mathcal{E}_\xi^s = \varprojlim \nu_m(E_m^s) \qquad \text{et} \qquad E_\xi^s = \varinjlim \nu_m(E_m^s)$$

les limites des systèmes projectifs et inductifs associés aux applications normes (le groupe $\mathcal{E}_\xi^s$ s'identifie au sous-module de $\mathcal{E}_0^s$ engendré par le groupe des normes, et le groupe E_ξ^s au sous-module de E_0^s constitué des éléments $\ell^{-m} \otimes \varepsilon_m$ pour lesquels ε_m est dans $\nu_m(K_m^\times)$).

En particulier le quotient $\mathcal{E}^{s*}/\mathcal{E}^{s0}$ n'est autre que $H^1(\Gamma, E)$, et le quotient E_0^s / E_ξ^s est $H^2(\Gamma, E)$.

Enfin, pour tout naturel m, nous désignons par $\mathcal{K}_m$, le tensorisé $\mathbb{Z}_\ell \otimes_{\mathbb{Z}} K_m^\times$ du groupe multiplicatif du corps K_m.

e) Rang et corang essentiels - Si $\mathcal{M}$ est un $\mathbb{Z}_\ell$-module de type fini, il s'écrit comme somme directe de son sous-module de torsion et d'un nombre fini, disons m, d'exemplaires de $\mathbb{Z}_\ell$; son dual de Pontrjagin $\mathfrak{m} = \mathrm{Hom}_{\mathbb{Z}_\ell}(\mathcal{M}, \mathbb{Q}_\ell / \mathbb{Z}_\ell)$ est alors un module de torsion de cotype fini (cf. [1] pour cette notion) isomorphe comme tel à la somme directe du même module de torsion et de m exemplaires de $\mathbb{Q}_\ell / \mathbb{Z}_\ell$; nous disons que m est le rang essentiel (respectivement le corang essentiel) de $\mathcal{M}$ (respectivement de $\mathfrak{m}$). C'est ainsi que nous notons :

g^s le rang essentiel du groupe des genres $\mathcal{G}^s$: $g_\phi^s = \mathrm{rg}(\mathcal{G}^s)^{e_\phi}$;

a^s celui du groupe ambige $\mathcal{A}^s$: $a_\phi^s = \mathrm{rg}(\mathcal{A}^s)^{e_\phi} = \mathrm{crg}(A^s)^{e_\phi}$.

r^s le corang essentiel du groupe $\mathcal{D}_\gamma^s / \mathcal{D}_0^s$ (qui mesure la ramification en dehors de s);

i^s celui du groupe de cohomologie $H^2(\Gamma, \mathcal{D}_s)$.

n^s le rang essentiel du groupe $\mathcal{E}_0^s / \mathcal{E}_0^s \cap \mathcal{N}$:

$$n_\phi^s = \mathrm{rg}[\mathcal{E}_0^s / \mathcal{E}_0^s \cap \mathcal{N}]_\phi^{e_\phi} = \mathrm{crg}[E_0^s / E_0^s \cap \mathcal{N}]_\phi^{e_\phi} \; ;$$

u^s celui du groupe des s-unités.

q^s le corang essentiel du groupe de cohomologie $H^1(\Gamma, E^s)$;

p^s celui du groupe de cohomologie $H^2(\Gamma, E^s)$.

Et nous repérons par l'indice ϕ en position inférieure la ϕ-partie d'une quantité.

2 - Description du ℓ-groupe de Galois $\mathcal{H}^s$.

Nous nous intéressons à certains quotients privilégiés $\mathcal{H}^s$ du groupe de Galois $\mathcal{H} = \mathrm{Gal}(\hat{N}/N)$ de la ℓ-extension abélienne maximale non ramifiée de N, que l'on peut introduire comme suit :

DEFINITION - Soient N une $\mathbb{Z}_\ell$-extension d'un corps de nombres K, galoisienne sur un sous-corps H, et s un ensemble fini de places de H. Par $\mathcal{H}^s$ nous entendons le groupe de Galois Gal $(\hat{N}^s/N)$ du ℓ-corps des classes en dehors de s du corps N, i.e. de la ℓ-extension abélienne maximale $\hat{N}^s$ de N, qui est non ramifiée et où les places provenant de s se décomposent complètement. Nous désignons par H^s le ℓ-groupe des classes d'idéaux en dehors de s du corps N, c'est-à-dire le ℓ-Sylow du quotient du groupe des classes d'idéaux de N par son sous-groupe engendré par les places provenant de s.

Par un argument classique de théorie de Galois (cf. [15], § 6 et [24], § 2), il est facile de voir que la définition du corps $\hat{N}^s$ est de caractère fini :

LEMME 1 : Soient $N = \bigcup_{m \in \mathbb{N}} K_m$ une $\mathbb{Z}_\ell$-extension d'un corps de nombres K, puis F une extension galoisienne finie de N, et r un ensemble fini de places de K.

    (i) Pour tout naturel m assez grand, F est composée directe de N et d'une extension galoisienne finie F_m de K_m.

    (ii) Si les places de r se décomposent complètement dans F/N, il en est de même dans F_m/K_m pour m assez grand.

    (iii) Si F/N est non ramifiée, il en est de même de F_m/K_m pour m assez grand.

En particulier, le corps $\hat{N}^s$ est donc la réunion $\bigcup_{m \in \mathbb{N}} \hat{K}_m^s$ des ℓ-corps des classes en dehors de s associés au corps K_m, en sorte que, de même que le groupe $\mathcal{H}^s$ s'identifie naturellement à la limite inductive pour l'extension des idéaux $\mathcal{H}^s = \varinjlim \mathcal{H}_m^s$, le groupe $\mathscr{H}^s$ s'identifie à la limite projective pour les applications normes $\mathscr{H}^s = \varprojlim_m \mathcal{H}_m^s$ des ℓ-groupes des classes en dehors de s des corps K_m. Les théorèmes de structure de la théorie d'Iwasawa (cf. [18], § 5) montrent alors que $\mathscr{H}^s$ est pseudo-isomorphe au dual de Pontrjagin de $\mathcal{H}^s$, ce pseudo-isomorphisme étant d'ailleurs compatible avec l'action de Δ. Plus précisément, d'après [20], nous pouvons énoncer :

Théorème 1 : Soient ℓ un nombre premier impair, K une extension abélienne finie d'un corps de nombre H, de groupe de Galois Δ annulé par $(\ell-1)$, et N une $\mathbb{Z}_\ell$-extension de K, métabélienne sur H. Pour tout ensemble fini s de places de H et tout caractère ℓ-adique irréductible ϕ de Δ, il existe des entiers μ_ϕ^s, λ_ϕ^s et o_ϕ^s tels que, pour tout naturel m assez grand, l'ordre $\ell^{e_\phi^s(m)}$ de la ϕ-composante du ℓ-groupe $\mathcal{H}_m^s$ des classes en dehors de s du sous-corps cyclique K_m de degré ℓ^m sur K, soit donné par l'identité :

$$e_\phi^s(m) = \mu_\phi^s \frac{\ell^m - 1}{h} + \lambda_\phi^s \, m + o_\phi^s \; .$$

Dans cette formule, h est l'ordre du caractère χ associé à la $\mathbb{Z}_\ell$-extension N/K, et l'indice μ_ϕ^s ne dépend que de la restriction de ϕ au noyau Ker χ.

SCOLIE - Pour tout idempotent central e_ϕ de l'algèbre $\mathscr{O}$, l'indice $\lambda_\Phi = \sum_{\phi | \Phi} \lambda_\phi$ vérifie la congruence :

$$\lambda_\Phi \equiv \nu_\Phi \pmod h \; ,$$

où ν_Φ désigne la valuation du polynôme caractéristique $\chi_\Lambda((\mathscr{H}^s)^{e_\Phi})$ du Λ-module $(\mathscr{H}^s)^{e_\Phi}$.

Théorème 2 : Sous les mêmes hypothèses, la résolvante θ donne lieu à une suite exacte de $\mathbb{Z}_\ell[[\theta^h]]$-modules :

$$1 \longrightarrow (\mathcal{A}^s)^{e_{\phi\chi-1}} \longrightarrow (\mathcal{H}^s)^{e_{\phi\chi-1}} \overset{\theta}{\longrightarrow} (\mathcal{H}^s)^{e_\phi} \longrightarrow (\mathcal{G}^s)^{e_\phi} \longrightarrow 1 \;,$$

qui fait intervenir le sous-groupe invariant $\mathcal{A}^s$ et le quotient des genres $\mathcal{G}^s$. En particulier, l'équation aux rangs associée conduit à l'identité :

$$\lambda^s_\phi - \lambda^s_{\phi\chi-1} = g^s_\phi - a^s_{\phi\chi-1} \;.$$

Dans les deux sections qui suivent, nous allons évaluer successivement les ϕ-parties g^s_ϕ et a^s_ϕ des rangs essentiels respectifs du quotient $\mathcal{G}^s$ et du sous-groupe $\mathcal{A}^s$. Avant d'aborder ces questions, remarquons que la connaissance de ces deux groupes apporte des informations précieuses sur la structure de $\mathcal{H}^s$. Ainsi :

Théorème 3 : Pour tout indempotent central e_ϕ de l'algèbre $\mathcal{O}$, nous avons les équivalences :

    (i) La Φ-composante du groupe $\mathcal{H}^s$ est nulle si et seulement si celle de son quotient des genres $\mathcal{G}^s$ l'est.

    (ii) La Φ-composante du groupe H^s est nulle si et seulement si celle de son sous-groupe ambige A^s l'est.

    (iii) La Φ-composante de $\mathcal{H}^s$ est pseudo-nulle si et seulement si celle de H^s est effectivement nulle.

Démonstration - L'assertion (i) est immédiate : l'identité $(\mathcal{G}^s)^{e_\phi} = 1$ entraîne $(\mathcal{G}^s_m)^{e_\phi}$ pour tout m assez grand, comme nous le verrons, donc aussi $\mathrm{H}^s_m = 1$. Pour établir (ii), il suffit de vérifier que, sous la condition $(\mathrm{A}^s)^{e_\phi} = 1$, le quotient $(\mathcal{D}^s_m / \mathcal{C}^s_m)^{e_\phi}$ est nul pour m arbitrairement grand; or, s'il ne l'était pas, il contiendrait au moins une classe non nulle invariante par Γ, donc représentée par un idéal $\mathfrak{a}$ d'image non nulle dans $(\mathrm{A}^s)^{e_\phi}$. Enfin, puisque $(\mathcal{H}^s)^{e_\phi}$ est $\mathcal{O}$-pseudo-isomorphe au dual de Pontrjagin de $(\mathrm{H}^s)^{e_\phi}$, l'assertion (iii) sera démontrée si nous prouvons que le groupe $(\mathrm{H}^s)^{e_\phi}$ ne peut être fini sans être nul, ou, ce qui revient au même, que les ordres des groupes $(\mathrm{H}^s_m)^{e_\phi}$ ne sont pas bornés dès que leur limite inductive est non nulle. Supposons donc que le groupe $(\mathrm{H}^s)^{e_\phi}$ contienne une classe non nulle; nous pouvons la représenter par un idéal $\mathfrak{a}$ qui provient par extension de chaque $\mathcal{D}^s_m$ pour m arbitrairement grand. Maintenant, pour tout naturel k assez grand, l'idéal $\xi_{m+k/m}(\mathfrak{a})$ provient de $\mathfrak{p}_m^s$, de sorte que

la norme arithmétique $\nu_{m+k/m}$ de $(H_{m+k}^s)^{e_\phi}$ dans $(H_m^s)^{e_\phi}$ n'est jamais

injective. Comme elle est surjective pour m suffisamment grand (l'ex-

tension K_{m+k}/K_m étant alors totalement ramifiée), nous obtenons pour

m et k assez grands l'inégalité stricte :

$$|(H_{m+k}^s)^{e_\phi}| > |(H_m^s)^{e_\phi}| \quad ; \text{ d'où le résultat annoncé.}$$

SCOLIE - Si, pour un caractère ℓ-adique ϕ du groupe Δ, il existe un

entier m pour lequel la ϕ-composante du groupe H_m^s ne capitule pas

dans H^s, alors la ϕ-composante du groupe $\mathcal{H}^s$ est infinie.

   Lorsque les hypothèses (i) du théorème 3 sont vérifiées, nous

disons que les places de s engendrent la Φ-composante du groupe $\mathcal{H}$;

lorsque seules les hypothèses (ii) le sont, nous disons que la Φ-compo-

sante de $\mathcal{H}$ est pseudo-engendrée par les places provenant de s. Bien

entendu, ce n'est pas là le cas général : Notons $\mathcal{H}_s$ le groupe de Galois

$\text{Gal}(\hat{N}/\hat{N}^s)$, noyau de la surjection canonique de $\mathcal{H}$ sur $\mathcal{H}^s$, puis

$\mathcal{H}_\infty = \underset{s}{\cup}\mathcal{H}_s$ la réunion des $\mathcal{H}_s$ lorsque s parcourt les systèmes finis de

places de H (le ℓ-groupe des classes à support fini), et $\hat{N}^\infty$ son corps

des invariants, qui est donc la ℓ-extension abélienne maximale de N où

toutes les places se décomposent complètement. Puisque $\mathcal{H}$ est un $\mathfrak{o}$-mo-

dule nœthérien, la famille $(\mathcal{H}_s)_s$ possède un plus grand élément, ce

qui signifie que nous avons $\mathcal{H}_s = \mathcal{H}_\infty$ pour s assez grand (et en parti-

culier $\lambda_s = \lambda_\infty$ comme $\mu_s = \mu_\infty$). Deux cas peuvent ainsi se présenter :

   - ou bien le groupe de Galois $\mathcal{H}^\infty = \mathcal{H}/\mathcal{H}_\infty$ de $\hat{N}^\infty/N$ est infini;

et les groupes $\mathcal{H}^s$ sont tous infinis.

   - ou bien $\mathcal{H}^\infty$ est pseudo-nul; et il existe un ensemble fini s

de places de H pour lequel $\mathcal{H}^s$ est pseudo-nul.

Cette alternative est particulièrement limpide dans le cas cyclotomique :

PROPOSITION 2 - Si N est la $\mathbb{Z}_\ell$-extension cyclotomique de K, le quo-

tient $\mathcal{H}^s$ est pseudo-isomorphe

   -au groupe $\mathcal{H}$ si s ne contient aucune des places de H au

dessus de ℓ;

   - au groupe $\mathcal{H}^f$ associé à la ℓ-extension abélienne maximale $\hat{N}^f$

de N, qui est non ramifiée et où les places au dessus de ℓ se décom-

posent complètement, lorsque s contient l'ensemble f des places au

dessus de ℓ.

Démonstration - Dans ce cas, les places ramifiées dans N/K sont exactement celles au dessus de ℓ. En revanche, pour tout premier p distinct de ℓ, la loi de décomposition dans la tour cyclotomique montre que les places au dessus de p sont inertes dans chaque extension N/K_m pour m assez grand; de sorte que le sous-groupe de $\mathscr{H}_m$ qu'elles engendrent a un ordre borné indépendamment de m.

Plus généralement :

PROPOSITION 3 - Lorsqu'aucune des places de s ne se décompose complètement dans l'extension procyclique N/K, les diviseurs irréductibles du polynôme caractéristique $\chi_\Lambda(\mathscr{H}_s)$ sont des polynômes cyclotomiques ξ_m. En particulier, l'invariant μ_s attaché à $\mathscr{H}_s$ est nul.

Démonstration - Dans ce dernier cas, en effet, le sous-groupe $\mathscr{H}_s$ engendré par les places provenant de s est fixé par un sous-groupe Γ^{ℓ^m} d'indice fini dans Γ.

3 - Etude du quotient des genres.

DEFINITION - Par ℓ-quotient des genres en dehors de s dans l'extension procyclique N/K, nous entendons le groupe de Galois $\mathscr{G}^s = \mathrm{Gal}(\tilde{N}^s/N) = \mathscr{H}^s/\mathscr{H}^{s\theta}$ de la sous-extension maximale de $\hat{N}^s$ qui est abélienne sur K. Nous disons que $\tilde{N}^s$ est le ℓ-corps des genres de s de l'extension N/K.

Ici encore, la définition du corps des genres $\tilde{N}^s$ est de caractère fini, de sorte que $\tilde{N}^s$ n'est autre que la réunion des ℓ-corps des genres $\tilde{K}_m^s$ en dehors de s relatifs aux sous-extensions finies K_m/K de N/K. En particulier, le groupe $\mathscr{G}^s$ s'identifie à la limite

$$\mathscr{G}^s \cong \varprojlim \mathscr{G}_m^s$$

du système projectif pour les applications normes des ℓ-quotients des genres en dehors de s relatifs aux extensions K_m/K (d'où l'assertion (i) du théorème 3).

Maintenant, puisque Γ est $\mathbb{Z}_\ell[\Delta]$-projectif, le groupe de Galois $\mathrm{Gal}(\tilde{N}^s/K)$ s'écrit (non canoniquement en général) comme somme directe de $\mathscr{G}^s$ et de Γ; et l'étude de $\mathscr{G}^s$ est complètement élucidée par celle de $\mathrm{Gal}(\tilde{N}^s/K)$:

Théorème 4 : Soient ℓ un nombre premier impair, K une extension abélienne finie d'un corps de nombres H, de groupe de Galois Δ annulé par $(\ell-1)$, et N une $\mathbb{Z}_\ell$-extension de K métabélienne sur H. Pour tout ensemble fini s de places de H, désignons par $\tilde{N}^s$ le ℓ-corps des genres en dehors de s de l'extension procyclique N/K, puis, pour chaque idéal premier $\wp$ de K, par $D_\wp^s$ son groupe de décomposition et par $I_\wp^s$ son groupe d'inertie dans l'extension $\tilde{N}^s/K$. Il existe une suite exacte canonique de $\mathbb{Z}_\ell[\Delta]$-modules :

$$1 \longrightarrow \mathcal{E}_0^s/\mathcal{E}^s \cap \mathcal{N} \overset{h}{\longrightarrow} (\underset{\wp \in s}{\oplus} D_\wp^s) \oplus (\underset{\wp \notin s}{\oplus} I_\wp^s) \overset{p}{\longrightarrow} \mathrm{Gal}(\tilde{N}^s/K) \overset{r}{\longrightarrow} \mathcal{H}_0^s \longrightarrow 1$$

où h est le composé des symboles de Hasse $\left(\dfrac{\ ,\tilde{N}^s/K}{\wp}\right)$, p est la projection canonique $(\sigma_\wp)_\wp \longmapsto \Pi\sigma_\wp$, et r est la composée de la restriction canonique à $\hat{K}^s$ et de l'isomorphisme de réciprocité du corps de classes.

Démonstration - L'image de p est le sous-groupe de $\mathrm{Gal}(\tilde{N}^s/K)$ engendré par les groupes d'inertie des places ramifiées et les groupes de décomposition des places provenant de s. Son corps des invariants est donc la sous-extension maximale $\hat{K}^s$ de $\hat{N}^s$ qui est non ramifiée sur K et où les places provenant de s sont complètement décomposées (i.e. le ℓ-corps des classes en dehors de s associé à K). De là l'exactitude de la partie droite de la suite.

Si maintenant $(\sigma_\wp)_\wp$ est un élément de la somme $(\underset{\wp \in s}{\oplus} \underset{\wp | \mathfrak{p}}{\oplus} D_\wp^s) \oplus (\underset{\wp \notin s}{\oplus} \underset{\wp | \mathfrak{p}}{\oplus} I_\wp^s)$ qui vérifie la formule du produit $\Pi\sigma_\mathfrak{p} = 1$, la suite exacte des genres en dehors de s (cf. [19], §4) appliquée aux sous-extensions finies K_m/k montre que les restrictions des $\sigma_\mathfrak{p}$ au ℓ-corps des genres $\tilde{K}_m^s$ proviennent par les symboles de Hasse $\left(\dfrac{\ ,\tilde{K}_m^s/K}{\mathfrak{p}}\right)$ d'une même s-unité ε_m de K. Par un argument de compacité, nous pouvons donc trouver un élément ε dans $\mathcal{E}_0^s$ qui vérifie l'identité

$$\left(\frac{\varepsilon, \tilde{K}_m^s/K}{\wp}\right) = \sigma_\wp\big|_{\tilde{K}_m^s} \quad \text{pour tous } \wp \text{ et } m, \text{ donc finalement } h(\varepsilon) = (\sigma_\wp)_\wp.$$

Bien entendu, tous les $\sigma_\wp$ sont nuls si et seulement si leurs restrictions $\sigma_\wp\big|_{\tilde{K}_m^s}$ le sont pour tout m, c'est-à-dire lorsque ε est dans $\mathcal{N}$ (cf. [19], § 4).

Dans cette suite exacte, le groupe $(\underset{\wp \in s}{\oplus} \underset{\wp | \mathfrak{p}}{\oplus} D_\wp^s) \oplus (\underset{\wp \notin s}{\oplus} \underset{\wp | \mathfrak{p}}{\oplus} I_\wp^s)$ est un $\mathbb{Z}_\ell[\Delta]$-module projectif :

PROPOSITION 4 - Pour chaque place $\mathfrak{p}$ de H, désignons par $\chi_{\mathfrak{p}}$ l'induit à Δ du caractère de la représentation unité du groupe de décomposition associé $\Delta_{\mathfrak{p}}$ dans K/H; posons $g_{\mathfrak{p}} = 0$ ou 1 suivant que $\mathfrak{p}$ se décompose complètement ou non dans N/K; et notons $\mathfrak{f}$ l'ensemble des places de H qui se ramifient dans N/K. Nous avons les isomorphismes :

$$\mathfrak{J}^S = \bigoplus_{\mathfrak{p}\in s} \bigoplus_{\wp|\mathfrak{p}} D_\wp^S \cong \bigoplus_{\mathfrak{p}\in s} g_{\mathfrak{p}} \, e_\chi {}^\star \mathbb{Z}_\ell[\Delta/\Delta_{\mathfrak{p}}] \cong \bigoplus_{\mathfrak{p}\in s} g_{\mathfrak{p}} \, e_{\chi\chi_{\mathfrak{p}}} \mathbb{Z}_\ell[\Delta] \; .$$

$$\mathfrak{R}^S = \bigoplus_{\mathfrak{p}\in s} \bigoplus_{\wp|\mathfrak{p}} I_\wp^S \cong \bigoplus_{\mathfrak{p}\in f\setminus s} e_\chi {}^\star \mathbb{Z}_\ell[\Delta/\Delta_{\mathfrak{p}}] \cong \bigoplus_{\mathfrak{p}\in f\setminus s} e_{\chi\chi_{\mathfrak{p}}} \mathbb{Z}_\ell[\Delta] \; .$$

Démonstration - Le groupe Δ opère sur la somme directe $\mathfrak{J}^S \oplus \mathfrak{R}^S$ conformément à l'identité :

$$(\sigma_\wp)_{\mathfrak{p}}^\tau = (\sigma^{\chi(\tau)}_{\wp^{\tau^{-1}}})_{\wp} \; , \text{ pour tout } \tau \text{ de } \Delta.$$

Cela étant, pour chaque idéal premier $\mathfrak{p}$ de H, le quotient $\Delta/\Delta_{\mathfrak{p}}$ agit fidèlement sur les places de K au dessus de $\mathfrak{p}$; et l'algèbre $\mathbb{Z}_\ell[\Delta/\Delta_{\mathfrak{p}}]$ s'identifie canoniquement à l'image de $\mathbb{Z}_\ell[\Delta]$ par l'idempotent $e_{\chi_{\mathfrak{p}}}$. Enfin l'action de Δ par l'intermédiaire du caractère χ donne lieu à une translation des caractères que traduit la convolution par e_χ.

Corollaire - Pour chaque caractère ℓ-adique ϕ du groupe Δ, le rang essentiel de la ϕ-composante $(\mathfrak{g}^S)^{e_\phi}$ du ℓ-quotient des genres en dehors de s est donné par l'identité :

$$g_\phi^S = i_{\phi\chi}^S - 1 + r_{\phi\chi}^S - 1 - n_\phi^S - \langle \phi, \chi \rangle \; ,$$

avec $i_\phi^S = \sum_{\mathfrak{p}\in s} \langle \phi, \chi_{\mathfrak{p}} \rangle \, g_{\mathfrak{p}}$, et $r_\phi^S = \sum_{\mathfrak{p}\in f\setminus s} \langle \phi, \chi_{\mathfrak{p}} \rangle$.

Et la détermination de l'indice g_ϕ^S repose donc sur un calcul normique. Notons tout de suite que nous pouvons nous ramener, pour le mener à terme, au cas où les places de s sont soit ramifiées, soit complètement décomposées dans l'extension procyclique N/K :

LEMME 5 : Si s et s' sont deux ensembles finis de places de H qui ne diffèrent que par des places presque totalement inertes dans N/K, les groupes $\mathfrak{g}^S$ et $\mathfrak{g}^{S'}$ sont pseudo-isomorphes.

Démonstration - Il suffit de vérifier le lemme lorsque s' est la réunion $s \cup \{\mathfrak{p}\}$ de s et d'une place $\mathfrak{p}$ de H, qui est presque totalement inerte dans N/K. Dans ce cas, il est facile de voir que l'application

$$\mathcal{E}_0^{s'}/\mathcal{E}_0^{s} \longrightarrow \bigoplus_{\mathfrak{P}|\mathfrak{p}} D_{\mathfrak{P}}^{s'} \, ,$$

donnée par les symboles de Hasse, est injective, et que son conoyau est isomorphe au sous groupe de H_0^{s} engendré par les places $\mathfrak{P}$ de K qui sont au dessus de $\mathfrak{p}$. D'où le résultat annoncé.

Comme le quotient $\mathcal{E}_0^{s'}/\mathcal{E}_0^{s}$ est un $\mathbb{Z}_\ell[\Delta]$-module projectif de caractère $\chi_{\mathfrak{p}}$, tandis que le caractère de la somme $\bigoplus_{\mathfrak{P}|\mathfrak{p}} D_{\mathfrak{P}}^{s'}$ est son translaté $\mathfrak{X}\chi_{\mathfrak{p}}$, nous avons prouvé, au passage, l'égalité $\mathfrak{X}\chi_{\mathfrak{p}} = \chi_{\mathfrak{p}}$ pour chaque place $\mathfrak{p}$ de H, qui est presque totalement inerte dans N/K. Autrement dit :

LEMME 6 : Toute place $\mathfrak{p}$ de H, dont le groupe de décomposition $\Delta_{\mathfrak{p}}$ n'est pas contenu dans le noyau de χ, est ramifiée ou complètement décomposée dans l'extension procyclique N/K.

Revenons au calcul de n_ϕ^{s}. Si s ne contient pas de place presque totalement inerte dans N/K, la somme $\mathcal{J}^{s} \oplus \mathcal{R}^{s}$ est isomorphe au module $\bigoplus_{\mathfrak{p} \in f} e_\chi^* \, \mathbb{Z}_\ell[\Delta/\Delta_{\mathfrak{p}}]$. Compte tenu de la formule du produit, nous avons donc la première majoration :

$$n_\phi^{s} \leq \sum_{\mathfrak{p} \in f} < \phi, \, \mathfrak{X}\chi_{\mathfrak{p}} > - < \phi, \chi > \, .$$

Une deuxième majoration est donnée par le rang essentiel u^{s} du groupe $\mathcal{E}_0^{s}$ (cf. [19], prop 7) :

$$n_\phi^{s} \leq \sum_{\mathfrak{p}_\infty} < \phi, \, \chi_{\mathfrak{p}_\infty} > + \sum_{\mathfrak{p} \in s} < \phi, \, \chi_{\mathfrak{p}} > - < \phi, \, 1 > \, ,$$

où la première somme est étendue à l'ensemble des places à l'infini de H. Ainsi :

PROPOSITION 7 - Si l'ensemble s ne contient pas de place presque totalement inerte dans N/K, le rang essentiel du $\mathbb{Z}_\ell[\Delta]$-module projectif $\mathcal{E}_0^{s}/\mathcal{E}_0^{s} \cap \mathcal{N}^\rho$ satisfait aux majorations :

(i) $n_\phi^s \leq \langle \phi, \chi(\chi_f - 1) \rangle$, donnée par les symboles de Hasse;

(ii) $n_\phi^s \leq \langle \phi, \chi_\infty + \chi_s \rangle$, donnée par le rang essentiel du groupe des s-unités de K;

Dans celles-ci, les caractères χ_f et χ_s sont donnés par $\chi_f = \sum_{\mathfrak{p} \in f} \chi_\mathfrak{p}$ et $\chi_s = \sum_{\mathfrak{p} \in s} \chi_\mathfrak{p}$, tandis que $\chi_\infty = (\sum_{\mathfrak{p}_\infty} \chi_{\mathfrak{p}_\infty}) - 1$ désigne le caractère de la représentation du groupe des unités de K.

Le problème se pose naturellement de savoir si les majorations ci-dessus donnent effectivement la valeur de l'indice n_ϕ^s. Nous allons voir, par des considérations d'indépendance ℓ-adique, que c'est bien le cas lorsque H est le corps des rationnels :

<u>Théorème 5</u> : <u>Supposons que</u> N/K <u>soit une</u> $\mathbb{Z}_\ell$<u>-extension absolument méta-bélienne. Alors, si</u> s <u>est un ensemble fini de places de</u> $\mathbb{Q}$, <u>qui ne sont pas presque totalement inertes dans</u> N/K, <u>l'indice normique</u> n_ϕ^s <u>est donné par la formule</u> :

$$n_\phi^s = \inf\{\langle \phi, \chi(\chi_f - 1)\rangle, \langle \phi, \chi_\infty + \chi_s\rangle\} .$$

Démonstration - Désignons par $\mathcal{U}_o = \prod_{\mathfrak{l} \mid \ell} \mathfrak{U}_\mathfrak{l}$ le produit des groupes d'unités principales des complétés de K au dessus de ℓ; c'est un $\mathbb{Z}_\ell[\Delta]$-module libre et son caractère est le caractère régulier χ_{reg}.

(i) Si s ne contient par (ℓ), le tensorisé $\mathcal{E}_o^s = \mathbb{Z}_\ell \otimes_\mathbb{Z} E_o^s$ du groupe des s-unités de K s'envoie diagonalement dans $\mathcal{U}_o$, et la restriction de cette application aux ϕ-composantes est presque surjective, pour chaque caractère ℓ-adique irréductible ϕ représenté dans $(\chi_\infty + \chi_s)$: Nous pouvons trouver, en effet, une s-unité $\varepsilon \in E_o^s$ telle que le sous-module engendré $\mathcal{E}_o = \varepsilon^{\mathbb{Z}_\ell[\Delta]}$ ait pour caractère $\Phi = \sum_{\phi \mid (\chi_\infty + \chi_s)} \phi$; et le théorème d'indépendance de Brumer (cf. [2], th. 1) nous assure que l'application naturelle de $\mathcal{E}_o$ dans $\mathcal{U}_o$ est injective, donc presque surjective pour chaque ϕ-composante représentée dans $\mathcal{E}_o$. Maintenant, le groupe $\mathcal{U}_o$ s'envoie surjectivement sur le produit J^s des groupes d'inertie, par les symboles locaux de reste normique, de sorte que l'application composée de $\mathcal{E}_o^s$ dans J^s (donnée par le produit des symboles de Hasse) est presque surjective pour chaque caractère ϕ représenté dans Φ .

(ii) Si s contient (ℓ), le groupe $\mathcal{E}_o^s$ ne s'envoie plus canoniquement dans $\mathcal{U}_o$. Pour pallier cette difficulté, on peut faire appel
à une uniformisante locale (cf. [4] § 2, et [21] th. 6) mais il est alors
nécessaire de raisonner simultanément sur deux caractères, et l'on ob-
tient la presque surjectivité de l'application $\mathcal{E}_o^s \longrightarrow \mathcal{R}^s$ pour chaque
caractère ℓ-adique représenté dans $(\chi_\infty + \chi_s)$, sauf un, conformément à la
formule du produit pour le symbole de Hasse (cf. [21] § 4).

COROLLAIRE 1 - Si N/K est une $\mathbb{Z}_\ell$-extension absolument métabélienne,
telle que le sous-groupe de décomposition Δ du nombre premier ℓ dans
l'extension $K/\mathbb{Q}$ soit contenu dans le noyau du caractère χ, le rang
essentiel du quotient $\mathcal{E}_o^f / \mathcal{E}_o^f \cap \mathcal{N}^o$ des ℓ-unités est donné, pour chaque
caractère ℓ-adique ϕ, par la formule :

$$n_\phi^f = \ \langle \phi, \ \chi_f - \chi \rangle$$

En particulier, le ℓ-quotient des genres $\mathcal{G}^f$ est pseudo-nul; et
le polynôme minimal $P_\Lambda(\mathcal{H})$ du Λ-module $\mathcal{H}$ n'est pas divisible par θ^2.

COROLLAIRE 2 - Soit N/K une $\mathbb{Z}_\ell$-extension absolument métabélienne. S'il
existe un nombre premier p qui se décompose complètement dans $N/\mathbb{Q}$,
le quotient $\mathcal{G}^s$ qui lui correspond est pseudo-nul.

Démonstrations - Le premier corollaire résulte directement du théorème 5,
qui assure dans ce cas la pseudo-nullité de $\mathcal{G}^s$ en vertu de la suite
exacte des genres : Dans la pseudo-décomposition $\oplus \Lambda / (P_k^{m_k}(\theta)^r)$ du Λ-
module $\mathcal{H}$, le terme $\underset{P_k(\theta)=\theta}{\oplus} \Lambda / (P^{m_k}(\theta))$ provient donc du sous-groupe
$\mathcal{H}_f$; d'où la conclusion.

Quant au second corollaire, il suffit pour l'établir de remarquer que si p est un nombre premier qui se décompose complètement dans
$N/\mathbb{Q}$, le groupe $\mathcal{E}_o^s$ correspondant à $s = \{p\}$, contient la représentation régulière de Δ, de sorte que l'indice normique n_ϕ^s est maximal :
$n_\phi^s = \langle \phi, \chi(\chi_f - 1) \rangle$.

Lorsque l'extension N/K n'est pas absolument métabélienne, la
situation est en revanche moins simple. Si cependant le corps K vérifie
la conjecture de Leopoldt pour la place ℓ, le groupe $\mathcal{E}_o$ s'injecte com-

me plus haut dans le composé $\mathcal{U}_o$ des groupes d'unités principales des complétés de K au dessus de ℓ; ce qui entraîne, par un argument déjà utilisé un résultat de pseudo-nullité pour $\mathcal{G}$:

PROPOSITION 8 - Lorsque le corps K vérifie la conjecture de Leopoldt pour la place ℓ, la ϕ-partie du rang essentiel du ℓ-quotient des genres $\mathcal{G}$ est nulle pour tous les caractères ℓ-adiques irréductibles de Δ, qui sont identiquement représentés dans χ_∞ et dans $[H : \mathbb{Q}]\chi_{reg}$.

Plus généralement, ce sont les propriétés ℓ-adiques des s-unités qui gouvernent la structure du quotient des genres $\mathcal{G}^s$, un résultat d'indépendance ℓ-adique pour un groupe de s-unités se traduisant immédiatement par un théorème de pseudo-nullité pour $\mathcal{G}^s$. Bien entendu, pour obtenir un théorème de nullité, l'indépendance l-adique ne suffit pas; encore faut-il que les s-unités épuisent le groupe $\mathcal{U}_o$. Donnons un exemple :

PROPOSITION 9 - Considérons une $\mathbb{Z}_\ell$-extension N/K métabélienne sur un sous-corps H, un idempotent central e_Φ de l'algèbre $\mathcal{O}$ et un ensemble fini s de places de H; notons K_m la plus petite sous-extension de N telle que les places de s qui ne sont pas complètement décomposées dans N/K (respectivement les places ramifiées dans N/K qui ne sont pas dans s) ne soient pas décomposées dans K_{m+1}/K_m (respectivement soient ramifiées dans K_{m+1}/K_m). Alors, la Φ-composante du groupe $\mathcal{H}^s$ est nulle si et seulement si celle du groupe H_m^s l'est.

Démonstration - Nous pouvons évidemment nous limiter au cas où m est égal à 0. Cela étant, écrivons la suite exacte des genres en dehors de s dans l'extension finie K_1/K, puis dans l'extension procyclique N/K :

Dans le premier cas, il vient (cf. [19]§ 3, th. 2) :

$$1 \longrightarrow \mathcal{E}_o^s/\mathcal{E}_o^s \cap \nu_1(\mathcal{K}_1) \longrightarrow J_1^s \oplus R_1^s \longrightarrow \mathbb{F}_\ell\, e_\chi \oplus G_1^s \longrightarrow H_o^s \longrightarrow 1\ ,$$

puis, en prenant les Φ-composantes, sous l'hypothèse $(H_1^s)^{e_\Phi} = 1$:

$$1 \longrightarrow \underset{\phi|\Phi_1}{\oplus} \mathbb{F}_\ell\, e_\phi \longrightarrow \underset{\phi|\Phi_2}{\oplus} \mathbb{F}_\ell\, e_\phi \longrightarrow \langle \Phi, \chi \rangle \mathbb{F}_\ell\, e_\chi \longrightarrow 1\ ,$$

où Φ_1 et Φ_2 sont deux caractères de Δ, qui vérifient $\Phi_2 = \Phi_1 + \langle \Phi, \chi \rangle \chi$ (puisque $(H_o^s)^{e_\Phi}$ et $(G_1^s)^{e_\Phi}$ sont alors nuls, comme quotients de $(H_1^s)^{e_\Phi}$).

Dans le deuxième cas, la suite s'écrit donc :

$$1 \longrightarrow \underset{\phi|\Phi_1}{\oplus} \mathbb{Z}_\ell \, e_\phi \longrightarrow \underset{\phi|\Phi_2}{\oplus} \mathbb{Z}_\ell \, e_\phi \longrightarrow \langle \Phi,\chi \rangle \, \mathbb{Z}_\ell \, e_\chi \oplus (\mathcal{G}^s)^{e_\Phi} \longrightarrow 1,$$

et la surjectivité des symboles de Hasse, à la formule du produit près, nous donne $(\mathcal{G}^s)^{e_\Phi} = 1$, d'où $(\mathcal{H}^s)^{e_\Phi} = 1$, conformément au théorème 3, ce qui achève la démonstration.

Montrons enfin comment la formule des genres permet d'interpréter le groupe de Galois $\mathcal{G}^\infty$ de la ℓ-extension maximale $\tilde{N}^\infty$ de N, où toutes les places se décomposent complètement, et qui est abélienne sur K (Par un argument déjà utilisé, le groupe $\mathcal{G}^\infty$ est égal à $\mathcal{G}^s$ dès que s est assez grand).

PROPOSITION 10 - Sous les hypothèses du théorème 4, mais lorsque s est l'ensemble de toutes les places du corps H, la suite exacte des genres prend la forme :

$$1 \longrightarrow \mathcal{H}/\mathcal{N} \longrightarrow \underset{\mathfrak{p}}{\oplus} D_\mathfrak{p}^\infty \longrightarrow \mathrm{Gal}(\tilde{N}^\infty/K) \longrightarrow 1 \ .$$

Et le groupe $\mathcal{G}^\infty$ mesure le défaut de surjectivité du symbole de Hasse, à la formule du produit près, dans l'extension procyclique N/K.

L'exemple des $\mathbb{Z}_\ell$-extensions cyclotomiques montre clairement que ce groupe $\mathcal{G}^\infty$ est généralement non nul : Dans le cas contraire en effet, les diviseurs irréductibles du polynôme caractéristique du Λ-module $\mathcal{H}$ associé à une telle extension seraient des polynômes cyclotomiques, conformément à la proposition 3, ce qui n'est pas (cf. par exemple, [16]).

4 - Etude du sous-groupe ambige.

Le sous-module $\mathcal{A}^s$ des invariants de Γ dans $\mathcal{H}^s$, qui intervient dans la suite exacte des classes, étant difficile à étudier, il est plus commode de travailler sur la notion duale $\mathbf{A}^s$, que l'on peut définir comme suit :

DEFINITION - Par ℓ-groupe des classes ambiges en dehors de s dans l'extension procyclique N/K , nous entendons le sous-module $\mathbf{A}^s$ des invariants de Γ dans $\mathbf{H}^s$, qui s'identifie canoniquement à la limite inductive, pour l'extension des idéaux, des ℓ-groupes $\mathbf{A}_m^s$ des classes ambiges en dehors de s relatifs aux sous-extensions finies K_m/K.

Le groupe A^S peut ainsi être atteint par passage à la limite inductive à partir des suites exactes des classes ambiges en dehors de s attachées aux sous-extension cycliques K_m/K (cf. [19], § 3). Donnons en ici une démonstration directe :

Considérons la suite exacte courte de $Z_\ell[\Delta]$-modules qui définit H^S :

$$ 1 \longrightarrow P^S \longrightarrow D^S \longrightarrow H^S \longrightarrow 1 $$

La suite exacte de cohomologie qui lui est associée :

$$ 1 \longrightarrow P^S_\gamma \longrightarrow D^S_\gamma \longrightarrow A^S \longrightarrow H^1(\Gamma, P^S) \longrightarrow 1 $$

s'arrête en vertu du théorème 90 de Hilbert pour les idéaux.

Ainsi, du diagramme commutatif (où l'application j est induite par l'extension des idéaux) :

$$
\begin{array}{ccccccccc}
1 & \longrightarrow & P^S_0 & \longrightarrow & D^S_0 & \longrightarrow & H^S_0 & \longrightarrow & 1 \\
 & & \uparrow & & \uparrow & & {\scriptstyle j}\downarrow & & \\
1 & \longrightarrow & P^S_\gamma & \longrightarrow & D^S_\gamma & \longrightarrow & A^S & \longrightarrow & H^1(\Gamma, P^S) & \longrightarrow & 1
\end{array}
$$

nous déduisons, par le lemme du serpent, la suite exacte de $\mathbf{Z}_\ell$-modules :

$$ 1 \longrightarrow C^S_0/P^S_0 \longrightarrow P^S_\gamma/P^S_0 \longrightarrow D^S_\gamma/D^S_0 \longrightarrow A^S/j(H^S_0) \xrightarrow{\ \partial\ } H^1(\Gamma, P^S) \longrightarrow 1 $$

où toutes les flèches sont des $\mathbf{Z}_\ell[\Delta]$-morphismes, à l'exception de l'application ∂, qui associe à la classe de l'idéal "ambige" $\mathfrak{a}$ celle de l'idéal "principal" $\mathfrak{a}^\theta$, et réalise de ce fait une translation des caractères. Le premier problème qui se pose est alors celui de l'interprétation des groupes P^S_γ/P^S_0 et $H^1(\Gamma, P^S) = P^{S\star}/P^{S\theta}$:

LEMME 11 : Pour chaque caractère ℓ-adique ϕ du groupe Δ, il existe des $\mathbf{Z}_\ell$-isomorphismes canoniques :

$$ \text{(i)}\ \ (P^S_\gamma/P^S_0)^{e_\phi} \cong (C^{S\star}/C^{S\theta})^{e_{\phi\chi}} \ \ ; \ \ \text{(ii)}\ \ (P^{S\star}/P^{S\theta})^{e_{\phi\chi}} \cong (E^S_0 \cap N/E^S_\xi)^{e_{\phi\chi}} \ . $$

Démonstration - Le premier isomorphisme s'obtient en associant à la classe d'un idéal ambige $\mathfrak{a} = \alpha\mathfrak{h}$, avec $\mathfrak{h} \in D_s$, celle de la s-unité $\varepsilon = \alpha^\theta$; il ne dépend pas du choix du générateur topologique γ du groupe Γ, et réalise une translation des caractères, puisqu'il se factorise par la résolvante θ.

Le second isomorphisme s'obtient en associant à la classe d'un idéal ambige $\mathfrak{a} = \alpha\mathfrak{h}$, avec $\alpha \in K_m$ et $\mathfrak{h} \in \mathcal{D}_s^m$, de norme un sur K, celle de l'élément $\ell^{-m} \otimes \alpha^{\nu_m} \in E_o^s \cap N$; c'est un isomorphisme de $\mathbb{Z}_\ell[\Delta]$-modules.

Théorème 6 : <u>Soient</u> ℓ <u>un nombre premier impair,</u> K <u>une extension abélienne finie d'un corps de nombres</u> H, <u>de groupe de Galois</u> Δ <u>annulé par</u> $(\ell-1)$, <u>et</u> N <u>une</u> $\mathbb{Z}_\ell$-extension de K <u>métabélienne sur</u> H. <u>Pour tout ensemble fini</u> s <u>de places de</u> H, <u>et chaque caractère ℓ-adique</u> ϕ <u>de</u> Δ, <u>la ϕ-composante</u> A^{e_ϕ} <u>du ℓ-groupe des classes ambiges en dehors de</u> s <u>dans l'extension procyclique</u> N/K <u>est donnée par la suite exacte de</u> $\mathbb{Z}_\ell$-<u>modules de torsion de cotype fini</u> :

$$1 \longrightarrow (C_o^s/P_o^s)^{e_\phi} \longrightarrow H^1(\Gamma,E^s)^{e_\phi\chi} \longrightarrow (\mathcal{D}_\gamma^s/\mathcal{D}_o^s)^{e_\phi} \longrightarrow$$

$$(A^s/j(H_o^s))^{e_\phi} \longrightarrow H^2(\Gamma,E^s)^{e_\phi\chi} \longrightarrow (E_o^s/E_o^s \cap N)^{e_\phi\chi} \longrightarrow 1$$

Démonstration - Tout revient à vérifier que les divers groupes qui interviennent dans la suite sont de cotype fini. Or C_o^s/P_o^s et $j(H_o^s)$ sont évidemment finis; $H^2(\Gamma,E^s)$ et $E_o^s/E_o^s \cap N$ sont de cotype fini comme quotients de E_o^s (le groupe $E_o^s/E_o^s \cap N$ est d'ailleurs, de façon évidente, isomorphe au dual de Pontrjagin du $\mathbb{Z}_\ell[\Delta]$-module projectif $\mathcal{E}_o^s/\mathcal{E}_o^s \cap \mathcal{N}$); enfin le quotient $\mathcal{D}_\gamma^s/\mathcal{D}_o^s$ est un $\mathbb{Z}_\ell$-module divisible de corang fini en vertu de la proposition :

PROPOSITION 12 - Le quotient $\mathcal{D}_\gamma^s/\mathcal{D}_o^s$ est un $\mathbb{Z}_\ell$-module divisible, isomorphe au convolé par e_χ du dual de Pontrjagin du groupe R^s, et donné par la décomposition directe :

$$\mathcal{D}_\gamma^s/\mathcal{D}_o^s \simeq \bigoplus_{\mathfrak{p} \in (f \setminus s)} (\mathbb{Q}_\ell/\mathbb{Z}_\ell \otimes_{\mathbb{Z}} \mathbb{Z}_\ell[\Delta/\Delta_{\mathfrak{p}}]) \simeq \bigoplus_{\mathfrak{p} \in (f \setminus s)} e_{\chi_{\mathfrak{p}}} (\mathbb{Q}_\ell/\mathbb{Z}_\ell \otimes_{\mathbb{Z}} \mathbb{Z}_\ell[\Delta]) \ .$$

Démonstration - Le groupe $\mathcal{D}_\gamma^s$ est engendré par les produits d'idéaux des corps K_m au dessus d'un même idéal (étranger à s) du corps K, de sorte que le quotient $\mathcal{D}_\gamma^s/\mathcal{D}_o^s$ est engendré par ceux de ces produits qui sont au dessus des places ramifiées (cf. [19], prop. 1). Maintenant, le quotient $\Delta/\Delta_{\mathfrak{p}}$ opère fidèlement sur les places de K au-dessus d'une même place $\mathfrak{p}$ de H.

COROLLAIRE 1 - Pour chaque caractère ℓ-adique ϕ du groupe Δ, le co-rang essentiel de la ϕ-composante $(A^s)^{e_\phi}$ du ℓ-groupe des classes ambiges en dehors de s est donné, comme somme de deux entiers, par l'identité :

$$a_\phi^s = (r_\phi^s - q_{\phi\chi}^s) + (p_{\phi\chi}^s - n_{\phi\chi}^s) \ .$$

La quantité $(r^s - q^s)$ mesure le corang du sous-groupe de A^s engendré par les classes des idéaux ambiges; et nous disons que $(p^s - n^s)$ représente le corang du quotient des classes exceptionnelles.

COROLLAIRE 2 - Les invariants λ_ϕ^s attachés au $\mathcal{O}$-module $\mathcal{H}^s$ sont liés par l'identité :

$$\lambda_\phi^s - \lambda_{\phi\chi^{-1}}^s = q_\phi^s - p_\phi^s + i_\phi^s - \langle \phi,\chi \rangle \ .$$

En particulier, pour tout idempotent central e_ϕ de l'algèbre $\mathcal{O}$, la ϕ-partie du "quotient de Herbrand" des s-unités est donnée par la formule :

$$q_\phi^s - p_\phi^s = \ \langle \phi,\chi \rangle - i_\phi^s = \ \langle \phi,\chi - \sum_{\mathfrak{p} \in s} g_\mathfrak{p}\chi_\mathfrak{p} \rangle \ .$$

Démonstrations - Le corollaire 1 est immédiat; le second en résulte d'après le théorème 2, compte tenu de l'évaluation de g_ϕ^s donnée dans la section 3.

Du rapprochement des formules obtenues pour g_ϕ^s et a_ϕ^s, nous pouvons tirer plusieurs conclusions :
La plus évidente est que ces formules ne coïncident pas dès que N n'est pas la $\mathbb{Z}_\ell$-extension cyclotomique de K; on peut donc penser en particulier que l'égalité $g_\phi^s = a_\phi^s$ pour chaque caractère ϕ est généralement en défaut, ce qui implique entre autre choses que l'action du groupe Γ sur le module $\mathcal{H}^s$ n'est pas en général semi-simple. Donnons un exemple dans lequel les formules précédentes donnent $g_{\chi^{-1}} = 1$ mais $a_{\chi^{-1}} = 0$ (cf. [21], th 7) :

COROLLAIRE 3 - Soient K une extension cyclique imaginaire de degré $d \geq 4$ sur le corps des rationnels, et ℓ un nombre premier congru à 1 modulo d ayant pour corps de décomposition dans K le sous-corps réel maximal K_+. Alors, si N est la $\mathbb{Z}_\ell$-extension de K associée à l'un des

$\phi(d)$ caractères primitifs du groupe de Galois $(K/\mathbb{Q})$, le Λ-module $\mathcal{H}$ qui lui correspond n'est pas semi-simple.

Notre seconde conclusion est que les groupes $\mathbf{A}^s$ et $\mathbf{\mathcal{G}}^s$ sont de nature profondément différente : Les groupes $\mathbf{R}^s$ et $\mathbf{J}^s$ qui interviennent dans la suite exacte des genres proviennent de ce que nous pouvons appeler le schéma galoisien de l'extension; le quotient normique $\mathcal{E}_0^s/\mathcal{E}_0^s \cap \mathcal{N}^s$, certes inaccessible actuellement dans le cas général, dépend essentiellement, ainsi que nous l'avons vu, du comportement ℓ-adique des s-unités : c'est donc un terme local que l'on peut, sinon calculer, du moins estimer conjecturalement; les groupes de cohomologie $H^1(\Gamma,\mathcal{E}^s)$ et $H^2(\Gamma,\mathcal{E}^s)$ apparaissent en revanche comme des termes de nature irréductiblement globale, dont le comportement demeure beaucoup moins limpide. Comme l'étude des sous extensions finies le laisse aisément augurer (cf. [19], § 5), la détermination effective de la ϕ-partie du quotient de Herbrand, lorsque e_ϕ n'est pas un idempotent central, s'avère difficile, puisque les seuls encadrements évidents des indices p_ϕ^s et q_ϕ^s sont ceux provenant de la suite exacte des classes ambiges :

$$(i) \qquad n_\phi^s \leqq p_\phi^s \leqq u_\phi^s \ ,$$

$$(ii) \qquad 0 \leqq q_\phi^s \leqq r_{\phi\chi-1}^s \ ,$$

auxquels il convient d'ajouter l'identité :

$$(iii) \qquad q_\phi^s - p_\phi^s = \ \langle \Phi,\chi \rangle - i_\phi^s \ , \text{ lorsque } e_\phi \text{ est central.}$$

L'expérience prouve d'ailleurs que chaque fois que les problèmes de capitulation ou de classes ambiges exceptionnelles (que gouvernent les groupes $H^1(\Gamma,\mathcal{E}^s)$ et $H^2(\Gamma,\mathcal{E}^s)$) interviennent de façon assez fine, les seuls cas dans lesquels on sait aisément conclure sont ceux précisément où les encadrements précédents suffisent à déterminer p_ϕ^s et q_ϕ^s (les deux critères d'annulation proposés par Greenberg (cf. [14],§ 4) pour la $\mathbb{Z}_\ell$-extension cyclotomique d'un corps totalement réel sont, de ce point de vue, particulièrement éloquents).

Un cas particulièrement intéressant est celui où K est une extension totalement imaginaire d'un corps totalement réel H : Pour chacaractère ℓ-adique irréductible imaginaire ϕ du groupe Δ (i.e. prenant la valeur (-1) sur la conjugaison complexe), l'indice u_ϕ est nul, et la $\phi\chi^{-1}$ composante du ℓ-groupe des classes ambiges $\mathbf{A}$ se réduit ainsi à son sous-groupe engendré par les idéaux ambiges (et donc essentiellement par des idéaux ramifiés). Si donc les ramifiés ne se décompo-sent pas dans N/K, nous avons un pseudo-isomorphisme :

$$A^{e_{\phi\chi}-1} \sim \mathcal{H}_f^{e_{\phi\chi}-1} \quad .$$

Comme A est le noyau dans $\mathcal{H}$ de l'opérateur θ, le groupe A^f permet donc dans ce cas d'atteindre le noyau de l'opérateur θ^2. C'est l'argu-ment sous-jacent aux théorèmes de semi-simplicité de [13], [4] et [21].

B I B L I O G R A P H I E

[1]   F. BERTRANDIAS et J.-J. PAYAN - Γ-extensions et invariants cyclo-
        tomiques. Ann. Sc. Ec. Norm. Sup., 4, 5 (1972) 517-543.

[2]   A. BRUMER - On the units of algebraic number fields. Mathematika,
        14 (1967) 121-124.

[3]   J.E. CARROLL et H. KISILEVSKY - Initial layers of $\mathbb{Z}_\ell$-extensions
        of complex quadratic fields. Compositio Math., 32, 2 (1976) 157-
        168.

[4]   J.E. CARROLL et H. KISILEVSKY - On the Iwasawa invariants of cer-
        tain $\mathbb{Z}_p$-extensions. (à paraître).

[5]   C. CHEVALLEY - Sur la théorie du corps de classes dans les corps
        finis et dans les corps locaux. J. Fac. Sc. Tokyo, 2 (1933) 365-
        476.

[6]   L.J. FEDERER et B.H. GROSS; W. SINNOT - Regulators and Iwasawa
        Modules. Inv. Math., 62 (1981) 443-457.

[7]   R. GILLARD - Formulations de la conjecture de Leopoldt et étude
        d'une condition suffisante. Abh. Math. Sem. Hamburg, 49 (1979)
        125-138.

[8]   R. GILLARD - Remarques sur certaines extensions prodiédrales de
        corps de nombres. C.R. Acad. Sc. Paris, A 282 (1976) 13-15.

[9]   R. GILLARD - $\mathbb{Z}_\ell$-extensions, fonctions L ℓ-adiques et unité cyclo-
        tomiques. Sém. Th. Nombres Bordeaux, exp. n° 24 (1976-1977).

[10]   R. GOLD - The nontriviality of certain $\mathbb{Z}_\ell$-extensions. J. Numb.
        Theory, 6 (1974) 369-373.

[11]   R. GOLD - Examples of Iwasawa invariants. Acta Arith., 26 (1974)
        21-32.

[12]   R. GOLD - Examples of Iwasawa invariants, II. Acta Arith., 26
        (1975) 233-240.

[13]   R. GREENBERG - On a certain ℓ-adic representation. Inv. Math.,
        21 (1973) 117-124.

[14]   R. GREENBERG - On the Iwasawa invariants of totally real number
        fields. Am. J. Math., 98,1 (1976) 263-284.

[15]   K. IWASAWA - On Γ-extensions of algebraic number fields. Bull. Math. Soc., 65 (1958) 183-226.

[16]   K. IWASAWA et C.C. SIMS - Computation of invariants in the theory of cyclotomic fields. J. Math. Soc. Japan, 18.1 (1966) 86-96.

[17]   K. IWASAWA - On the μ-invariants of $\mathbb{Z}_\ell$-extensions. Numb. Th., Alg. Geom. and Com. Alg., in honor of Y. Akizuki, Tokyo (1973).

[18]   K. IWASAWA - On $\mathbb{Z}_\ell$-extensions of algebraic number fields. Ann. of Math., 98 (1973) 243-326.

[19]   J.-F. JAULENT - Sur la théorie des genres dans une extension cyclique de degré ℓ^m d'un corps de nombres, métabélienne sur un sous-corps. Pub. Math. Fac. Sc. Besançon (1980-1981).

[20]   J.-F. JAULENT - Théorie d'Iwasawa des tours métabéliennes. Sém. Th. Nombres Bordeaux, exp. n° 21 (1980-1981).

[21]   J.-F. JAULENT - Sur la théorie des genres dans les tours métabéliennes. Sém. Th. Nombres Bordeaux, exp n° 24 (1981-1982).

[22]   H. KISILEVSKY - On the semi-simplicity of a certain Iwasawa module. (à paraître).

[23]   H. MIKI - On the maximal abelian ℓ-extension of a finite algebraic number field, with given ramification. Nagoya Math. J., 70 (1978) 181-202.

[24]   J.-P. SERRE - Classes des corps cyclotomiques. Sém. Bourbaki, exp. n° 174 (1958-1959).

CALCUL DES NOMBRES DE BERNOULLI

modulo p^m

J.-R. JOLY

Résumé. On décrit une méthode permettant de généraliser certaines congruences d'E. LEHMER relatives aux nombres de Bernoulli B_k . On montre comment cette méthode peut s'étendre aux nombres de Bernoulli généralisés $B_k(\chi)$. On indique enfin comment, en programmant en langage-machine les opérations sur les entiers p-adiques, on peut exploiter cette méthode, sur microordinateur, pour calculer les $B_k \pmod{p^m}$ et les $B_k(\chi) \pmod{p^m}$ avec des ordres de grandeur tels que $p^m \rangle 10^{50}$, $k \rangle 10^{20}$, et pour des temps de calcul allant de quelques secondes à quelques minutes.

1. <u>Nombres de Bernoulli modulo</u> p^m .

Le développement des ordinateurs, depuis le début des
années cinquante, a permis de construire des tables de plus
en plus étendues de nombres premiers irréguliers : voir
notamment [7], [4a], [4b], [9b]. La méthode le plus fré-
quemment employée pour tester la régularité d'un couple
(p,k) - c'est-à-dire, grosso modo, pour calculer B_k modulo p
ou modulo p^2 - met en oeuvre une collection de congruences
dues à E. LEHMER [8] et dont la plus typique est

$$(1) \qquad S_{k-1} \equiv \frac{1}{2} C_{k-1} \frac{B_k}{k} \pmod{p^2} ,$$

avec par convention

$$(2) \qquad S_{k-1} = \sum_{a=1}^{r} (p-6a)^{k-1} , \quad r = [p/6] ;$$

$$(2') \qquad C_{k-1} = 6^{k-1} + 3^{k-1} + 2^{k-1} - 1 .$$

Ces congruences, ainsi que d'autres relatives aux quotients de Fermat, de Wilson, etc., sont démontrées dans [8]
à partir de la formule des différences finies pour les polynômes $B_k(X)$; cette méthode ne se généralise pas directement
à un module p^m , $m > 2$. Cependant, la congruence (1) et les
autres congruences d'E. LEHMER sont visiblement des formules
d'Euler-Maclaurin tronquées à l'ordre 1 ou 2 ; une façon de
calculer B_k (mod p^m) est donc d'écrire la formule d'Euler-
Maclaurin à l'ordre k pour les sommes (telles que S_k)
figurant dans le membre de gauche des congruences d'E. LEHMER,
et de remarquer que, dans le membre de droite (le "développement")

1) le reste intégral est nul ;

2) les deux premiers termes sont "en général" congrus
à 0 modulo p^{k-1} ;

3) les autres termes sont "en général" de la forme
$A_j B_\ell p^j$, avec $\ell = k-j$, $j = 0,1,2,...$ ou $j = 0,2,4,...$, les
A_j étant des p-entiers explicites.

Par suppression des termes d'ordre $j \geqslant m$, et en supposant $m \leqslant k-1$, on arrive ainsi à des congruences généralisant celles d'E. LEHMER. Bien entendu, chaque congruence fait maintenant intervenir plusieurs nombres de Bernoulli. (Par exemple, avec la somme S_{k-1} introduite en (2), on obtient, pour m pair, la congruence

$$(3) \qquad S_{k-1} \equiv \tfrac{1}{2}C_{k-1} \frac{B_k}{k} + \sum_{j=2}^{m-2} \binom{k-1}{j} 6^{\ell-1} \frac{B_\ell}{\ell} p^j \pmod{p^m}).$$

Pour k fixé, le calcul de B_k $\pmod{p^m}$ (ou, mieux, de $\frac{B_k}{k}$ $\pmod{p^m}$) se fera donc en calculant plusieurs sommes $S_{\ell-1}$ $\pmod{p^m}$ et en écrivant plusieurs congruences telles que (3) (correspondant aux indices $\ell = k-2, k-4, \ldots$). Pratiquement, cette élimination se limite d'ailleurs à la résolution d'un système linéaire triangulaire sur $\mathbb{Z}/p^m\mathbb{Z}$, ou, ce qui revient au même, sur $\mathbb{Z}_p$, anneau des entiers rationnels p-adiques ; c'est là une opération facile à programmer et d'exécution rapide, à condition de disposer d'un ordinateur qui sache "faire directement de l'arithmétique sur les entiers p-adiques", ce qu'on supposera dans toute la suite (v. d'ailleurs le §3).

Les considérations ci-dessus résolvent complètement (en principe) le problème du calcul numérique de B_k $\pmod{p^m}$, ou, si l'on veut, du calcul numérique p-adique approché de B_k ; pour plus amples détails, voir [2a], [2b], [3] et aussi le §3 ci-dessous.

2. <u>Nombres de Bernoulli généralisés modulo p^m</u> .

Une extension naturelle du problème traité au §1 est le calcul de $B_k(\chi)$ modulo $\mathfrak{P}^m$, où χ est un caractère de Dirichlet à valeurs dans $\mathbb{Q}_p^a$, et où $\mathfrak{P}$ est un idéal premier de $\mathbb{Z}_p[\chi]$ au-dessus de p . Si N désigne le conducteur de χ , on est amené à distinguer deux cas :

a) $N = p$. On a alors $\chi = \omega^h$, ω désignant le caractère de Teichmüller, et on sait (v. [5], [6], [2b]) qu'il existe

entre nombres de Bernoulli ordinaires et nombres de Bernoulli
généralisés des congruences telles que

$$(4) \qquad \frac{B_k(\omega^h)}{h} \equiv \frac{B_{k+hp^m}}{k+hp^m} \pmod{p^{m+1}}$$

pour $k+h \not\equiv 0 \pmod{p-1}$), etc. On est donc ramené ici à la
situation du §1.

   b) $N \neq p$. Quitte éventuellement à remplacer χ par
$\chi\omega^0$, on peut supposer $N \equiv 0 \pmod{p}$. Pour simplifier
l'exposition, on supposera également $N \not\equiv 0 \pmod{p^2}$, χ pair,
k pair ; enfin, si d désigne l'ordre de χ , on supposera
que d divise $p-1$, donc que χ est à valeurs dans
$\mu_{p-1} \subset \mathbb{Z}_p$. (Pour l'élimination de certaines de ces hypothèses,
v. [3]). On a alors $\mathbb{Z}_p[\chi] = \mathbb{Z}_p$ et $\mathfrak{p} = p\mathbb{Z}_p$, de sorte qu'on
travaille encore en nombres rationnels p-adiques. Cela
étant, l'idée générale esquissée au §1 s'adapte de la façon
suivante :

1) on introduit les fonctions de Bernoulli attachées à χ ,
dépendant de la variable réelle t , et définies ici par

$$(5) \qquad \underline{B}_k(t,\chi) = N^{k-1} \sum_{a=0}^{N-1} \chi(a) B_k\left(\langle \frac{a+t}{N} \rangle\right)$$

(v. [1a], [1b] et [6]) ;

2) on introduit d'autre part les sommes

$$S_k(\chi) = \sum_{a=0}^{N-1} \chi(a) a^k$$

(ce sont les "moments d'ordre k de χ" ; rappelons que k
et χ sont pairs ; il faut signaler que, toujours pour χ
pair, on aurait pu prendre pour exposant $k-1$, impair) ;

3) on applique à $S_k(\chi)$ la formule d'Euler-Maclaurin "avec
caractère" (v. [1a], [1b]) à l'ordre $k+1$, avec $f(x) = x^k$.
On a $B_0(\chi) = 0$, $f^{(k+1)} = 0$: les deux termes intégraux sont
nuls, et il vient (avec les bornes de sommation $A = 0$, $B = N$)

$$(6) \qquad \sum_{a=A}^{B} \chi(a) f(a) = \sum_{j=1}^{k+1} \frac{(-1)^j}{j!} \left[\underline{B}_j(t,\chi) f^{(j-1)}(t) \right]_{t=A}^{t=B} ;$$

4) on remarque enfin que $\underline{B}_j(0,\chi) = \underline{B}_j(N,\chi) = B_j(\chi)$ et que $N = pN_1$, $N_1 \not\equiv 0 \pmod{p}$.

En posant pour simplifier $S_k^0(\chi) = p^{-1}S_k(\chi)$ (ce qui est "en général" un p-entier), en faisant le changement d'indice $j := k-j$, et en remarquant que $B_j(\chi) = 0$ pour j impair, on arrive à l'égalité suivante :

$$(7) \qquad S_k^0(\chi) = \sum_{j=0}^{k-2} \binom{k}{j+1} N_1^{j+1} \frac{B_{k-j}(\chi)}{k-j} \, p^j \, .$$

En supposant (comme au §1) m pair $\leqslant k-1$, en supprimant les termes d'ordre $j \geqslant m$, et en faisant toujours $\ell = k-j$, on arrive à

$$(8) \qquad S_k^0(\chi) \equiv kN_1 \frac{B_k(\chi)}{k} + \sum_{j=2}^{m-2} \binom{k}{j+1} N_1^{j+1} \frac{B_\ell(\chi)}{\ell} \, p^j \pmod{p^m} \, .$$

Cette congruence est analogue à (3) ; les principales différences sont :

- la "longueur" de la somme dans le membre de gauche (pN_1 termes) au lieu de $[p/6]$) ;

- la forme des coefficients, plus simple ici (en particulier, le "coefficient de Lehmer" C_{k-1} n'existe pas dans ce type de formule).

Bien entendu, pour que la méthode soit effectivement utilisable, il faut :

- que N_1 ne soit pas trop grand devant p ;

- que le calcul de l'entier p-adique $\chi(a)$ à partir de a soit suffisamment rapide.

Mais ces deux contraintes interviendraient sans doute dans toute autre méthode.

Pour plus amples détails, voir [2b], [3].

3. <u>Calculs p-adiques</u>.

Les calculs décrits aux §§1-2 ont été testés sur calcu-
latrice programmable HP 41 (pour $m = 4$), puis, dans un
premier temps, programmés en BASIC et exécutés sur microordinateur MZ 80 : voir [2a], [2b]. Le BASIC convient au
traitement du système linéaire, mais sa pauvreté en ce qui
concerne les appels de procédures et les passages de paramètres rend très pénible la programmation des subroutines de
calcul p-adique. De ce point de vue, le Pascal est évidemment préférable. Une autre solution, moins élégante mais plus
rapide à l'exécution, consiste à programmer toutes les opérations p-adiques en Langage-machine (ou plus exactement en
Assembleur) et à ne confier au BASIC que les entrées-
sorties et la résolution du système linéaire : schématique-
ment, l'arithmétique p-adique est alors le domaine du
Langage-machine (L.M.) et l'algèbre celui du BASIC ; le
passage d'un langage à l'autre se faisant par les intructions
classiques PEEK/POKE et USR/RET (voir [10a], [10b]).

L'implantation des diverses opérations (rationnelles)
p-adiques (permettant donc essentiellement d'accélérer le
calcul des S_{k-1} et des $S_k(x)$) peut être décrite de la
façon suivante (toujours sur MZ 80) :

1) p et m sont fixés ; on définit un type <u>scalaire</u>
(entier entre 0 et p-1 , considéré comme reste modulo p ,
et mémorisé sur un registre ou sur une case-mémoire), un
type <u>hensel</u> (suite de m scalaires, considérée comme suite
des m premiers coefficients du développement de Hensel d'un
entier p-adique) et un type <u>grand-entier</u> (suite d'entiers
entre 0 et 2^8-1 , considérés comme chiffres en base
$2^8 = 256$ d'un entier positif ; le "2^8" est contingent et
tient au fait que la case-mémoire du MZ 80 est d'un octet ;
ceci introduit d'ailleurs la limitation $p \leqslant 251$; pour plus
amples détails, voir [3]) ;

2) on définit également une méthode générale de rangement en
mémoire des scalaires, des hensels et des grands-entiers,

rapidement utilisable à la fois par le BASIC et le L.M.

3) on implante enfin un programme BASIC permettant d'entrer
les données et en particulier de convertir les grands entiers
(au sens ordinaire, écrits en base 10 et considérés comme
chaînes de caractères) en grands-entiers (au sens ci-dessus,
c'est-à-dire écrits en base 256).

4) on implante deux sous-programmes L.M. de multiplication
scalaire et de réduction modulo p (avec reste) :

$$\text{MULTSC} : x,y,z \longmapsto xy+z \; ;$$

$$\text{REDSC} : \quad u \longmapsto z,x \; ;$$

x,y,z sont des scalaires (un registre ou une case-mémoire,
pratiquement, un octet) ; $xy+z$ et u sont des "doubles-
scalaires" (un double-registre ou deux cases-mémoires ;
pratiquement, deux octets) ; dans REDSC , z et x sont le
quotient et le reste de u modulo p ;

5a) on implante ensuite des sous-programmes L.M. d'addition,
d'inversion,... "henséliennes" : ADDHE, INVHE,...

5b) on implante également deux sous-programmes L.M. de
multiplication "hensélienne" :

$$\text{MULTMX} : x,(y_i) \longmapsto (z_i)$$

donnant le produit du <u>scalaire</u> x par le <u>hensel</u> (y_i), et

$$\text{MULTHE} : (x_i),(y_i) \longmapsto (z_i)$$

donnant le produit du <u>hensel</u> (x_i) par le <u>hensel</u> (y_i) ;
naturellement, MULTMX et MULTHE font appel à MULTSC/REDSC;
il y a $m(m+1)/2$ appels dans le second cas contre m
seulement dans le premier, ce qui justifie la procédure
LEHMER décrite plus loin ;

6) on implante un sous-programme L.M. d'exponentiation
"hensélienne"

$$\text{EXPHE} : (x_i),k \longmapsto (z_i)$$

où k est un grand-entier, où (x_i) et (z_i) sont des
hensels, et où (z_i) égale (x_i) à la puissance k ; EXPHE

fait naturellement appel à MULTHE et procède par "décalages à droite" de k , selon une technique bien connue (la même remarque s'applique d'ailleurs à MULTSC et REDSC) ;

7) on implante enfin un sous-programme L.M. baptisé LEHMER et dont le rôle est de permettre le calcul rapide et simultané des sommes S_{k-1-j} ou $S_{k-j}(X)$ ($j = 0, 2, 4, \ldots$) intervenant comme "seconds membres" dans les systèmes linéaires introduits implicitement aux §§1-2. LEHMER est en fait une procédure travaillant sur les données p , m et k et "retournant" les sommes S_{k-1-j} ou $S_{k-j}(X)$ (mod p^m). En "pidgin-Pascal", LEHMER pourrait être rédigé de la façon suivante (en assimilant pour simplifier le type entier au type scalaire) :

<u>procédure</u> lehmer (k : grand-entier ; <u>var</u> s : <u>tableau</u> [1...m] <u>de</u> hensel) ;

<u>var</u> r,i,a,x : scalaire ; b : hensel ; k_0 : grand-entier ;

<u>début</u>

<u>pour</u> i := 2 <u>à</u> m <u>incrément</u> 2 <u>faire</u> s[i] := 0 ;

k_0 := k-m-1 ; r := <u>int</u>(p/6) ;

<u>pour</u> a := 1 <u>à</u> r <u>faire</u>

    <u>début</u>
    x := p-6*a ; b := exphe(x,k_0) ;
    <u>pour</u> i := 1 <u>à</u> m <u>faire</u>

        <u>début</u>
        b := multmx(x,b) ;
        <u>si</u> i <u>mod</u> 2 = 0 <u>alors</u> s[i] := addhe(s[i],b)
        <u>fin</u>

    <u>fin</u>

<u>fin</u> ;

En fin d'exécution, on a évidemment $s[i] = S_{\ell-1}$ (mod p^m) avec toujours $\ell = k-j$ (et $j = m-i$) (voir §1). Naturellement, il faut également prévoir de la même manière le calcul des $C_{\ell-1}$ (dans la situation du §1). Dans la situation du §2, LEHMER est à modifier de façon évidente :

remplacer   "$k_0 := k-m-1$" par "$k_0 := k-m$" ;

remplacer la double instruction "$x := p-6*a$;
$b := \text{exphe}(x,k_0)$" par "$x := \text{exphe}(a,k_0)$;
$b := \text{multhe}(x[a],x)$" ;

naturellement, il faut dans ce cas avoir prévu un sous-programme (ou un fichier, ou un tableau) fournissant les valeurs du caractère χ lorsque LEHMER les appelle.

L'intérêt de LEHMER est que, pour une valeur de $x = p-6a$ (ou de a), on appelle une seule fois EXPHE , et que les puissances $x^{\ell-1}$ ou a^{ℓ} sont ensuite calculées à partir de là pour MULTMX , du fait que x ou a est un scalaire : on court-circuite donc (sauf dans EXPHE) la multiplication "lourde" MULTHE. Un seul défaut, d'ordre esthétique : l'intervention des i impairs, non directement utiles (et aussi le fait que les $S_{\ell-1}$ sont toutes calculées modulo p^m , alors qu'il suffirait de les calculer modulo $p^{m-j} = p^i$. Voir d'ailleurs dans [2a] l'exemple de la p. 6 et le listing de la p. 14). Au total, il n'est guère plus long, avec LEHMER, de calculer la collection des sommes S_{k-1} , S_{k-3} , ..., S_{k-m+1} que de calculer une seule d'entre elles (et de même pour les $S_{\ell}(\chi)$). Le temps de résolution des systèmes linéaires étant quasi-négligeable, on peut donc dire que le temps de calcul de B_k (mod p^m) ou de $B_k(\chi)$ (mod p^m) est sensiblement égal à celui de S_{k-1} (mod p^m) ou de $S_k^0(\chi)$ (mod p^m).

4. Compléments et exemples.

On s'est limité aux §§1 à 3 à une description générale assez vague. Voici maintenant quelques indications précises (voir par ailleurs [3] ; rappelons que les calculs ont été effectués sur un microordinateur MZ 80 , équipé du microprocesseur Z 80 , travaillant à 2 mégahertz, et associé à une mémoire vive de 48 kilooctets ; les programmes p-adiques en L.M. ont donc été rédigés en Assembleur Z 80).

<u>Encombrements-mémoire</u> (<u>des opérations</u> p-<u>adiques</u>) :

MULTSC : 13 octets ; REDSC : 21 octets ; MULTMX : 42
     octets ;

MULTHE : 80 octets ; EXPHE : 98 octets ; LEHMER : 151
     octets.

En fait, on peut affirmer que l'arithmétique p-adique
tout entière (y compris inversion, Teichmüller, etc.) occupe-
rait environ 1,5 kilo-octet de mémoire, ce qui est extrême-
ment faible.

<u>Temps d'exécution</u> :

MULTSC et REDSC : environ 165 microsecondes.

Les temps d'exécution des autres opérations dépendent
évidemment des valeurs de m et de k . Prenons deux
exemples, correspondant (comme dans [2a], [2b]) à l'étude du
couple irrégulier (37,32) :

<u>Exemple</u> 1. On fait $p = 37$, $m = 32$. (On a donc
$p^m = 37^{32} > 10^{50}$: on travaille virtuellement avec des entiers
de 50 chiffres). On prend d'autre part
$k = 1\ 853\ 540 = 32+36.37^3$. Voici les temps d'exécution :

EXPHE : environ 3 secondes (pour le calcul de chacune des six
exponentielles $(p-6a)^{k_0}$ (mod p^m) ; LEHMER : environ 22
secondes.

Le temps de calcul de S_{k-1} (mod p^m) est donc de 18
secondes environ, et le temps de calcul simultané des seize
sommes $S_{k-1}, S_{k-3}, \ldots, S_{k-31}$ (mod p^m) est seulement de
quatre secondes supérieur ; en d'autres termes : la première
somme coûte 18 secondes, chaque somme suivante coûte 1/4 de
seconde ! Ceci illustre bien la remarque finale du §3.

<u>Exemple</u> 2. On fait toujours $p = 37$. L'exposé [2a] (Annexe 3,
pp. 17-18) donne une table de valeurs k_m congrues à 32
(mod 36) et solutions de la congruence $B_k \equiv 0$ (mod p^m),
avec $m = 2,3,4,6,8$. L'utilisation des deux valeurs

$$k_6' = 325\ 656\ 968 \quad , \quad k_6'' = 2\ 822\ 039\ 420$$

permet (voir [2b], §5) de calculer k_{12} , plus petit indice k congru à 32 (mod 36) tel que

$$(*) \qquad\qquad B_k \equiv 0 \quad (\bmod\ 37^{12}) \ ;$$

on trouve

$$k_{12} = 4\ 841\ 789\ 050\ 865\ 438\ 960 \ .$$

La vérification (que k_{12} satisfait effectivement à (*)) peut se faire avec les programmes BASIC décrits dans [2a], [2b] ; le temps d'exécution (sous interpréteur) est de 21 minutes, soit :

16 minutes pour le calcul des $S_{\ell-1}$ et des $C_{\ell-1}$, c'est-à-dire pour l'équivalent de LEHMER ;

1 minute pour les entrées-sorties ;

4 minutes pour le système linéaire ;

la même vérification en langage-machine pour les calculs p-adiques et en BASIC compilé pour les autres opérations prend seulement une minute et demie, soit :

9 secondes pour LEHMER ;

20 secondes pour les entrées-sorties ;

1 minute environ pour le système linéaire.

Ces deux exemples montrent notamment que l'emploi du langage-machine pour l'arithmétique p-adique procure un important gain de place en mémoire (facteur 3 à 6), et surtout un énorme gain de temps (facteur 20 à 150).

Bibliographie

[1a] J.R. JOLY.- Formules sommatoires périodiques et appli-
      cations arithmétiques. Sémin. Th. Nombres,
      Grenoble, 1976-1977.

[1b] J.R. JOLY.- Suites périodiques, linéarité, et inégalité
      de Polya. Bull. Sci. Math., $\underline{102}$ (1978), pp. 3-13.

[2a] J.R. JOLY.- Calcul des nombres de Bernoulli modulo p^m
      et application à l'étude des nombres premiers irré-
      guliers. Sém. Th. Nombres, Grenoble, 1980-1981.

[2b] J.R. JOLY.- Compléments à l'exposé précédent ([2a]) :
      même titre, manuscrit ronéotypé, Grenoble, Labora-
      toire de Mathématiques Pures, Novembre 1981.

[3]   J.R. JOLY.- Analyse numérique p-adique des nombres de
      Bernoulli et des séries L de Dirichlet. Sémin.
      Th. Nombres, Grenoble, 1981-1982.

[4a] WELLS JOHNSON.- Irregular prime divisors of the
      Bernoulli numbers. Math. Comp., $\underline{28}$ (1974), pp. 653-
      657.

[4b] WELLS JOHNSON.- Irregular primes and cyclotomic inva-
      riants. Math. Comp., $\underline{29}$ (1975), pp. 113-120.

[5]   N. KOBLITZ.- p-adic Numbers, p-adic Analysis and
      Zeta-Functions. Springer Verlag.

[6]   S. LANG.- Cyclotomic Fields I, II. Springer Verlag.

[7]   D.H. LEHMER, E. LEHMER, H.S. VANDIVER.- An application
      of high-speed computers to Fermat's last theorem.
      Proc. Nat. Acad. Sci. U.S.A., $\underline{40}$ (1954), pp. 25-33.

[8]   E. LEHMER.- On congruences involving Bernoulli numbers
      and the quotients of Fermat and Wilson. Ann. of
      Math. $\underline{39}$ (1938), pp. 350-360.

[9a] S.S. WAGSTAFF.- Zeroes of p-adic L-functions. Math.
      Comp. $\underline{29}$ (1975), pp. 1138-1143.

[9b] S.S. WAGSTAFF.- The irregular primes to 125 000. Math.
      Comp. $\underline{32}$ (1978), pp. 583-591.

[10a] A. PINAUD.- Programmer en Assembleur, Editions du P.S.I.

[10b] R. ZAKS.- Programmation du Z 80, Sybex.

REPRÉSENTATIONS LOCALEMENT ALGÉBRIQUES DANS
LES CORPS CYCLOTOMIQUES

S. LANG

Soit k un corps de nombres. On note k^a la clôture algébrique (même notation pour tout autre corps). Soit μ l'ensemble des racines de l'unité. Récemment, Ribet [Ri] a démontré que le groupe de torsion d'une variété abélienne dans le corps $k(\mu)$ est fini. Ceci généralise des résultats de Imai [Im] avec $k(\mu_{p^\infty})$ au lieu de $k(\mu)$ (et une condition de bonne réduction en plus) ; et de Katz-Lang [Ka-L] avec $k(\mu)$ mais supposant que la variété abélienne est de type CM . Nous allons axiomatiser ici ces résultats. Les démonstrations suivent Ribet [Ri].

Nous rappellerons en appendice ce qu'on veut dire par une représentation localement algébrique, au sens de Serre [Se]. Soit p un nombre premier, soit $G_k = \mathrm{Gal}(k^a/k)$, et soit

$$\rho : G_k \longrightarrow GL(V)$$

une représentation de G_k dans un espace vectoriel de dimension finie sur Q_p . ("Représentation" signifie homomorphisme continu, pour la topologie de Krull sur G_k qui en fait un groupe compact, et la topologie p-adique sur $GL(V)$). On dira que ρ a bonne semi-simplification si les conditions suivantes sont satisfaites :

BSS 1. Si λ est une place finie de k ne divisant pas p , alors la semi-simplification $(V|D_\lambda)^{ss}$ par rapport au groupe de décomposition D_λ est non ramifiée en λ.

BSS 2. Si v est une place divisant p, alors $(V|D_v)^{ss}$ est localement algébrique (donc abélienne) sur le groupe d'inertie I_v.

Soit k' une extension finie de k. Par restriction, ρ donne une représentation de $G_{k'}$, et les deux conditions sont alors satisfaites relativement à k', si elles le sont relativement à k.

Nous aurons aussi besoin d'une forme faible de l'hypothèse de Weil-Riemann :

WRH. Il existe une place λ de k ne divisant pas p, telle que les valeurs propres de Frobenius $\rho(\mathrm{Fr}_\lambda)$ ne sont pas des puissances entières de la norme absolue $\underset{\mathbf{w}}{N}\lambda$; et de même quand ρ est restreint à $G_{k'}$ pour toute extension finie k' de k.

THÉORÈME 1. <u>Soit</u> $H = G_{k(\underset{\mathbf{w}}{\mu})}$ <u>le groupe de Galois laissant</u> $k(\underset{\mathbf{w}}{\mu})$ <u>fixe. Supposons que</u> ρ <u>ait bonne semi-simplification et satisfasse à</u> WRH. <u>Soit</u> V^H <u>le sous-espace des éléments de</u> V <u>fixes par</u> H. <u>Alors</u> $V^H = 0$.

<u>Démonstration</u>. Supposons $V^H \neq 0$. Soit W un sous-espace G_k-simple de V^H. Alors ρ_W est une composante de la semi-simplification V^{ss}, et est abélien, se factorisant par $G/H = \mathrm{Gal}(k(\underset{\mathbf{w}}{\mu})/k)$. Sans perte de généralité, nous pouvons remplacer V par W, et ainsi supposer que $\rho = \rho_W$.

Si λ est une place de k ne divisant pas p, alors ρ étant abélienne on en déduit que ρ est semi-simple sur D_λ, donc non ramifiée en λ. D'autre part, pour v divisant p, puisque $(V|D_v)^{ss}$ est localement algébrique sur le groupe d'inertie I_v, il s'en suit que W est aussi localement algébrique. Soit

$$\varphi : U_v \longrightarrow GL(W)$$

l'homomorphisme sur les unités locales $U_v \subset k_v^*$ obtenu en composant l'application de réciprocité et ρ_W .

Soit $T_{k_v/\mathbb{Q}_p}$ le tore sur $\mathbb{Q}_p$ obtenu par restriction des scalaires, et soit

$$R : T_{k_v/\mathbb{Q}_p} \longrightarrow GL_W$$

l'homomorphisme algébrique tel que $\varphi = R$ sur un sous-groupe ouvert de U_v (voir l'appendice pour la notation $T_{k_v/\mathbb{Q}_p}$). Notons que φ se factorise par la norme locale

$$N_{k_v/\mathbb{Q}_p} : U_v \longrightarrow \mathbb{Z}_p^*$$

puisque ρ se factorise par le groupe de Galois cyclotomique localement et donc par le caractère cyclotomique. Il s'en suit que R se factorise par le quotient de $T_{k_v/\mathbb{Q}_p}$ par la clôture Zariskienne du groupe des éléments de norme 1, qui est connexe. Soit

$$N_{alg} : T_{k_v/\mathbb{Q}_p} \longrightarrow \mathbb{G}_m$$

l'homomorphisme algébrique déterminé par la norme locale. Alors il existe une représentation algébrique

$$h : \mathbb{G}_m \longrightarrow GL_W \quad \text{telle que} \quad R = h \circ N_{alg} \; .$$

Il en découle que

$$\rho = h \circ \chi_p \quad \text{sur un sous-groupe de} \quad I_v \; ,$$

où χ_p est le caractère cyclotomique. Mais d'autre part :

ρ et $h \circ \chi_p$ sont non-ramifiés en dehors de p ;

ρ et $h \circ \chi_p$ se factorisent par G/H .

Donc tous les deux se factorisent par $Gal(L/k)$ où L est la sous-extension maximale de $k(\mu)$ non ramifiée en dehors de p . Mais on vérifie facilement grâce à la structure des groupes d'inertie, presque partout égaux à $\mathbb{Z}_\ell^*$ que L est une extension finie de $k(\mu_{p^\infty})$. [Par exemple, si $k = \mathbb{Q}$, on sait par la théorie des nombres algébriques élémentaires que $L = \underline{Q}(\underline{\mu}_{p^\infty})$. Une extension finie k n'apporte qu'une perturbation finie à la situation. Voir plus bas]. Donc l'image de I_v dans $\mathrm{Gal}(L/k)$ est ouverte, donc $h \circ \chi_p$ et ρ sont égaux sur un sous-groupe ouvert de G_k. En remplaçant k par une extension finie si nécessaire, on peut donc supposer sans perte de généralité que $h \circ \chi_p = \rho$. En particulier, pour $\sigma \in G_k$ les valeurs propres de $\rho(\sigma)$ sont des valeurs propres de $h(\chi_p(\sigma))$, et donc des puissances entières du nombre p-adique $\chi_p(\sigma)$. Soit λ une place de k ne divisant pas p et satisfaisant à la condition WRH . La conclusion qui précède s'applique à l'élément de Frobenius

$$\sigma = \mathrm{Fr}_\lambda \ ,$$

et montre que les valeurs propres de $\rho(\mathrm{Fr}_\lambda)$ sont des puissances intégrales de $\underline{N}\lambda$, contredisant WRH . Ceci termine la démonstration du théorème.

Pour la convenance du lecteur, je donne les détails de l'assertion employée plus haut en lemme comme dans [Ka-L].

LEMME. <u>Soit</u> k <u>un corps de nombres. Il existe un entier positif</u> m <u>tel que, si</u> E <u>est une extension finie de</u> k <u>ramifiée seulement en</u> p , <u>et contenue dans</u> $k(\underline{\mu})$, <u>alors</u>

$$E \subset k(\underline{\mu}_{p^\infty}, \underline{\mu}_m) \ .$$

<u>Démonstration</u>. Il existe un ensemble fini de nombres premiers S tel que

$$\mathrm{Gal}(k(\mu)/k) = G_S \times \prod_{\ell \notin S} G_\ell \ ,$$

ou $G_\ell \approx \underline{Z}_\ell^*$ et G_S contient un sous-groupe

$$H_S = \prod_{\ell \in S} H_\ell$$

avec H_ℓ ouvert dans $\underline{Z}_\ell^*$. Sans perte de généralité on peut supposer que S contient tous les nombres premiers qui se ramifient dans k . Si $\ell \notin S$ alors le groupe d'inertie en ℓ

contient G_ℓ (plongé comme composante dans le produit). Si $\ell \in S$ alors le groupe d'inertie en ℓ contient un sous-groupe H'_ℓ ouvert dans H_ℓ . Par conséquent le sous-groupe du groupe de Galois engendré par tous les groupes d'inertie aux nombres premiers $\ell \neq p$ contient

$$\prod_{\substack{\ell \in S \\ \ell \neq p}} H'_\ell \times \prod_{\ell \notin S} G_\ell \ .$$

Ceci démontre le lemme.

Pour la suite, soit $V[p]$ un espace vectoriel de dimension finie sur le corps premier $\underset{\sim}{F}_p$, et soit

$$\rho_p : G_k \longrightarrow GL\ V[p]$$

une représentation. On dira que ρ_p a <u>bonne semi-simplification</u> si les conditions suivantes sont satisfaites :

BSS 1_p . Si λ est une place de k ne divisant pas p , alors $(V[p]|D_\lambda)^{ss}$ est non ramifié sur le groupe de décomposition D_λ .

BSS 2_p . Si v est une place de k divisant p , alors chaque composante simple de $(V[p]|D_v)^{ss}$ s'étend à un schéma en groupe fini et plat sur l'anneau des entiers de k_v .

Nous supposerons donnée une famille $\{\rho_p\}$ pour un ensemble infini de nombres premiers p impairs, telle que chaque ρ_p ait bonne semi-simplification. On dira que cette famille <u>satisfait à une faible hypothèse de Weil-Riemann</u> si la condition suivante est satisfaite :

WRH. Il existe une place λ de k et un polynôme $P_\lambda(T) \in \underset{\sim}{Z}[T]$ n'ayant pas $\underset{\sim}{N}\lambda$ pour racine, tels que pour n'importe quel premier p avec $\lambda \nmid p$, les valeurs propres de $\rho_p(Fr_\lambda)$ sont des racines de $P_\lambda(T)$ mod p , et ces racines ne sont pas égales à $\underset{\sim}{N}\lambda$. De même quand k est remplacé par une extension finie k', et ρ_p est remplacé par sa restriction à $G_{k'}$.

THÉORÈME 2. <u>Supposons satisfaites les conditions ci-dessus.
De plus, supposons que</u> $V[p]^{G_k} = 0$ <u>pour presque tout</u> p , <u>et
de même quand</u> k <u>est remplacé par une extension finie. Soit</u>
$H = G_{k(\underline{\mu})}$. <u>Alors</u> $V[p]^H = 0$ <u>pour presque tout</u> p .

<u>Démonstration</u>. Soit k' la plus grande sous-extension non-
ramifiée de k dans $k(\underline{\mu})$. Alors pour chaque premier p ,
$k'(\underline{\mu}_{p^\infty})$ est la plus grande sous-extension de $k'(\underline{\mu})$ non
ramifiée en dehors de p . On le vérifie facilement en
regardant le corps fixé par le groupe d'inertie, qui est un
sous-groupe de $\underline{Z}_p^*$. Donc on peut remplacer k par k'
sans perte de généralité. Il s'en suit que $k(\underline{\mu}_p)$ est la
plus grande sous-extension de $k(\underline{\mu})$ non-ramifiée en dehors
de p et de degré premier à p .

Soit maintenant p tel que $V[p]$ ait bonne semi-
simplification, dans la famille donnée. Supposons que
$V[p]^H \neq 0$ et soit W un sous-espace simple pour G_k . Alors
W est un constituant de $V[p]^{ss}$ et satisfait donc aux conditions BSS. On voit comme avant que W est non ramifié en
dehors de p . Soit m la dimension de W sur $\underline{F}_p$. Démontrons que $m = 1$. L'espace $\underline{F}_p^a \otimes W$ se décompose en une somme
directe d'espaces de dimension 1 sur $\underline{F}_p^a$, et sur chaque tel
sous-espace, G_k opère via un caractère $G_k \longrightarrow (\underline{F}_p^a)^*$.
Puisque W est G_k-simple, ces caractères sont permutés
transitivement par $\mathrm{Gal}(\underline{F}_p^a/\underline{F}_p)$. Puisque chaque tel caractère
est non-ramifié en dehors de p et d'ordre premier à p ,
chaque caractère est une puissance du caractère cyclotomique

$$\chi : G_k \longrightarrow \underline{F}_p^*$$

provenant de l'action de G_k sur $\underline{\mu}_p$. Puisqu'un tel caractère prend ses valeurs dans $\underline{F}_p^*$, il est fixe par
$\mathrm{Gal}(\underline{F}_p^a/\underline{F}_p)$. Ceci démontre que $m = 1$.

Il en résulte que W est de dimension 1 sur $\underline{F}_p$ et
que G_k opère sur W via χ_p^n pour un exposant entier n
convenable, déterminé $\mod p-1$. Soit v comme dans BSS 2_p .

Alors W s'étend à un schéma en groupe fini et plat W' sur l'anneau des entiers de k_v. Omettons les p tels que p est ramifié en k_v. La classification de Oort-Tate [O-T] montre que W' est étale ou bien que son dual de Cartier est étale. Si W' est étale, alors le groupe d'inertie I_v opère trivialement sur W, donc $n = 0$ et W est G_k-isomorphe à $\underline{\mathbb{Z}}/p\underline{\mathbb{Z}}$. Si le dual de Cartier est étale, alors le même argument montre que G_k opère trivialement sur le groupe dual de W, et donc que G_k opère via χ_p sur W, donc $n = 1$. Dans ce cas, W est G_k-isomorphe à $\underline{\mu}_p$.

Donc si $V[p]^H \neq 0$ il existe une infinité de premiers p tels que $V[p]$ a un G_k-sous-espace isomorphe à $\underline{\mathbb{Z}}/p\underline{\mathbb{Z}}$ ou à $\underline{\mu}_p$. Le cas $\underline{\mathbb{Z}}/p\underline{\mathbb{Z}}$ ne peut se produire qu'un nombre fini de fois par l'une des hypothèses du théorème, donc on a $\underline{\mu}_p$ pour presque tout p.

Soit finalement λ comme dans la condition WRH, et considérons une infinité de p comme dans cette condition. Alors Fr_λ opère en élevant les éléments de $\underline{\mu}_p$ à la puissance $\underline{N}\lambda$, donc les valeurs propres de $\rho_p(\mathrm{Fr}_\lambda)$ sont précisément égales à $\underline{N}\lambda \bmod p$. Donc pour une infinité de p on a

$$P(\underline{N}\lambda) \equiv 0 \bmod p ,$$

et par conséquent $P(\underline{N}\lambda) = 0$. Ceci contredit WRH, et termine la démonstration du Théorème 2.

Application aux variétés abéliennes

Le théorème 1 appliqué aux variétés abéliennes dit que pour chaque p il n'existe qu'un nombre fini de points d'ordre une puissance de p rationnels dans le corps cyclotomique. Pour cela, on prend la représentation de G_k sur le module p-adique de Tate (Deuring-Weil). Le théorème 2 appliqué dans le même cas dit que pour presque tout p, il n'y a pas de point d'ordre p rationnel dans le corps cyclotomique. La conjonction des deux théorèmes implique que le nombre de points de torsion rationnels dans $k(\underline{\mu})$ est fini.

Le fait que les représentations provenant des points de
torsion d'une variété abélienne satisfont aux conditions de
bonne semi-simplification énoncées plus haut est, comme l'a
remarqué Raynaud [SGA 7I], après une extension finie du corps
de base, une conséquence du théorème de réduction semi-stable
de Grothendieck-Mumford, et de la théorie de Tate sur les
modules de Hodge-Tate [Ta].

On peut s'attendre à ce que les représentations
p-adiques provenant de la cohomologie d'une variété algébrique satisfassent aux axiomes BSS 1 et BSS 2 . Par contre,
BSS 2_p a été formulé ad hoc et on ne s'attend pas à ce qu'il
s'applique à la cohomologie en dimensions > 1 . Néanmoins,
Ribet attire mon attention sur une question de Serre [Se 2],
p. 278, suggérant que les exposants des caractères de l'inertie opérant sur une composante simple d'une représentation
cohomologique sont bornés. Etant donné cette possibilité, en
tenant compte de la première partie de la démonstration du
Théorème 2, on peut remplacer l'axiome BSS 2_p par la condition que si G_k opère sur W via χ_p^n , alors les exposants
n sont bornés ; et l'on remplace la condition WRH en spéci-
fiant que le polynôme caractéristique P_λ n'a aucune des
valeurs $\underline{N}\lambda^n$ pour racine, avec ces valeurs bornées de n .
La même démonstration s'applique alors sans changement. En
tous cas, à ce que je sache, pour le moment on ne connait
pas d'exemples auxquels les axiomes s'appliquent autre que
les variétés abéliennes.

Le théorème peut être appliqué aussi de la façon suivante, qui en est même à sa source, voir [Ka-L]. Soit A une
variété abélienne sur un corps de nombre k . On veut démontrer que le revêtement maximal défini sur k , et tel que le
groupe d'automorphismes soit abélien sur k , est fini. Soit
$\pi : B \longrightarrow A$ un revêtement abélien sur k . Son groupe de
Galois peut s'identifier à un sous-groupe des points rationnels de B dans k . Le dual de ce revêtement est un revêtement

$$t_\pi : {}^t A \longrightarrow {}^t B$$

et le noyau de ${}^t\pi$ est dual du noyau de π , donc est un $\underset{\sim}{\mu}$-sous-groupe de ${}^t A(k^a)$. (Un $\underset{\sim}{\mu}$-sous-groupe est un sous-groupe dont chaque élément est un vecteur propre pour l'action du groupe de Galois correspondant au caractère cyclotomique ; autrement dit, il est engendré par des $\underset{\sim}{\mu}$-points, un point d'ordre n étant un $\underset{\sim}{\mu}$-point si $\sigma x = \chi(\sigma)x$, où χ est le caractère cyclotomique

$$\chi : \mathrm{Gal}(k^a/k) \longrightarrow (\underset{\sim}{Z}/n\underset{\sim}{Z})^*$$

tel que $\sigma\zeta = \zeta^{\chi(\sigma)}$ si ζ est une racine n-ième de l'unité).

Les $\underset{\sim}{\mu}$-points forment un sous-groupe de $A(k(\underset{\sim}{\mu}))_{\mathrm{tor}}$ et sont donc en nombre fini d'après les théorèmes précédents. Ceci démontre qu'il n'y a qu'un nombre fini de revêtements comme ci-dessus.

Dans $[\mathrm{Ka\text{-}L}]$ on procède en sens inverse, en donnant une démonstration directe de ce résultat réduisant modulo p , et réduisant le théorème au cas du corps de classes sur les corps finis. On en déduit que le groupe des $\underset{\sim}{\mu}$-points est fini, ceci ayant donné lieu à la conjecture que $A(k(\underset{\sim}{\mu}))_{\mathrm{tor}}$ est fini, maintenant démontrée en général.

Appendice

Nous rappelons ici brièvement la notion de représentation localement algébrique. Soit A une algèbre commutative sur un corps k de caractéristique 0 pour simplifier. On suppose que A possède un élément unité 1 , et une base finie $\{w_1, \ldots, w_d\}$ sur k . Si $x = (x_1, \ldots, x_d)$ sont des variables, et $y = (y_1, \ldots, y_d)$ aussi, on peut définir une multiplication dans l'espace affine de dimension d par

$$xy = (f_1(x,y), \ldots, f_d(x,y)) ,$$

où les $f_i(x,y)$ sont les polynômes dans $k[x,y]$ tels que

$$(x_1 w_1 + \ldots + x_d w_d)(y_1 w_1 + \ldots + y_d w_d) = \sum_{i=1}^{d} f_i(x,y) w_i \; .$$

Ecrivons

$$1 = \sum_{\nu=1}^{d} e_\nu w_\nu \; .$$

Alors $(e_1, \ldots, e_d)$ est un élément unité pour la multiplication. Il existe un polynôme $D(x)$ tel que pour toute valeur
spéciale de x dans une k-algèbre, le système d'équations
$f_\nu(x,y) = e_\nu$ $(\nu = 1, \ldots, d)$ est résoluble si et seulement si
$D(x) \neq 0$; donc que l'élément correspondant

$$x_1 \otimes w_1 + \ldots + x_d \otimes w_d$$

est inversible si et seulement si $D(x) \neq 0$. On note $T = T_A$
le groupe algébrique défini sur k , comme l'ouvert de
Zariski formé des éléments x tels que $D(x) \neq 0$, avec la
multiplication définie comme ci-dessus. Pour toute
k-algèbre B , l'ensemble des points $T(B)$ est alors un
groupe.

On notera que $T(k) = A^*$ est le groupe des unités dans
A . Plus généralement, $T(B) = (B \otimes_k A)^*$ est le groupe des
unités dans l'algèbre obtenue en étendant les scalaires de
k à B .

En particulier, soit K une extension finie de k .
Alors K est une algèbre comme ci-dessus, et on note
$T = T_{K/k}$ le groupe algébrique associé comme ci-dessus. On
dit aussi que T est le tore associé à l'extension K/k par
restriction des scalaires. On identifie K^* au groupe
$T_{K/k}(k) = T_K$ (si k est fixe).

Soit U un sous-groupe de K^* . Soit

$$R : U \longrightarrow GL(V)$$

une représentation de U dans un espace vectoriel V de
dimension finie sur k . On dira que R est _algébrique_ s'il
existe un homomorphisme algébrique, défini sur k ,

$$f : T_K \longrightarrow GL_V$$

tel que $R = f$ sur U , c'est-à-dire que $R(x) = f(x)$ pour tout x dans U . Dans les applications, U est Zariski dense dans T , par conséquent f est uniquement déterminé par sa restriction à U .

Si K est une extension finie de E , alors la norme ordinaire

$$N_{K/E} : K^* \longrightarrow E^*$$

donne lieu à un homomorphisme algébrique

$$N_{K/E,alg} : T_K \longrightarrow T_E$$

défini en fonction des coordonnées x par le produit

$$N_{alg}(x) = \prod_{\sigma} (x_1 w_1^{\sigma} + \ldots + x_n w_n^{\sigma})$$

pris sur tous les plongements de K sur E . On exprime le membre de droite comme combinaison linéaire d'une base de E sur k , et les coefficients donnent les coordonnées de la norme algébrique de x .

Enfin, soient $k = \mathbb{Q}_p$ et K une extension finie de $\mathbb{Q}_p$. Soit U_K le groupe des unités dans K . D'après la théorie du corps de classes, il existe un isomorphisme canonique

$$\varphi_K : U_K \longrightarrow I_K^{ab}$$

des unités avec le groupe d'inertie abélien. (Différentes conventions prendront peut être son inverse, ça n'a aucune importance ici). Soit

$$\rho : G_K \longrightarrow GL(V)$$

une représentation abélienne de G_K dans un espace vectoriel de dimension finie V sur $\mathbb{Q}_p$. Le composé $\rho \circ \varphi_K$ donne une représentation de U_K dans $GL(V)$. Si cette représentation est algébrique sur un sous-groupe ouvert de U_K , on dit que ρ est __localement algébrique__. On notera que si U' est un sous-groupe ouvert de U_K alors U' est Zariski dense dans T_K . La représentation algébrique ci-dessus est donc uniquement déterminée par ρ .

Bibliographie

[Im]   H. IMAI.- A remark on the rational points of abelian
        varieties with values in cyclotomic Z_p exten-
        sions. Proc. Japan Acad. 51 (1975) pp. 12-16.

[Ka-L] N. KATZ and S. LANG.- Finiteness theorems in geometric
        class field theory. L'Enseignement Mathématique
        (1981) pp. 285-314.

[O-T]   F. OORT and J. TATE.- Group schemes of prime order.
        Ann. Scient. Ecole Normale Sup. 4e série t. 3
        fasc. 1 (1970) pp. 1-21.

[Ri]   K. RIBET.- Torsion points of abelian varieties in
        cyclotomic extensions. Appendix to [Ka-L] loc.
        cit. pp. 315-319.

[Se]   J.-P. SERRE.- Abelian ℓ-adic representations and
        elliptic curves. W.A. Benjamin, 1968.

[Se 2] J.-P. SERRE.- Propriétés galoisiennes des points
        d'ordre fini des courbes elliptiques. Invent.
        Math. 15 (1972) pp. 259-231.

[Ta]   J. TATE.- p-divisible groups, in Proc. Conference on
        Local Fields. Springer Verlag 1967 (Driebergen
        Conference).

MINORATION DE LA HAUTEUR DE NERON-TATE

Michel LAURENT

1 - INTRODUCTION.

Pour toute courbe elliptique E, définie sur un corps de nombres K, Néron et Tate ont construit une hauteur canonique $\hat{h}$, à valeur réelle, définie sur le groupe $E(\bar{K})$ des points de E à coordonnées algébriques. Cette fonction $\hat{h}$ s'annule sur le sous groupe des points de torsion de $E(\bar{K})$, et définit par passage au quotient une forme quadratique définie positive. Si P est un point sans torsion de $E(\bar{K})$, il est donc naturel de chercher une minoration de $\hat{h}(P)$. En fait, si F désigne un corps de nombres de degré D sur $\mathbb{Q}$, et si P appartient à $E(F)$, il existe des minorations de la forme $\hat{h}(P) \geq \phi(D)$, où ϕ désigne une fonction réelle de la seule variable D. L'explicitation d'une telle fonction minorante ϕ, permet d'obtenir une borne effective pour les coefficients d'une relation de dépendance liant divers points de $E(F)$, en sachant simplement à priori que ces points sont linéairement dépendants (voir le paragraphe 2 de $[3]$ pour une discussion de cette question). Dans cette direction, Anderson et Masser (cf. $[1]$) ont montré que, si γ désigne une constante suffisamment petite, la fonction $\phi(D) = \gamma D^{-10}(\log D)^{-6}$ convenait. Si l'on suppose de plus que la courbe elliptique E possède une multiplication complexe, on peut choisir $\phi(D) = \gamma D^{-3}(\log D)^{-2}$. Citons aussi un résultat de Silverman $[4]$ qui obtient la minoration $\hat{h}(P) \geq \gamma D^{-2}$, en se restreignant aux points P de $E(K^{ab})$, et en supposant que la courbe elliptique E soit sans multiplication complexe.

De telles minorations ont bien sûr un analogue multiplicatif, où le groupe $E(\bar{K})$ et la hauteur $\hat{h}$ sont remplacés respectivement par $\mathbb{G}_m(\bar{K})$, et par la hauteur absolue h de A. Weil. Le cas multiplicatif est lié au classique problème de Lehmer, et a été largement étudié par de nombreux auteurs (voir $[6]$ pour un historique du sujet). Dans ce cadre, le meilleur résultat actuellement connu, est dû à Dobrowlski [2], et peut s'énoncer ainsi : pour tout nombre algébrique α, de degré D sur $\mathbb{Q}$, qui n'est pas une racine de l'unité, on a la minoration :

$$h(\alpha) \geq \gamma D^{-1} (\log D / \log\log D)^{-3}$$

Le but de cet article est d'amener la théorie elliptique au même niveau. Nous prouvons le

Théorème : Soit E une courbe elliptique à multiplication complexe, définie sur un corps de nombres K. Il existe une constante positive γ, effectivement calculable en fonction de E et de K, telle que pour tout point P de $E(\bar{K})$, non de torsion, dont les coordonnées engendrent sur K un corps de nombres de degré sur $\mathbb{Q}$ majoré par D $(D > e^e)$, on a la minoration :

$$\hat{h}(P) \geq \gamma D^{-1} (\log D / \log\log D)^{-3} \ .$$

Remarque 1 : Soit P un point, non de torsion, de $E(\bar{\mathbb{Q}})$. Pour tout entier $n \geq 1$, choisissons un point P_n tel que $nP_n = P$. Le degré D_n du corps engendré par les coordonnées du point P_n est majoré par $\gamma_1 n^2$, où γ_1 désigne une constante indépendante de n. Par quadraticité, on en déduit que $\hat{h}(P_n) \leq \gamma_2 D_n^{-1}$.

Remarque 2 : En explicitant les constantes intervenant dans la démonstration, il est possible de préciser le théorème précédent de la façon suivante : il existe une constante c, effectivement calculable en fonction de E et de K, telle que l'on ait la minoration :

$$\hat{h}(P) \geq 10^{-13} d^{-9} \delta^{-1} D^{-1} (\log D / \log\log D)^{-3} \ ,$$

à condition que D soit $\geq c$. Dans cette formule, d (resp. δ) désigne le degré de K (resp. d'une clôture galoisienne de K) sur $\mathbb{Q}$. Il est intéressant de noter que cette minoration asymptotique ne dépend que du choix d'un corps de rationalité K de la courbe elliptique E, tandis que l'explicitation de la constante c dépend des places de mauvaise réduction de la courbe elliptique E, et d'une version effective du théorème de Cébotarev.

2 - PRELIMINAIRES SUR LES HAUTEURS

Soit F un corps de nombres. Pour toute place v de F, nous désignerons par $| \ |_v$ la valeur absolue de F associée à la place v, normalisée par $|p|_v = p^{-1}$ si v divise p, ou bien prolongeant la valeur absolue usuelle de $\mathbb{Q}$ si v est archimédiennne. Soient D le degré de F sur $\mathbb{Q}$, D_v le degré local en v. Pour tout point $P = (X_o,\ldots,X_v)$ de l'espace projectif $\mathbb{P}_v(F)$, on appelle hauteur absolue de P le nombre

$$(1) \qquad h(P) = \frac{1}{D} \sum_v D_v \operatorname*{logmax}_i (|X_i|_v) .$$

On vérifie facilement que $h(P)$ ne dépend ni du choix des coordonnées projectives de P, ni du choix d'un corps de rationalité F.

Considérons maintenant la courbe elliptique E, que nous supposons plongée dans $\mathbb{P}_2$ par le choix d'un modèle de Weierstrass défini sur K. Pour tout point P de $E(\bar{\mathbb{Q}})$, la hauteur de Néron-Tate $\hat{h}(P)$ est alors définie par :

$$3\hat{h}(P) = \lim_{n\to+\infty} h(2^n P)/4^n .$$

Les deux hauteurs $h(P)$ et $\hat{h}(P)$ sont comparables au sens suivant : il existe une constante σ, indépendante de P, telle que pour tout point P de $E(\bar{\mathbb{Q}})$, on ait l'inégalité :

$$(2) \qquad |h(P) - 3\hat{h}(P)| \leq \sigma .$$

On utilisera de plus la propriété de multiplicativité suivante de la hauteur $\hat{h}$: pour tout endomorphisme ϕ de la courbe elliptique E, et pour tout point P de $E(\bar{\mathbb{Q}})$, on a :

$$(3) \qquad \hat{h}(\phi(P)) = \deg \phi . \hat{h}(P) .$$

Indiquons maintenant quelques lemmes, classiques en théorie des nombres transcendants, relatifs à la hauteur absolue h.

__Lemme__ 2.1 : __Soit__ $P(T_1,\ldots,T_r)$ __un polynôme de degré__ $\leq L$, __dont les coefficients sont des entiers rationnels de valeur absolue__ $\leq U$. __Soient__ $\theta_1,\ldots,\theta_r$ __des nombres algébriques de hauteur absolue__ $\leq h$. __Alors la hauteur absolue du nombre__ $P(\theta_1,\ldots,\theta_r)$ __est majorée par__

$$\log U + r \log (1+L) + rhL .$$

Il s'agit du lemme 1 de $[1]$.

__Lemme__ 2.2 : __Soient__ $\theta_1,\ldots,\theta_r$ __des nombres algébriques appartenant à un__ corps de nombres de degré $\leq D$, et de hauteur absolue $\leq h$. Soient $P_{i,j}(T_1,\ldots,T_r)$ $(1 \leq i \leq n, 1 \leq j \leq m)$ des polynômes de degré $\leq L$, à coefficients entiers rationnels de valeur absolue $\leq U$. Notons

$$X = nU(1+L)^r e^{rhL} .$$

Alors si $n \geq 2mD$, il existe des entiers rationnels $x_1,\ldots,x_n$, non tous nuls et tels que :

$$\sum_{i=1}^{n} x_i P_{i,j}(\theta_1,\ldots,\theta_r) = 0 \qquad (1 \leq j \leq m) .$$

$$\max_i |x_i| \leq 2 + (2X)^{2mD/n} .$$

C'est une version raffinée du lemme de Siegel. Voir par exemple le lemme 2.1 de $[7]$.

3 - REDUCTION DES COURBES ELLIPTIQUES

On supposera désormais que la courbe elliptique E a des multiplications complexes dans le corps quadratique k, et que K contient k. Il est commode d'utiliser un modèle de Weierstrass de la forme :

$$Y^2 = X^3 + a_4 X + a_6 ,$$

où a_4 et a_6 sont des entiers de K, et d'introduire le réseau $\mathcal{L}$ de $\mathbb{C}$ d'invariants $g_2 = -4a_4$, $g_3 = -4a_6$, de telle sorte que , si $\wp$ désigne la fonction elliptique de Weierstrass associée au réseau $\mathcal{L}$, la courbe $E(\mathbb{C})$ est paramètrée par $X = \wp(z)$ et $Y = \frac{1}{2}\wp'(z)$.

Grâce à la propriété de multiplicativité par isogénie de $\hat{h}$, on peut supposer de plus que l'anneau des endomorphismes de E est isomorphe à l'ordre maximal $\mathcal{O}$ du corps k, et on désignera par θ l'isomorphisme canonique déduit de l'action de $\mathrm{End}E$ sur les formes différentielles de première espèce de E.

Soit v une place p-adique de K, ne divisant pas le discriminant $-16(4a_4^3 + 27a_6^2)$. On désigne par R l'anneau des v-entiers de K, par π une uniformisante engendrant l'idéal maximal m, et par $\mathbb{F}_q = R/m$ le corps résiduel. Les divers objets obtenus par réduction modulo v seront indiqués par un symbole tilda. La théorie de la multiplication complexe affirme alors l'existence (et l'unicité) d'un élément $\alpha = \alpha_v$ de $\mathcal{O}$, tel que $\theta(\tilde{\alpha})$ soit l'endomorphisme de Frobénius de $\tilde{E}$ (c'est à dire, l'élévation des coordonnées à la puissance q). De plus $N_{k/\mathbb{Q}}\alpha = q$. Interprétons ce résultat en termes de polynômes. Pour tout élément μ de $\mathcal{O}$, il existe deux polynômes R_μ et S_μ, à coefficients dans R, de degrés respectifs $N_{k/\mathbb{Q}}\mu$ et $N_{k/\mathbb{Q}}\mu - 1$, tels que :

$$\wp(\mu z) = R_\mu(\wp(z))/S_\mu(\wp(z)) \ , \ \text{et} \ \tilde{S}_\mu \neq 0 \ .$$

Ces deux polynômes sont définis à multiplication près par une même unité de R. En particulier si $\mu = \alpha_v$, on obtient par réduction modulo m le résultat suivant :

<u>Lemme</u> 3.1 : <u>Il existe une unité</u> u <u>de</u> R <u>et deux polynômes</u> V <u>et</u> W, <u>à coefficients dans</u> R, <u>tels que</u> :

$$R_\alpha(X) = uX^q + \pi V(X)$$
$$S_\alpha(X) = u + \pi W(X) \ .$$

On utilisera enfin le

<u>Lemme</u> 3.2 : <u>Pour tout élément</u> μ <u>de</u> $\mathcal{O}$, <u>les polynômes</u> $\tilde{R}_\mu$ <u>et</u> $\tilde{S}_\mu$ <u>sont premiers entre eux.</u>

<u>Preuve</u> : Le degré de l'endomorphisme $\theta(\mu)$ est égal à $N_{k/\mathbb{Q}}\mu$. D'après les formules de multiplication par μ pour les fonctions $\wp$ et $\wp'$, il est aussi égal au degré de la fraction rationnelle $R_\mu(X)/S_\mu(X)$. Comme le degré d'un endomorphisme est conservé par réduction modulo v, les polynômes réduits $\tilde{R}_\mu$ et $\tilde{S}_\mu$ restent premiers entre eux.

Indiquons maintenant quelques propriétés du groupe formel associé à la courbe elliptique E (cf. [5]). Soient $\overline{K_v}$ la cloture algébrique du complété K_v de K en v, $\bar{R}$ l'anneau des v-entiers de $\overline{K_v}$, d'idéal maximal $\bar{m}$. Le corps résiduel $\bar{R}/\bar{m}$ s'identifie à la clôture algébrique $\overline{\mathbb{F}_q}$ de $\mathbb{F}_q$. La place v se prolonge alors en un morphisme de réduction :

$$E(\overline{K_v}) \to \tilde{E}(\overline{\mathbb{F}_q}) \ ,$$

dont le noyau est noté $E_1(K_v)$. On peut montrer (voir le § 6 de [5]) que l'application, qui au point P de coordonnées affines (X,Y) associe le nombre $t = -X/Y$ (et 0 si P est le point à l'infini de E), établit une bijection entre $E_1(\overline{K_v})$ et $\bar{m}$. D'autre part, tout endomorphisme $\theta(\mu)$ de E, laisse stable $E_1(\overline{K_v})$. La transformation correspondante de $\bar{m}$ est alors définie par une série entière $[\mu](t) = \mu t + \ldots$, dont les coefficients appartiennent à R. Par réduction modulo m, on obtient une série entière $[\tilde{\mu}]$, à coefficients dans $\mathbb{F}_q$, formellement associée (via la coordonnée locale $t = -X/Y$) à l'endomorphisme $\tilde{\theta}(\mu)$ de $\tilde{E}$. En particulier si $\mu = \alpha_v$, on en déduit le

Lemme 3.3 : <u>Il existe une série entière</u> ψ, <u>à coefficients dans</u> R, <u>telle que</u> :

$$[\alpha](t) = t^q + \pi\psi(t)$$

4 - SUR LES MULTIPLES D'UN POINT P DE $E(\bar{\mathbb{Q}})$.

Il s'agit dans ce paragraphe de donner un analogue elliptique des lemmes 3 et 4 de $[2]$: Dobrowolski y montre que les puissances entières des conjugués d'un nombre algébrique α sont très largement distinctes, à moins que α ne soit une racine de l'unité. L'analogue elliptique se présente de la façon suivante. On considère un point P de $E(\bar{\mathbb{Q}})$ de coordonnées affines $X = \wp(u)$ et $Y = \frac{1}{2}\wp'(u)$, qui n'est pas un point de torsion de E. Désignons par n le degré (sur K) du nombre algébrique $\wp(u)$, et par $\sigma_1,\ldots,\sigma_n$, les différents plongements (fixant K) du corps $K(\wp(u))$ dans $\mathbb{C}$. Il sera commode de prolonger ces plongements σ_i en des automorphismes de $\mathbb{C}$, notés encore σ_i.

Lemme 4.1 : <u>Soient</u> μ <u>et</u> ν <u>deux éléments de</u> $\mathcal{O}$, <u>tels que</u> μ/ν <u>ne soit pas une unité de</u> $\mathcal{O}$. <u>Alors</u>,

$$\sigma_i(\wp(\mu u)) \neq \sigma_j(\wp(\nu u)) \ ,$$

<u>pour tout couple d'indices</u> i <u>et</u> j <u>compris entre</u> 1 <u>et</u> n.

Preuve : Posons $\xi = \wp(u)$, et, pour tout élément λ de $\mathcal{O}$, notons T_λ la fraction rationnelle R_λ/S_λ. On vérifie aisément que

$$T_\lambda \circ T_{\lambda'} = T_{\lambda'} \circ T_\lambda = T_{\lambda\lambda'} \ .$$

Avec ces notations, la relation $\sigma_i(\wp(\mu u)) = \sigma_j(\wp(\nu u))$ s'écrit sous la forme $T_\mu(\xi) = T_\nu(\sigma(\xi))$, où $\sigma = \sigma_i^{-1} \circ \sigma_j$. On en déduit par récurrence sur l'entier $k \geq 1$, que l'on a :

$$T_{\mu^k}(\xi) = T_{\nu^k}(\sigma^k(\xi)) \ .$$

Soit k un entier ≥ 1 tel que $\sigma^k(\xi) = \xi$. On a alors

$$\theta(\mu^k)P = \pm\theta(\nu^k)P \ ,$$

ce qui entraîne $\mu^k = \pm \nu^k$, puisque P n'est pas un point de torsion de E.

Lemme 4.2 : Soit $\mathcal{M}$ un sous ensemble de $\mathcal{O}$, formé d'éléments premiers entre eux deux à deux. Alors le nombre des éléments μ de $\mathcal{M}$, pour lesquels il existe $i \neq j$ tels que

$$\sigma_i(\wp(\mu u)) = \sigma_j(\wp(\mu u)) \;,$$

est majoré par $\log n / \log 2$.

Preuve : Pour tout élément μ de $\mathcal{M}$ et tout indice i, désignons par $\mathcal{J}(\mu,i)$ l'ensemble des indices j tels que

$$\sigma_i(\wp(\mu u)) = \sigma_j(\wp(\mu u)) \;.$$

Comme dans le lemme 4 de $[2]$, on va montrer que les ensembles $\mathcal{J}(\mu,i)$ vérifient les propriétés a), b), c) suivantes.

a) Pour μ fixé, les ensembles $\mathcal{J}(\mu,i)$ $(i=1,\ldots,n)$ ont même cardinal et deux d'entre eux sont soit égaux, soit disjoints.

C'est bien clair.

b) Soient μ et ν deux éléments distincts de $\mathcal{M}$. Pour tout couple d'indices i et j, on a l'inégalité :

$$\mathrm{card}\,(\mathcal{J}(\mu,i) \cap \mathcal{J}(\nu,j)) \leq 1 \;.$$

Supposons que k et ℓ appartiennent à $\mathcal{J}(\mu,i) \cap \mathcal{J}(\nu,j)$. Cela signifie que

$$\sigma_i(\wp(\mu u)) = \sigma_k(\wp(\mu u)) = \sigma_\ell(\wp(\mu u))$$

$$\sigma_j(\wp(\nu u)) = \sigma_k(\wp(\nu u)) = \sigma_\ell(\wp(\nu u)) \;.$$

Posons $P_k = \sigma_k(P)$ et $P_\ell = \sigma_\ell(P)$. On déduit des deux relations précédentes qu'il existe ε_μ et ε_ν, égaux à ± 1, tels que

$$\theta(\mu)(P_k + \varepsilon_\mu P_\ell) = \theta(\nu)(P_k + \varepsilon_\nu P_\ell) = 0 \;.$$

Le cas $\varepsilon_\mu = -\varepsilon_\nu$ est impossible, car il entraîne que P_k et P_ℓ, et donc P, sont des points de torsion de E. Si $\varepsilon_\mu = \varepsilon_\nu = \varepsilon$, les deux égalités ci-dessus, jointes au fait que μ et ν sont premiers entre eux, montrent que $P_k + \varepsilon P_\ell = 0$. En particulier, $\sigma_k(\wp(u)) = \sigma_\ell(\wp(u))$, d'où il s'ensuit que $k = \ell$.

c) <u>Soient</u> μ <u>et</u> ν <u>deux éléments distincts de</u> $\mathcal{M}$. <u>Pour tout indice</u> i, <u>on a la minoration suivante</u> :

$$\operatorname{card} \mathcal{J}(\mu\nu,i) \geq \operatorname{card} \mathcal{J}(\mu,i) \operatorname{card} \mathcal{J}(\nu,i) \ .$$

Remarquons d'abord que $\mathcal{J}(\mu\nu,i)$ contient la réunion des sous ensembles $\mathcal{J}(\nu,j)$, lorsque j décrit $\mathcal{J}(\mu,i)$.

En effet, si k appartient à $\mathcal{J}(\nu,j)$, et si j appartient à $\mathcal{J}(\mu,i)$, on a :

$$\sigma_k(\wp(\nu u)) = \sigma_j(\wp(\nu u)) \qquad \text{et} \qquad \sigma_j(\wp(\mu u)) = \sigma_i(\wp(\mu u)) \ ,$$

ce qui s'écrit encore, avec les notations du lemme 4.1 :

$$T_\nu(\sigma_k(\xi)) = T_\nu(\sigma_j(\xi)) \qquad \text{et} \qquad T_\mu(\sigma_j(\xi)) = T_\mu(\sigma_i(\xi)) \ .$$

On en déduit aisément que

$$T_{\mu\nu}(\sigma_k(\xi)) = T_{\mu\nu}(\sigma_i(\xi)) \ ,$$

c'est à dire que k appartient à $\mathcal{J}(\mu\nu,i)$.

Les propriétés a) et b) montrent que la réunion considérée ci-dessus est disjointe, et que toutes ses composantes ont même cardinal. On a donc prouvé c).

L'ensemble $\mathcal{M}'$ des éléments μ de $\mathcal{M}$ considérés dans l'énoncé du lemme est caractérisé par la condition $\operatorname{card} \mathcal{J}(\mu,1) \geq 2$. On obtient donc les inégalités :

$$2^{\operatorname{card}\mathcal{M}'} \leq \prod_{\mu \in \mathcal{M}'} \operatorname{card} \mathcal{J}(\mu,1) \leq \operatorname{card} \mathcal{J}(\prod_{\mu \in \mathcal{M}'} \mu,1) \leq n.$$

5 - PREUVE DU THEOREME

On considère le point P de coordonnées affines $X = \wp(u)$ et $Y = \frac{1}{2}\wp'(u)$ sur la courbe elliptique E d'équation $Y^2 = X^3 + a_4 X + a_6$. Désignons par F le corps de nombres engendré sur K par $\wp(u)$ et $\wp'(u)$, et par D son degré sur $\mathbb{Q}$. On va montrer que l'inégalité

$$(4) \qquad \hat{h}(P) \leq c^{-7} D^{-1} (\log D / \log\log D)^{-3}$$

amène à une contradiction, si c désigne une constante suffisamment grande, et si D est grand devant c. Introduisons les entiers

$$L = \left[c^2 D \log D \, (\log\log D)^{-2} \right] \quad \text{et} \quad T = \left[c^3 D \log D \, (\log\log D)^{-3} \right] ,$$

et choisissons un nombre premier N tel que

$$L^{1/2} < N \leq 2L^{1/2} .$$

Dans la suite, c_1, c_2,... désignent des constantes positives, effectivement calculables en fonction de a_4 et de a_6.

<u>Premiers pas</u> : <u>Construction d'une fonction auxiliaire.</u>

<u>Il existe des entiers</u> $p(\lambda_1,\lambda_2)$ $(0 \leq \lambda_1,\lambda_2 \leq L)$, <u>non tous nuls, de valeur</u> <u>absolue</u> $\leq \exp(c_1 L)$ <u>tels que la fonction</u>

$$\phi(z) = \sum_{\lambda_1=0}^{L} \sum_{\lambda_2=0}^{L} p(\lambda_1,\lambda_2) \wp(z)^{\lambda_1} \wp(Nz)^{\lambda_2}$$

<u>ait un zéro d'ordre</u> $\geq T$ <u>en</u> $z = u$.

Par récurrence sur l'entier $t \geq 0$, on montre classiquement qu'il existe un polynôme $Q_{\lambda_1,\lambda_2,t}$ de $\mathbb{Z}[X_1,\ldots,X_5]$, de degré $\leq L+t$ en chacune de ses variables, et dont les coefficients ont une valeur absolue $\leq D^{c_2 T}$, tel que :

$$\frac{d^t}{dz^t} \left\{ \wp(z)^{\lambda_1} \wp(Nz)^{\lambda_2} \right\} = Q_{\lambda_1,\lambda_2,t}\left(\wp(z), \wp'(z), \wp(Nz), \wp'(Nz), a_4 \right) .$$

Le système d'équations $\phi^{(t)}(u) = 0$ $(t = 0,\ldots,T-1)$ s'écrit donc :

$$\sum_{\lambda_1} \sum_{\lambda_2} p(\lambda_1,\lambda_2) \, Q_{\lambda_1,\lambda_2,t}\left(\wp(u), \wp'(u), \wp(Nu), \wp'(Nu), a_4 \right) = 0 .$$

On déduit de (2) et de (4) que les nombres algébriques $\wp(u), \wp'(u), \wp(Nu), \wp'(Nu)$ ont une hauteur absolue $\leq c_3$. Le lemme 2.2 montre alors qu'il existe une solution entière, non identiquement nulle, telle que

$$\max | p(\lambda_1,\lambda_2) | \leq 2 + \left\{ D^{c_4 T} e^{c_5 L} \right\}^{2DT/L^2}$$

ce qui entraîne bien la majoration annoncée.

<u>Deuxième pas</u> : <u>une majoration v-adique.</u>

Soient p un nombre premier distinct de N, v une place p-adique de
K ne divisant pas le discriminant $-16(4a_4^3 + 27a_6^2)$, et soit $\alpha = \alpha_v$
l'élément de $\mathcal{O}$ associé à v dans le paragraphe 3. Désignons par w
une extension à F de la place v.

Nous allons montrer que pour tout entier $\tau \leq c^2 D(\log\log D)^{-2}$, on a la minoration :

$$(5) \qquad \operatorname{ord}_\pi \phi^{(\tau)}(\alpha u) \geq T/2 - 6\,L\max(0, -\operatorname{ord}_\pi \wp(N\alpha u)) \ .$$

Comme précédemment, π désigne une uniformisante de v dans K, et l'on
a posé ici : $\operatorname{ord}_\pi x = -e_v \log|x|_w / \log p$ (où e_v est l'indice de ramifi-
cation de v au dessus de p).

Choisir une extension à F de la place v, équivaut à choisir une réa-
lisation de F dans $\overline{K_v}$. Nous considérons donc que F est plongé dans
$\overline{K_v}$, et on identifiera librement les éléments de F (sous corps de $\mathbb{C}$)
avec leurs images dans $\overline{K_v}$.

La démonstration se scinde en deux parties, selon que $\wp(u)$ appartient,
ou non, à $\bar{R}$ (rappelons que $\bar{R}$ désigne l'anneau des v-entiers de $\overline{K_v}$).

a) $\wp(u)$ __est un__ w-__entier__.

On vérifie aisément que la fonction $\phi^{(\tau)}(z)^2$ peut s'écrire comme un
polynôme en les variables $\wp(z), \wp(Nz), \wp'(Nz)/\wp'(z), a_4$ et a_6, de degrés
partiels en $\wp(Nz)$ et $\wp'(Nz)/\wp'(z)$ respectivement majorés par
$3(L + \tau) \leq 6L$, et par 1, et dont les coefficients sont des entiers rationnels. On en déduit l'existence d'une fraction rationnelle G, telle que
$S_N(X)^{8L}G(X)$ soit un polynôme à coefficients dans R (l'anneau des v-
entiers de K), et vérifiant

$$G(\wp(z)) = \phi^{(\tau)}(z)^2 \ .$$

La fraction rationnelle G(X) admet donc un zéro d'ordre $\geq T$ en $X = \wp(u)$.
Notons Δ le polynôme minimal (unitaire) de $\wp(u)$ sur le corps K_v.
D'après notre hypothèse, les coefficients de Δ sont des v-entiers. Il
existe donc un polynôme H, à coefficients v-entiers, tels que

$$(6) \qquad S_N(X)^{8L}G(X) = \Delta(X)^T H(X) \ .$$

Remarquons d'abord que, d'après le lemme 3.1,

$$\wp(\alpha u) = \frac{u\wp(u)^q + \pi V(\wp(u))}{u + \pi W(\wp(u))}$$

est un w-entier. Ce même lemme, joint au petit théorème de Fermat, entraîne les congruences suivantes (dans l'anneau $\bar{R}$) :

$$\Delta(\wp(\alpha u)) \equiv \Delta(\wp(u)^q) \equiv \Delta(\wp(u))^q \equiv 0 \pmod{\pi} \ .$$

Substituant $\wp(\alpha u)$ à X dans l'égalité (6), on en déduit que l'ordre en π du membre de droite de (6) est $\geq T$. Il nous reste maintenant à majorer $\mathrm{ord}_\pi S_N(\wp(\alpha u))$. Pour cela, remarquons que

$$\wp(N\alpha u) = R_N(\wp(\alpha u)) \ / \ S_N(\wp(\alpha u)) \ .$$

D'après le lemme 3.2, les polynômes réduits $\tilde{R}_N$ et $\tilde{S}_N$ sont premiers entre eux, autrement dit, l'un des nombres $R_N(\wp(\alpha u))$ ou $S_N(\wp(\alpha u))$ est une unité de $\bar{R}$. Si c'est $S_N(\wp(\alpha u))$, on a prouvé (5). Sinon, on a

$$\mathrm{ord}_\pi S_N(\wp(\alpha u)) = \ - \mathrm{ord}_\pi \wp(N\alpha u) \ ,$$

et (5) est encore vrai.

b) $\wp(u)$ n'est pas un w-entier.

C'est le cas où le point P appartient à $E_1(\overline{K_v})$. Suivant Tate [5], il est commode de faire le changement de variable projectif :

$$t = \ - X/Y \qquad\qquad \text{et} \qquad\qquad s = - 1/Y \ .$$

Alors $s = t^3 + \ldots$ s'exprime en fonction du paramètre local t par une série entière $s(t)$, à coefficients dans R.

On considère cette fois-ci la fonction

$$(\wp'(z)\wp'(Nz))^{-(L+\tau)} \phi^{(\tau)}(z) \ ,$$

qui s'écrit comme polynôme, à coefficients entiers rationnels, en les variables $-\wp(z)/\wp'(z)$, $- 1/\wp'(z)$, $-\wp(Nz)/\wp'(Nz)$, $- 1/\wp'(Nz)$ et a_4. Il existe donc une série entière G, à coefficients dans l'anneau R, telle que

$$(7) \qquad\qquad G(t) = (\wp'(z)\wp'(Nz))^{-(L+\tau)} \phi^{(\tau)}(z) \ .$$

Soit $\xi = -\wp(u)/\wp'(u)$ le paramètre local associé au point P, et soit

Δ le polynôme minimal (unitaire) de ξ sur K_v. D'après notre hypothèse, le nombre ξ appartient à l'idéal maximal $\bar{\mathfrak{m}}$, d'où il s'ensuit que les coefficients de Δ, à l'exception du premier, sont divisibles par π. Le théorème de préparation de Weierstrass, montre qu'il existe une série entière H, à coefficients v-entiers, telle que

$$G(t) = \Delta(t)^{(T-\tau)}H(t) \ .$$

Dans cette identité, substituons $t = [\alpha](\xi) = \xi^q + \pi\psi(\xi)$ (lemme 3.3). Comme dans le premier cas, on en déduit la minoration :

$$\mathrm{ord}_\pi G([\alpha](\xi)) \geq (T - \tau) \geq T/2 \ .$$

Il reste à majorer

$$- \mathrm{ord}_\pi(\wp'(\alpha u)\wp'(N\alpha u)) = \mathrm{ord}_\pi s([\alpha](\xi)) + \mathrm{ord}_\pi s([N\alpha](\xi)) \ .$$

Puisque N est premier à p, ces dernières quantités sont toutes deux égales à $-\frac{3}{2}\,\mathrm{ord}_\pi\wp(N\alpha u)$ (voir les paragraphes 3 et 6 de [5]). Remplaçant dans (7), z par αu et t par $[\alpha](\xi)$, on en déduit (5), en remarquant que $\tau \leq L$.

Troisième pas : extrapolation des zéros de ϕ.

La fonction $\phi(z)$ admet un zéro d'ordre $\geq c^2 D\,(\log\log D)^{-2}$ en $z = \alpha_v u$, pour toute place v de K, ne divisant pas le discriminant $-16(4a_4^3 + 27a_6^2)$, et dont la norme (absolue) q vérifie les inégalités :

$$\log D \leq q \leq c^4\,(\log D)^2\,(\log\log D)^{-1} \ .$$

Soit τ un entier $\leq c^2 D\,(\log\log D)^{-2}$, et soit v une telle place, de caractéristique résiduelle p, et d'indice de ramification e_v. Nous venons de montrer que pour toute extension w à F de la place v, on a l'inégalité :

$$\log|\phi^{(\tau)}(\alpha_v u)|_w \leq -\frac{\log p.T}{2e_v} + 6L\,\log\max(1,|\wp(N\alpha_v u)|_w) \ .$$

Notons d le degré de K sur $\mathbb{Q}$, d_v (resp. D_w) le degré local en v (resp. w) de l'extension $K/\mathbb{Q}$ (resp. $F/\mathbb{Q}$), et posons

$$\zeta = N_{F/K}\,\phi^{(\tau)}(\alpha_v u) \ .$$

Par sommation sur w, on obtient :

$$\log|\zeta|_v \leq -\frac{DT \log p}{2\, e_v d} + \frac{6L}{d_v} \sum_{w|v} D_w \log\max\left(1, |\wp(N\alpha_v u)|_w\right) .$$

D'après (1), cette dernière somme est majorée par $D\, h\left(\wp(N\alpha_v u)\right)$. On déduit alors de (1), (2), (3) et (4) les majorations suivantes :

$$h\left(\wp(N\alpha_v u)\right) \leq h\left(\theta(N\alpha_v)P\right) \leq \sigma + 3\hat{h}\left(\theta(N\alpha_v)P\right) = \sigma + 3N^2 q \hat{h}(P) \leq c_6 .$$

Comme $\log p \geq \log q \,/\, d \geq \log\log D \,/\, d$, on obtient

$$(8) \qquad\qquad \log|\zeta|_v \leq -c_7 c^3 D^2 \log D \left(\log\log D\right)^{-2} .$$

D'autre part $\phi^{(\tau)}(\alpha_v u)$ peut s'écrire comme polynôme, à coefficients

entiers rationnels de valeur absolue $\leq e^{c_1 L} D^{c_8 \tau} \leq e^{c_9 L}$, et de degré

$\leq L + \tau \leq 2L$, en chacun des nombres $\wp(\alpha_v u), \wp'(\alpha_v u), \wp(N\alpha_v u), \wp'(N\alpha_v u)$ et a_4.
Comme nous l'avons déjà remarqué pour $\wp(N\alpha_v u)$, la hauteur absolue de
ces nombres est uniformément bornée par c_{10}. On déduit alors du lemme
2.1 que la hauteur absolue de $\phi^{(\tau)}(\alpha_v u)$ est $\leq c_{11} L$. La fonction hauteur étant sous-additive et stable par conjugaison, il s'ensuit que

$$(9) \qquad\qquad h(\zeta) \leq c_{11}\, L\, D \leq c_{10} c^2 D^2 \log D \left(\log\log D\right)^{-2} .$$

Supposons maintenant que $\phi^{(\tau)}(\alpha_v u)$, et donc ζ, soit non nul. On déduit
alors de (1) et de (8) que

$$h(\zeta) = h(\zeta^{-1}) \geq \frac{d_v}{d} \log\max\left(1, |\zeta^{-1}|_v\right) \geq c_{12} c^3 D^2 \log D \left(\log\log D\right)^{-2} ,$$

d'où la contradiction avec (9) pour c suffisamment grand.

quatrième pas : contradiction finale.

    Désignons par $\mathcal{P}$ l'ensemble des nombres premiers p, tels qu'il
existe une place v de K, divisant p, et vérifiant les deux conditions
suivantes :
a) v ne divise pas le discriminant $-16(4a_4^3 + 27a_6^2)$.
b) La norme absolue q de v satisfait les inégalités :

$$\log D \leq q \leq c^4 (\log D)^2 (\log\log D)^{-1} .$$

D'après le théorème de Cébotarev, le cardinal de $\mathcal{S}$ est
$\geqq c^3 (\log D / \log\log D)^2$, lorsque c et D sont suffisamment grands.
Pour chaque élément p de $\mathcal{S}$, choisissons une place v vérifiant a)
et b), et désignons par $\mathcal{M}$ l'ensemble des nombres α_v associés. Les
éléments de $\mathcal{M}$ sont premiers entre eux deux à deux, puisque leurs normes sont des puissances de nombres premiers distincts.
Nous avons d'autre part montré que la fonction $\phi(z)$ à un zéro d'ordre
$\geqq c^2 D (\log\log D)^{-2}$ en $z = \mu u$, pour tout élément μ de $\mathcal{M}$. Utilisons la
relation $\wp(Nz) = R_N(\wp(z)) / S_N(\wp(z))$, pour écrire la fonction ϕ sous la
forme

$$\phi(z) = F(\wp(z) \ ,$$

où F désigne une fraction rationnelle de K(X), de degré majoré par :

$$(10) \qquad (N^2 + 1)L \leqq 5 c^4 D^2 (\log D)^2 (\log\log D)^{-4} \ .$$

Pour tout élément μ de $\mathcal{M}$, cette fraction rationnelle admet un zéro
d'ordre $\geqq c^2 D (\log\log D)^{-2}$ en $X = \wp(\mu u)$. Or, les polynômes minimaux sur
K de ces nombres $\wp(\mu u)$, sont distincts deux à deux (lemme 4.1), et ont
un degré $\geqq D / 2d$, sauf peut-être, pour au plus $\log D / \log 2$ exceptions
(lemme 4.2). On en déduit que le nombre des zéros, comptés avec multiplicité, de la fraction rationnelle F est minoré par

$$\frac{c^2}{2d} D^2 (\log\log D)^{-2} (\operatorname{card} \mathcal{M} - \frac{\log D}{\log 2}) \geqq \frac{c^5}{4d} D^2 (\log D)^2 (\log\log D)^{-4} \ .$$

Comparant avec (10), il s'ensuit que la fraction rationnelle F est
identiquement nulle. Il est est donc de même pour la fonction ϕ. La
fonction $\wp(z)$ est ainsi zéro d'un polynôme non nul, de degré $\leqq L$, à
coefficients dans le corps $\mathbb{C}(\wp(Nz))$. Cela est impossible, puisque
$L < N^2$.

L'auteur de ces notes, n'ayant pu faire l'exposé oral, remercie vivement
M. Waldschmidt d'avoir bien voulu le remplacer.

BIBLIOGRAPHIE

[1] M. Anderson, D. Masser : Lower bounds for heights on elliptic curves. Math. Z. 174, 23-34 (1980).

[2] E. Dobrowolski : On a question of Lehmer and the number of irredu-
cible factors of a polynomial. Acta Arith. 34, 391-401 (1979).

[3] D. Masser : Small values of the quadratic part of the Néron-Tate
height. Séminaire de Théorie des Nombres, Paris 1979-1980, 213-222,
Progress in Math., Birkhäuser.

[4] J. Silverman : Lower bound for the canonical height on elliptic
curves. Duke Math. J. 48, 633-648 (1981).

[5] J. Tate : The arithmetic of elliptic curves. Inventiones Math. 23,
179-206 (1974).

[6] M. Waldschmidt : Sur le produit des conjugués extérieurs au cercle
unité d'un entier algébrique. L'enseignement Math. 34, 201-203
(1980).

[7] M. Waldschmidt : A lower bound for linear forms in logarithms.
Acta Arith. 37, 257-283 (1980).

ENTROPIE, DIMENSION ET THERMODYNAMIQUE DES COURBES PLANES

M. MENDES FRANCE

§ 1 - INTRODUCTION

Une courbe plane non bornée présente soit un aspect rectiligne,
soit un aspect chaotique, elle est soit déterministe, soit imprévisible.

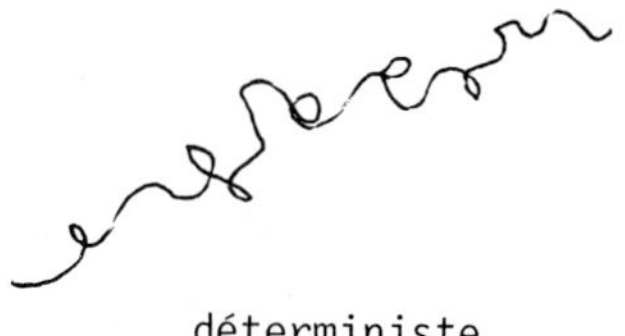

déterministe   imprévisible

Fig. 1

Bien entendu, entre ces deux cas extrêmes, la courbe peut être
plus ou moins régulière. Dans un premier temps nous proposons de mesurer
la complexité d'une courbe en introduisant la notion d'entropie tirée de
la théorie de l'information. Dans un second temps (§ 9 et 10) nous nous
inspirons de la thermodynamique statistique pour redéfinir une entropie
qui, comme on le verra est plus fine que la précédente (mais d'un emploi
plus difficile).

Dans deux articles parus (Mendes France, Tenenbaum [11] et
Dekking, Mendes France [1]) nous avions défini la dimension fractale
d'une courbe (voir aussi Dupain, Mendes France [3]). Nous verrons ici que
la dimension et l'entropie sont liées et que, d'une façon un peu vague,
plus grande est la dimension, plus grande est l'entropie, établissant
ainsi un principe général selon lequel la dimension croît avec le chaos
(comparer avec B. Mandelbrot [9]).

Nous verrons ensuite comment appliquer ces idées à l'étude de
l'équirépartition modulo 1, faisant par là le lien avec la théorie des
nombres.

Deux autres variantes (moins complètes toutefois) de ce même article sont à paraître. L'un dans le Compte Rendu du Colloque Janos Bolyai tenu à Budapest en juillet 1981, l'autre dans les Actes d'un colloque de Biomathématique tenu à Marseille en septembre 1981.

Je remercie Michel Pallard pour son temps, son aide et sa gentillesse.

§ 2 - ELECTRON ET POSITRON

Afin de motiver notre définition de l'entropie d'une courbe, nous commencerons par rappeler le modèle de l'electron selon le physicien Wheeler.

Dans son discours lors de la remise du prix Nobel, R. Feynman [5, page 250] se pose la question de savoir pourquoi tous les électrons ont même masse et même charge, et pourquoi tous les positrons (anti-électrons) ont la même masse que les électrons ét, au signe près, même charge. Wheeler lui suggère la réponse sous forme de boutade. Il n'y a qu'un seul électron-positron dans l'Univers. Plus précisément, dans l'espace-temps $\mathbb{R}^3 \times \mathbb{R}$, l'électron-positron prend la forme d'une immense ligne orientée appelée ligne d'Univers.

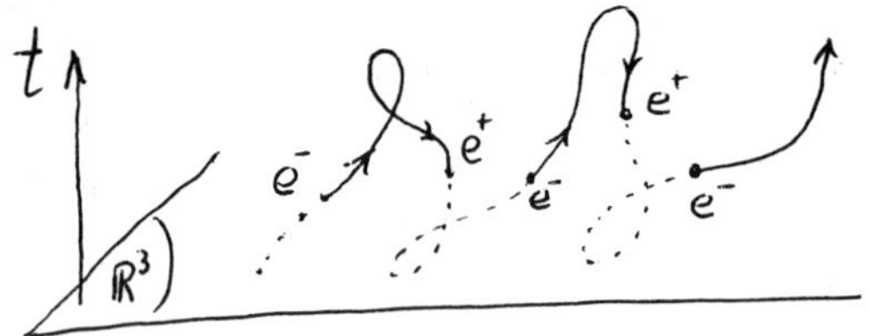

fig. 2

Observer l'électron-positron à l'instant t_o, c'est couper la ligne d'Univers par l'hyperplan $t = t_o$ et observer les points d'intersection. Quand le temps s'écoule les électrons-positrons parcourent des trajectoires dans l'hyperplan "montant". Un point d'intersection est un électron e^- si au voisinage de ce point la ligne d'Univers est orientée dans le sens du temps croissant. Si au contraire la ligne d'Univers est localement "descendante" au point d'intersection, alors la particule observée est un positron e^+. On voit ainsi que lorsque l'hyperplan monte, certains électrons e^- rencontrent des positrons e^+ puis s'annihilent. Ailleurs un couple (e^-, e^+) peut naître.

Ce modèle est bien entendu beaucoup trop simpliste et ne répond même pas à la question initiale de Feynman. De plus selon ce modèle, il y aurait autant d'électrons que de positrons à un instant donné. Or, jusqu'à présent, rien ne permet d'affirmer cela : il semblerait qu'il y ait plus d'électrons que de positrons... mais peut-être que dans une lointaine galaxie, le nombre de positrons l'emporte sur le nombre d'électrons !

Quoiqu'il en soit, l'intérêt que j'y vois c'est que la ligne d'Univers électron-positron apparaît comme une succession de systèmes de particules. Or on sait ce qu'est l'entropie d'un système de particules. Par intégration, on doit alors pouvoir définir l'entropie d'une courbe. Dans les paragraphes suivants, nous précisons cette idée.

§ 3 - <u>L'ENTROPIE D'UN SYSTEME DE POINTS</u>

A partir de maintenant, nous abandonnons l'image physique et "particule" devient synonyme de "point".

Soit $N \geq 1$ un entier donné. Considérons un système Σ de N points $P_1, P_2, \ldots, P_N$. Un évènement consiste à choisir l'un des N points parmi les autres, avec la probabilité uniforme $1/N$. L'entropie de Σ est alors

$$H(\Sigma) = \sum_{k=1}^{N} p_k \log \frac{1}{p_k} = \log N.$$

(On trouvera la définition de l'entropie liée à la théorie de l'information dans Jones [6] ou Martin, England [10]. C'est cette définition que nous adoptons ici).

Supposons que $\Sigma = \Sigma_t$ dépend du temps t. A l'instant t nous avons N_t points. L'entropie $H(\Sigma_t)$ est donc $\log N_t$. Il se peut que N_t admette une moyenne par rapport au temps, par exemple

$$\bar{N} = \lim_{T \to \infty} \frac{1}{T} \int_0^T N_t \, dt \ .$$

(Dans les paragraphes suivants, c'est d'une autre moyenne qu'il agira car l'ensemble "temps" sera compact, bidimensionnel). Pour l'instant, nous prendrons comme définition de l'entropie du système $\Sigma : t \longmapsto \Sigma_t$ la quantité

$$H(\Sigma) = \log \text{ (moyenne de } N_t).$$

Cette définition est plus "opérante" que la moyenne de $\log N_t$.

§ 4 - ENTROPIE DES COURBES FINIES

Soit Ω l'ensemble des courbes planes de longueurs finies. Comme nous nous intéressons à la forme des courbes, nous identifierons deux courbes qui s'obtiennent l'une de l'autre par similitude. Il n'y a donc dans Ω qu'un seul segment de droite, qu'un seul cercle, qu'une seule conique d'excentricité donnée,...

Par analogie avec le modèle de l'électron-positron, toute courbe $\Gamma \in \Omega$ pourra être considérée comme une ligne d'Univers (ici l'Univers est $\mathbb{R}^2$). Toute droite D qui coupe Γ sera appelée un instant. A l'instant D, Γ est composé de $N_D = \mathrm{card}(D \cap \Gamma)$ points-particules.

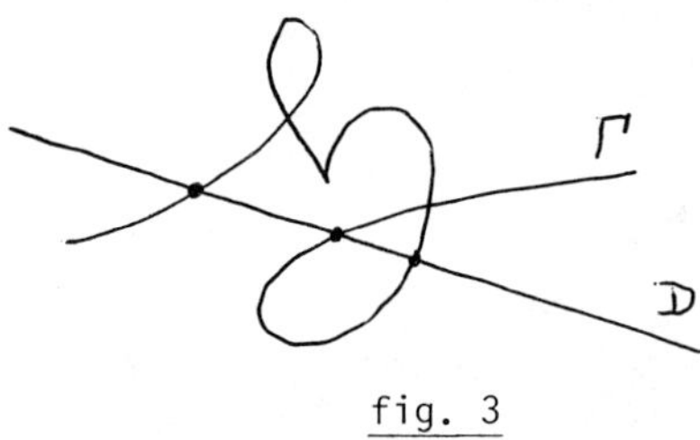

fig. 3

L'ensemble temps n'est pas linéaire : il est constitué de l'ensemble de toutes les droites qui intersectent Γ. Ainsi, à l'instant D, l'entropie est

$$H(\Gamma \cap D) = \log N_D \; ,$$

donc l'entropie de Γ est

$$\log (\text{moyenne } N_D)$$

Il nous reste à définir la moyenne de N_D. Dans le plan (x, y), la droite D est représentée par ses coordonnées normales

$$x \cos \theta + Y \sin \theta - \rho = 0, \quad \rho \in \mathbb{R}, \quad 0 \leq \theta \leq \pi \; .$$

L'identification $(\rho, \theta) = (-\rho, \theta + \pi)$ fait de l'ensemble des droites une bande de Möbius. Cette bande étant naturellement munie de la mesure de Lebesgue $dD = d\rho\, d\theta$, la moyenne $\bar{N}$ de N_D est

$$\bar{N} = \int\limits_{D \cap \Gamma \neq \phi} N_D \; dD \; / \int\limits_{D \cap \Gamma \neq \phi} dD \; ,$$

et son logarithme nous définit l'entropie de Γ.

Il est tout à fait remarquable que $\bar{N}$ puisse se calculer de façon très simple. Soit $|\Gamma|$ la longueur de Γ et $|\partial K|$ la longueur de la frontière de l'enveloppe convexe K de Γ. Alors selon un théorème de Steinhaus [14] (voir Santaló [13]),

$$\bar{N} = 2 \frac{|\Gamma|}{|\partial K|}$$

d'où

$$(1) \qquad\qquad H(\Gamma) = \log \frac{2|\Gamma|}{|\partial K|} \quad .$$

On remarquera que $H(\Gamma)$ ne dépend que de la classe de la courbe Γ et non de la courbe elle-même. L'entropie H est donc bien une application définie sur Ω dans $\mathbb{R}$.

La formule (1) aurait pu servir de définition. Notre approche nous semble cependant plus appropriée en ce qu'elle montre le rapport entre l'entropie de la théorie de l'information et notre entropie.

On vérifiera immédiatement qu'un segment de droite a pour entropie 0 et que toute autre courbe a une entropie strictement positive. Une portion finie de courbe algébrique de degré ν a une entropie au plus $\log \nu$ (en effet, $\bar{N} \leqq \nu$). Une courbe convexe fermée a pour entropie $\log 2$ (en effet, $N_D = 2$ pour tout D).

§ 5 - ENTROPIE DES COURBES INFINIES

Soit Γ une courbe de longueur infinie. A tout $s \geqq 0$ on associe la portion commençante Γ_s de Γ de longueur s; ainsi $|\Gamma_s| = s$. On appelle entropie supérieure $\bar{h}(\Gamma)$ et entropie inférieure $\underline{h}(\Gamma)$ les deux nombres

$$\bar{h}(\Gamma) = \lim_{s \to \infty} \sup \frac{H(\Gamma_s)}{\log s}$$

$$\underline{h}(\Gamma) = \lim_{s \to \infty} \inf \frac{H(\Gamma_s)}{\log s}$$

S'il y a égalité des deux entropies, on note la valeur commune $h(\Gamma)$.

On observera que $\bar{h}(\Gamma)$ et $\underline{h}(\Gamma)$ ne dépendent que de la forme de Γ et que

$$0 \leqq \underline{h}(\Gamma) \leqq \bar{h}(\Gamma) \leqq 1 .$$

De plus, pour tout α,β tels que $0 \leq \alpha \leq \beta \leq 1$, il existe Γ telle que

$$\underline{h}(\Gamma) = \alpha \quad \text{et} \quad \overline{h}(\Gamma) = \beta.$$

Si Γ est une droite ou une courbe qui tend vers l'infini "rapidement", $h(\Gamma) = 0$. C'est le cas de la spirale $\rho = \exp \theta$. Toute courbe algébrique non bornée est d'entropie nulle (car $H(\Gamma_s) \leq \log (\text{degré } \Gamma)$). Si au contraire Γ est d'allure chaotique, son entropie est 1. Il existe cependant des courbes régulières d'entropie 1 : telle est la spirale $\rho = \log \theta$. Cela ne doit pas étonner. Dans la nature, les spirales sont tout aussi bien associées à l'ordre (coquille d'escargot $\rho = a^\theta$, $a > 1$ d'entropie 0) qu'au désordre (tourbillons turbulents). Une courbe bornée dans le plan, mais de longueur infinie a une entropie 1.

Enfin, pour clore cette liste, on vérifiera que la spirale $\rho = \theta^\alpha$, $\alpha > 0$ a pour entropie $h = (1+\alpha)^{-1}$.

Une courbe d'entropie nulle sera dite déterministe. Une courbe d'entropie unité sera dite chaotique.

§ 6 - DIMENSION DES COURBES ([1], [11])

Considérons une droite Γ et un disque Δ_R centré en 0, de rayon R. Quand R tend vers l'infini, il est clair que

$$|\Gamma \cap \Delta_R| \sim R.$$

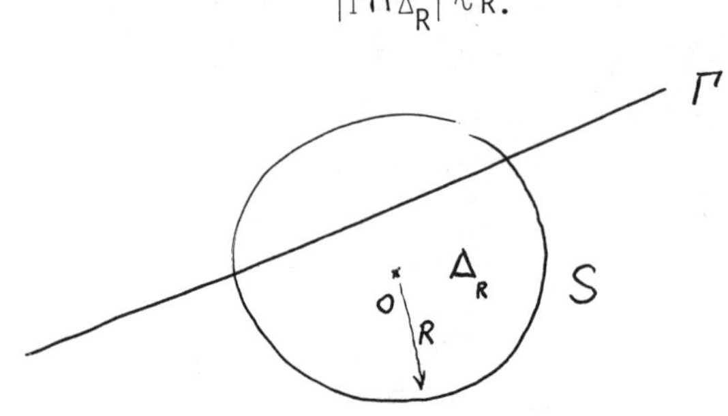

Fig. 4

Soit S l'un des demi-plans en lequel $\mathbb{R}^2$ est partagé. Alors

$$\text{Aire } (S \cap \Delta_R) \sim \frac{1}{2} \pi R^2 .$$

Les exposants de R qui apparaissent dans les deux formules précédentes décrivent les dimensions respectives de Γ et S :

$$\dim(\Gamma) = \lim_{R\to\infty} \frac{\log |\Gamma \cap \Delta_R|}{\log R}$$

$$\dim(S) = \lim_{R\to\infty} \frac{\log \text{Aire } (S \cap \Delta_R)}{\log R}$$

Nous prendrons modèle sur la première des deux formules pour donner une définition de la dimension d'une courbe Γ dans le plan. Cependant, la limite peut ne pas exister. On introduira alors la dimension supérieure et la dimension inférieure (lim sup, lim inf). La définition n'est toutefois pas raisonnable en ce sens qu'elle donne une dimension qui dépasse 2 pour des courbes d'allure très chaotique. On modifie donc la définition de la façon suivante.

Pour tout $\varepsilon > 0$ et tout $R > 0$ on pose

$$\Gamma_R(\varepsilon) = \{p \in \text{plan} \,/\, \text{dist } (p,\Gamma) < \varepsilon, \ \text{dist } (p,0) < R\} \ .$$

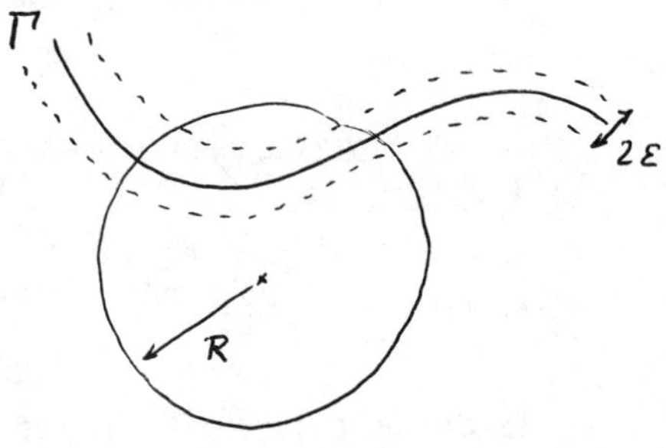

Fig. 5

Par définition

$$\overline{\dim}(\Gamma) = \lim_{\varepsilon\to 0} \ \limsup_{R\to\infty} \ \frac{\log \text{Aire } \Gamma_R(\varepsilon)}{\log R}$$

$$\underline{\dim}(\Gamma) = \lim_{\varepsilon\to 0} \ \liminf_{R\to\infty} \ \frac{\log \text{Aire } \Gamma_R(\varepsilon)}{\log R}$$

En cas d'égalité, on écrit $\dim(\Gamma)$.

Si Γ est borné dans le plan, $\dim(\Gamma) = 0$. Pour toute courbe non bornée,

$$1 \leq \underline{\dim}(\Gamma) \leq \overline{\dim}(\Gamma) \leq 2$$

et pour tout α,β, $1 \leq \alpha \leq \beta \leq 2$, il existe une courbe Γ (non bornée) telle que

$$\underline{\dim}(\Gamma) = \alpha, \quad \overline{\dim}(\Gamma) = \beta$$

On montre aisément les inégalités

$$\overline{\dim}(\Gamma) \leq (1-\overline{h}(\Gamma))^{-1}$$

$$\underline{\dim}(\Gamma) \leq (1-\underline{h}(\Gamma))^{-1}$$

Il s'ensuit qu'une courbe déterministe $(h(\Gamma) = 0)$ est de dimension 1. Par contre, il existe des courbes chaotiques $(h(\Gamma) = 1)$ dont la dimension est minimale $(\dim(\Gamma) = 0$ pour Γ borné, $\dim(\Gamma) = 1$ pour $y = \sin e^{x})$. Les inégalités précédentes montrent aussi qu'une courbe de dimension 2 vérifie $\underline{h}(\Gamma) \geq 1/2$.

§ 7 - EQUIREPARTITION MODULO 1

Soit $u = (u_n)$ une suite infinie de nombres réels. On sait qu'elle est équirépartie (mod 1) si et seulement si pour tout $q \in Z^{*}$,

$$z_n = \sum_{k=0}^{n-1} \exp 2i\pi q\, u_k = o(n), \quad n \to \infty.$$

Afin de ne pas alourdir notre exposé, nous conviendrons de dire que la suite est équirépartie (mod 1) si la condition précédente est satisfaite pour $q = 1$.

Considérons la courbe polygonale infinie $\Gamma[u]$ dont les sommets successifs dans le plan complexe sont $z_0 = 0$, z_1, z_2,... L'entropie du polygone fini $\Gamma_N[u]$ constitué par les N premiers sommets est

$$H_N = \log \frac{2N}{|\partial K_N|}$$

où $|\partial K_N|$ vérifie

$$2 \max_{1 \leq n \leq N} |z_n| \leq |\partial K_N| \leq 4\pi \max_{1 \leq n \leq N} |z_n| \ .$$

Ainsi

$$H_N \sim \log \left(\frac{1}{N} \max_{n \leq N} \left| \sum_{k=0}^{n-1} \exp 2i\pi\, u_k \right| \right)^{-1}.$$

Supposons que l'on sache qu'il existe deux nombres α,β $(0 \leq \alpha \leq \beta \leq 1)$ tels que

$$N^\alpha \ll \left| \sum_{k=0}^{N-1} \exp 2i\pi u_k \right| \quad \text{pour une infinité de } N,$$

$$\left| \sum_{k=0}^{N-1} \exp 2i\pi u_k \right| \ll N^\beta \quad \text{pour tout } N \text{ suffisamment grand.}$$

Alors les entropies de $\Gamma[u]$ vérifie

$$1 - \beta \leq \underline{h}(\Gamma[u]) \leq \overline{h}(\Gamma[u]) \leq 1 - \alpha \ .$$

D'une façon générale, meilleur est la répartition de u (β voisin de 0), plus grande est l'entropie.

Nous allons illustrer cette étude par plusieurs exemples. Les courbes qu'on verra ont été tracées par F.M. Dekking (certaines ont déjà paru dans notre article [1]), par F. Dress et par M. Pallard.

§ 8 - EXEMPLES

Exemple 1 - $u_n = n\lambda$. Si $\lambda = 0$, le polygone $\Gamma = \Gamma[u]$ est une demi droite issue de 0 ($h=0$). Si $\lambda \in \mathbb{Q}^*$ le polygone est fini. Si $\lambda \notin \mathbb{Q}$, le polygone est infini et remplit une couronne circulaire. Dans ce cas $h = 1$ (figure 6).

Exemple 2 - $u_n = n^2\lambda$. Supposons λ irrationnel. Désignons par $h(\lambda)$ (resp. $\overline{h}(\lambda)$, $\underline{h}(\lambda)$) l'entropie des polygones correspondants. Alors

$$h(\text{nombre quadratique}) = \frac{1}{2} \quad \text{(figure 7, 8)}$$

$$\underline{h}(e) \geq \frac{1}{2} \qquad\qquad \text{(figure 9)}$$

$$\underline{h}(\pi), \ \overline{h}(\pi) \ \ ? \qquad\qquad \text{(figure 10)}$$

L'allure des courbes $\Gamma[(n^2\lambda)]$ est liée au développement en fraction continue de λ. $\Gamma[(n^2\sqrt{2})]$ et $\Gamma[(n^2\frac{1+\sqrt{5}}{2})]$ présentent des symétries locales. Nous discuterons de ce phénomène dans une autre publications. Particulièrement remarquable est la courbe $\Gamma[(n^2\pi)]$ dont les motifs périodiques correspondent à l'approximation

$$\pi \sim \frac{355}{113}.$$

Exemple 3 - $u_n = n \log n$. L'entropie est 1/2. Les attracteurs (spirales) correspondent aux n tels que $\log n$ avoisine 1/2 (mod 1). Les points d'inflexion correspondent aux n tels que $\log n$ est proche d'un entier (figure 11).

Exemple 4 - $u_n = n^\alpha$, $0 < \alpha < 1$. L'entropie est α (figure 12).

Exemple 5 - $u_n = n^{3/2}$. La courbe (figure 13) découverte par F. Dress est d'une surprenante régularité. J.M. Deshouillers employant une méthode de van der Corput montre que

$$\sum_{N < n \leq 2N} \exp 2i\pi\, n^{3/2} \sim \frac{2\sqrt{2}}{3}\, e^{i\frac{\pi}{4}} \sum_{\frac{3}{2}N^{1/2} < \nu \leq \frac{3}{2}(2N)^{1/2}} \nu^{\frac{1}{2}} \exp 2i\pi\, (-\frac{4\nu^3}{27})\ .$$

Une étude détaillée de cette formule permet d'expliquer le fait que la courbe suit la première bissectrice et que chaque "période" contient neuf attracteurs. Tout ceci sera développé par Deshouillers dans un prochain article. L'entropie est $h = 1/4$.

Exemple 6 - $u_n = n^2 \log n$. La courbe relative à cette suite présente un chaos assez inhabituel (figure 14) en ce sens que le désordre y semble inhomogène. De place en place apparaissent des motifs tout à fait organisés mais sans doute difficiles à saisir. On trouve $\underline{h} \geq 1/6$.

Exemple 7 - Courbes obtenues par pliage de papier : $h = 1/2$. Voir [11].

§ 9 - <u>UNE AUTRE DEFINITION DE L'ENTROPIE DES COURBES</u>

Soit $\Gamma \in \Omega$ une courbe rectifiable finie. D'après les résultats du paragraphe 4, si

$$m_k = \int_{\mathrm{card}(D \cap \Gamma) = k} d D$$

Alors

$$\sum_{k=1}^{\infty} m_k = |\partial K|$$

$$\sum_{k=1}^{\infty} k\, m_k = 2|\Gamma|\ .$$

La quantité

$$p_k(\Gamma) = \frac{m_k}{|\partial K|}$$

peut donc être considérée comme la probabilité pour qu'une droite coupe Γ en exactement k points ([13], [14]). L'entropie de Γ peut alors être définie par

163

$$H_1(\Gamma) = - \sum_{k=1}^{\infty} p_k(\Gamma) \log p_k(\Gamma)$$

avec la convention $0.\infty = 0$. Cette entropie n'est pas sans rapport avec l'entropie $H(\Gamma)$ définie au paragraphe 4.

Théorème : <u>On fixe la longueur relative</u> $\gamma = |\Gamma|/|\partial K|$ <u>de la courbe fi-nie</u> Γ. <u>Soit</u>

$$\beta = \log \frac{2\gamma}{2\gamma - 1}$$

<u>Alors</u>

$$0 \leq H_1(\Gamma) \leq H(\Gamma) + \frac{\beta}{e^{\beta} - 1} \leq H(\Gamma) + 1 \ .$$

La démonstration de ce résultat est assez classique. En effet, la technique des multiplicateurs de Lagrange nous apprend à trouver les extrêmes liés. Soit à chercher le maximum de la fonction

$$H(p_1, p_2, p_3, \ldots) = - \sum_{k=1}^{\infty} p_k \log p_k$$

sachant que

$$\sum_{k=1}^{\infty} p_k = 1 \quad \text{et} \quad \sum_{k=1}^{\infty} k\, p_k = 2 \frac{|\Gamma|}{|\partial K|}$$

On considère la fonction

$$U = - \sum_{k=1}^{\infty} p_k \log p_k - \alpha\left(\sum_{k=1}^{\infty} p_k - 1\right) - \beta\left(\sum_{k=1}^{\infty} k\, p_k - 2 \frac{|\Gamma|}{|\partial K|}\right)$$

où α et β sont les deux multiplicateurs de Lagrange. Les conditions

$$\frac{\partial U}{\partial p_k} = 0$$

impliquent

$$- \log p_k - 1 - \alpha - k\beta = 0$$

d'où

$$p_k = c.\, e^{-k\beta} \ .$$

Les deux conditions de liaisons imposent alors

$$c = e^{\beta} - 1$$

et

$$\beta = \log \frac{2|\Gamma|/|\partial K|}{(2|\Gamma|/|\partial K|) - 1} \ ,$$

d'où

$$p_k = (e^{\beta} - 1)e^{-\beta k} = \frac{1}{2|\Gamma|/|\partial K| - 1} \ (1 - \frac{|\partial K|}{2|\Gamma|})^k \ .$$

Cette distribution de probabilité s'appelle la distribution de Gibbs et correspond en thermodynamique à l'équilibre : elle réalise l'entropie maximale pour un rapport $|\Gamma|/|\partial K|$ donné. Représentons par p_1^O, p_2^O, p_3^O,... cette distribution de probabilité. L'entropie correspondante est

$$H^O = - \sum_{k=1}^{\infty} p_k^O \log p_k^O = \beta \ \frac{e^{\beta}}{e^{\beta} - 1} - \log (e^{\beta} - 1) \ .$$

Or l'entropie $H(\Gamma)$ définie au paragraphe 4 est donnée par

$$H(\Gamma) = \log \frac{2|\Gamma|}{|\partial K|} = \log \frac{e^{\beta}}{e^{\beta} - 1} = \beta - \log (e^{\beta} - 1)$$

donc

$$H^O - H(\Gamma) = \beta \ \frac{e^{\beta}}{e^{\beta} - 1} - \beta = \frac{\beta}{e^{\beta} - 1}$$

Par suite

$$H^O = H(\Gamma) + \frac{\beta}{e^{\beta} - 1} \ .$$

H^O étant maximale, on a bien

$$H_1(\Gamma) \leq H^O = H(\Gamma) + \frac{\beta}{e^{\beta} - 1}$$

Pour conclure, il suffit de constater que $\beta \geq 0$ et que

$$\frac{\beta}{e^{\beta} - 1} \leqq 1 \ . \qquad \text{C Q F D}$$

Quelle que soit la distribution de probabilité p_1, p_2, p_3,...
et quelle que soit la suite ε_1, ε_2, ε_3,... positive, tendant vers 0,
il existe une courbe $\Gamma \in \Omega$ telle que

$$|p_k(\Gamma) - p_k| < \varepsilon_k \ .$$

Ceci est en effet facile à voir en considérant des courbes ayant l'allure suivante (figure 15)

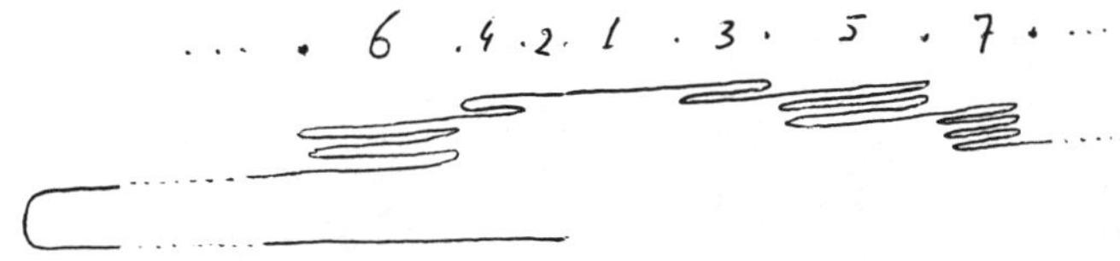

fig. 15

Une telle courbe est coupée par des droites "verticales" en 1, 2, 3,...
points. Si la courbe était infiniment applatie, on aurait $p_k(\Gamma) = p_k$.
Pour une courbe non applatie, on n'obtient donc qu'une approximation à
la distribution p_1, p_2, p_3,...

Il existe donc en particulier des courbes $\Gamma \in \Omega$ qui vérifient

$$|p_k(\Gamma) - p_k^o| < \varepsilon_k \ .$$

De telles courbes sont donc voisines de l'équilibre et peuvent être considérées comme courbes en équilibre.

§ 10 - INTERPRETATION THERMODYNAMIQUE

Considérons une courbe $\Gamma \in \Omega$ en équilibre. Soit D une droite
qui coupe Γ. A l'instant D, la courbe Γ est dans l'état énergétique
card($\Gamma \cap D$). L'état macroscopique de Γ est la combinaison des microétats
$\Gamma \cap D$. L'énergie totale de Γ est donc

$$(e^{\beta} - 1) \sum_{k=1}^{\infty} k \, e^{-\beta k} = \frac{2|\Gamma|}{|\partial K|} \ .$$

166

Le coefficient β est à interpréter comme l'inverse de la température $1/k_oT$ ou k_o est traditionnellement la constante de Boltzmann qui définit l'échelle de température. Ici nous choisirons $k_o = 2$. Ainsi, la température de la courbe Γ en équilibre est

$$T = \frac{1}{2} \left(\log \frac{2|\Gamma|/|\partial K|}{(2|\Gamma|/|\partial K|) - 1} \right)^{-1} \quad .$$

On constate que $T > 0$.

En poussant l'analogie plus loin, on est amené à identifier $|\Gamma|$ avec le "volume" V de Γ et $1/|\partial K|$ avec la "pression" P. L'équation d'état de la courbe Γ en équilibre est donc

$$T = \frac{1}{2} \log \frac{2\,PV}{2PV - 1}$$

soit

$$PV = \frac{1}{2} \frac{\exp (2T)^{-1}}{\exp (2T)^{-1} - 1} \quad .$$

Quand la température T tend vers 0, PV tend vers $1/2$ donc $H_1(\Gamma)$ et $H(\Gamma)$ tendent tous deux vers 0. La troisième loi de la thermodynamique est donc valable : au zéro absolu, l'entropie est nulle (les seules courbes Γ qui existent au zéro abosolu sont les segments de droites !).

Quand la température T croît vers $+\infty$, alors PV tend vers l'infini; plus précisément

$$PV = \frac{1}{2} \frac{1}{1 - \exp (-(2T)^{-1})} \sim T \quad .$$

Ainsi, à haute température, une courbe en équilibre se comporte suivant la loi de Mariotte des gaz parfaits...

Pour ce dernier paragraphe, on pourra consulter J.S. Dugdale [2] où l'entropie des thermodynamicien est très clairement exposée. On verra aussi que notre courbe finie se comporte comme un corps solide d'Einstein (voir aussi Einstein [4]). Les "purs et durs" préfèreront peut-être se reporter au livre de D. Ruelle [12], M. Kac [7] ou C.J. Thompson [15].

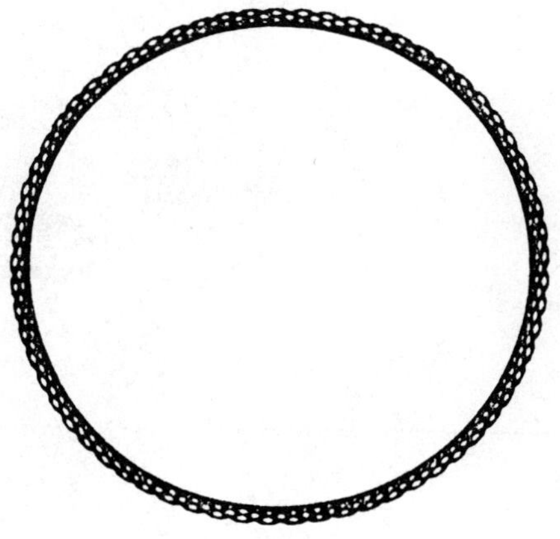

Figure 6. The curve $\Gamma_{200}((\sqrt{17}n))$

(tiré de [1])

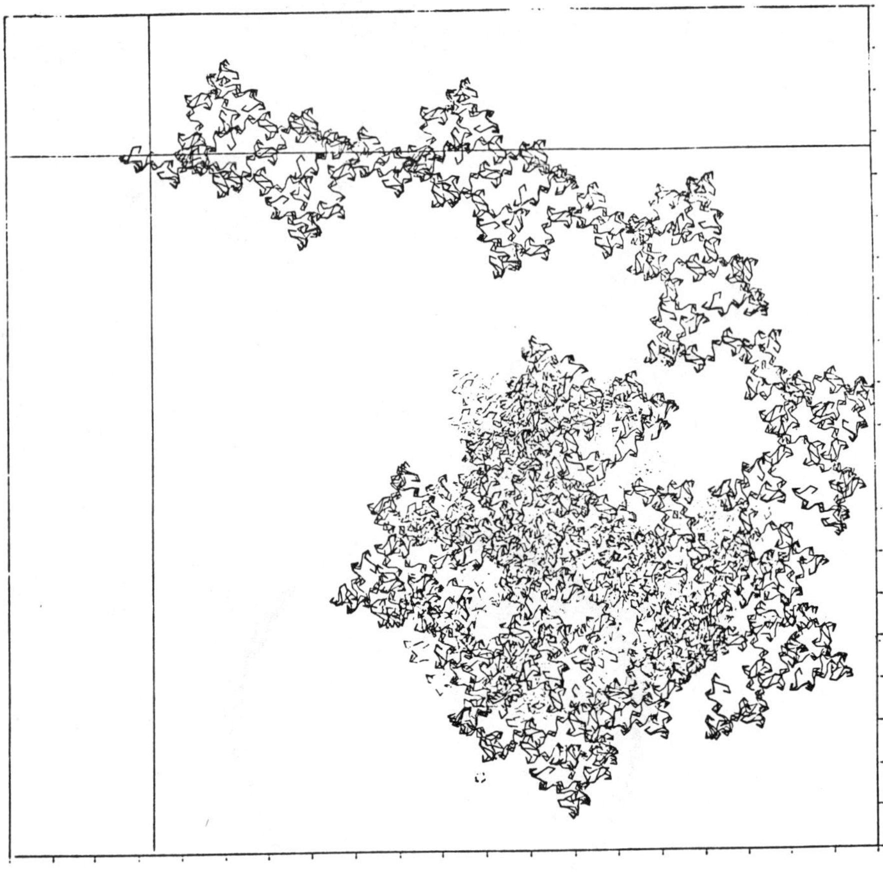

Figure 7

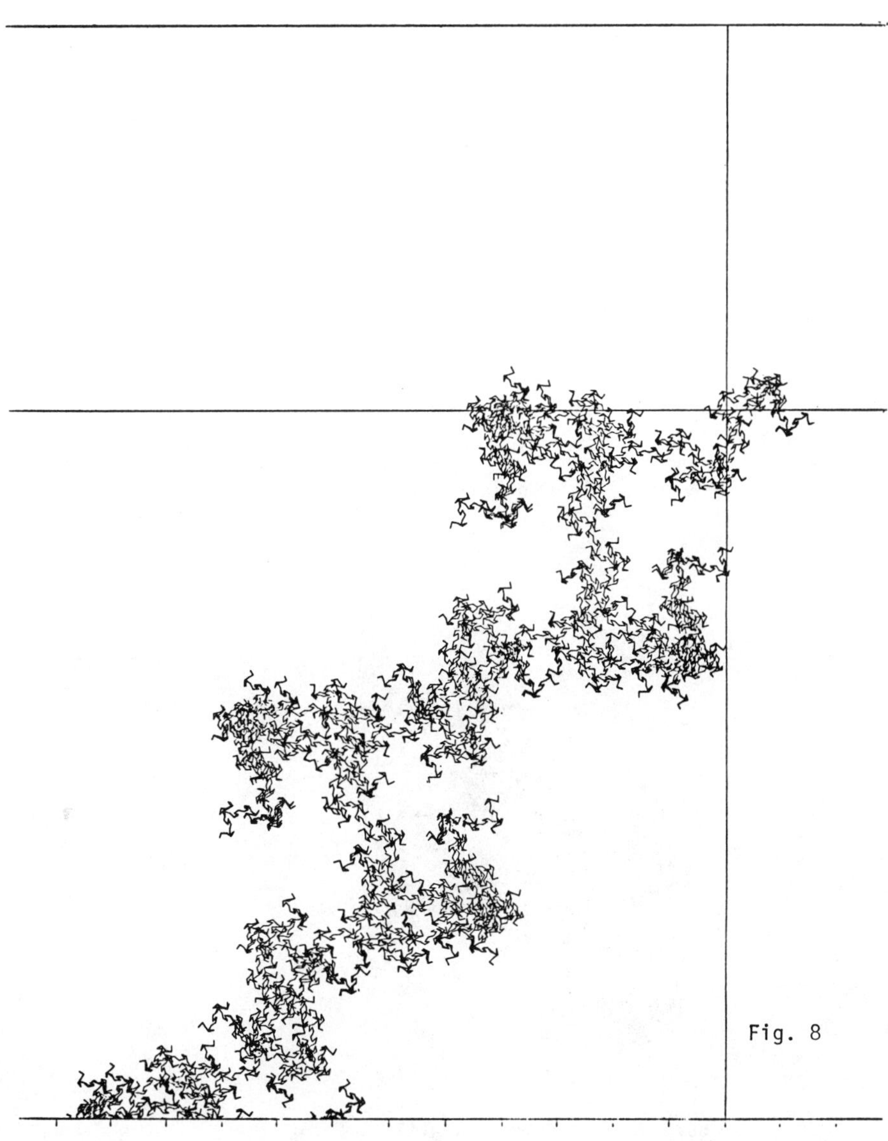

Fig. 8

Figure 9. The curve $\Gamma_{4000}((e\,n^2))$

(tiré de [1])

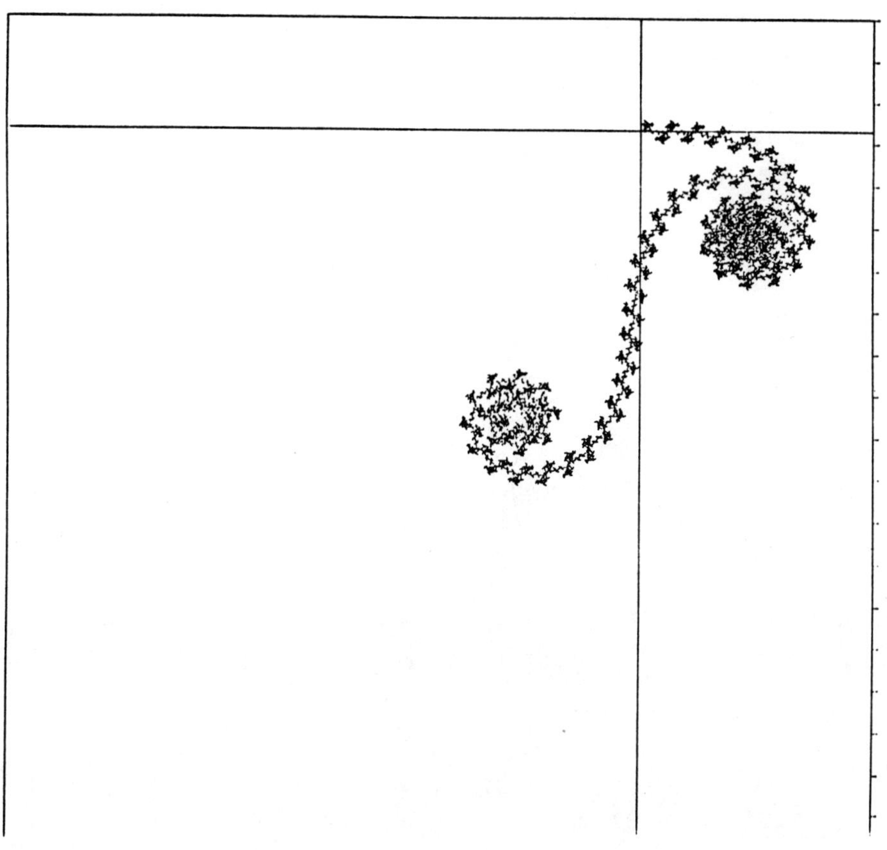

Figure 10

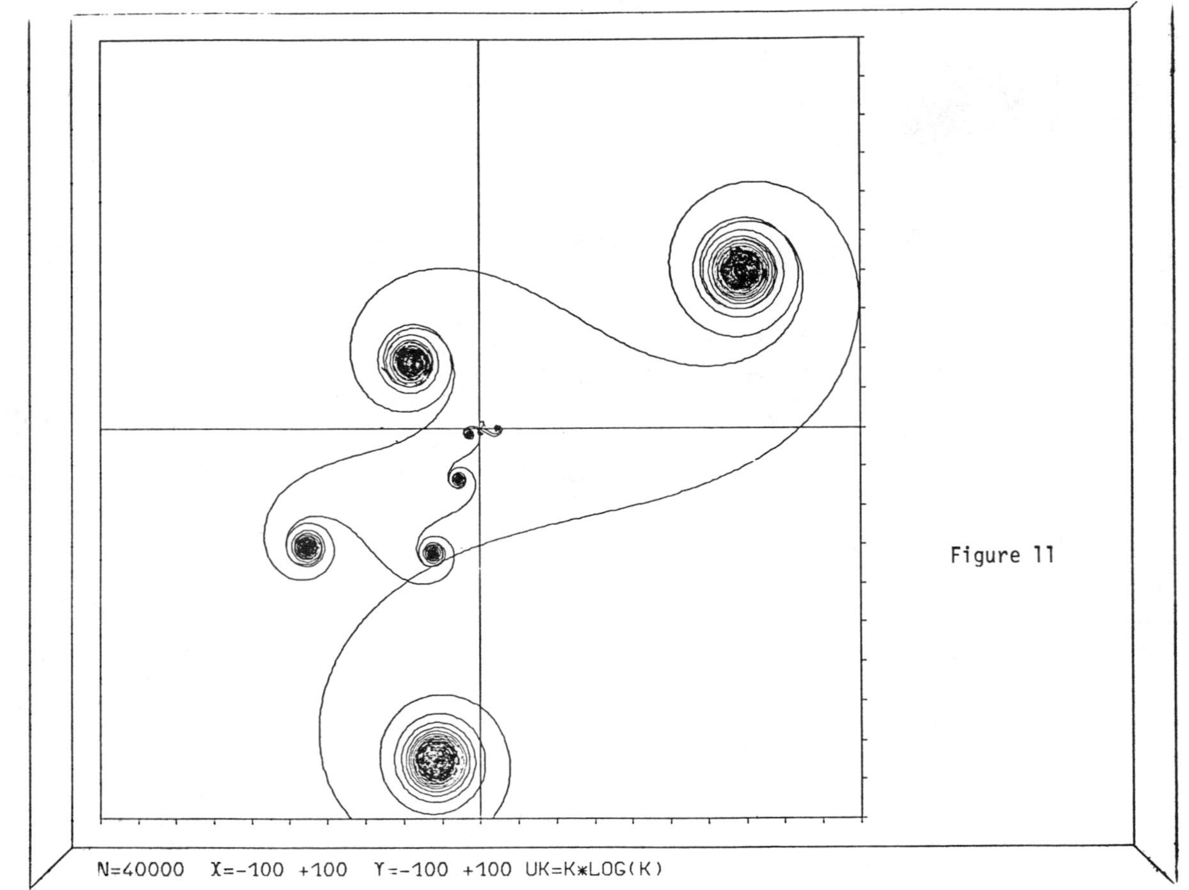
Figure 11
N=40000 X=-100 +100 Y=-100 +100 UK=K*LOG(K)

Figure 12

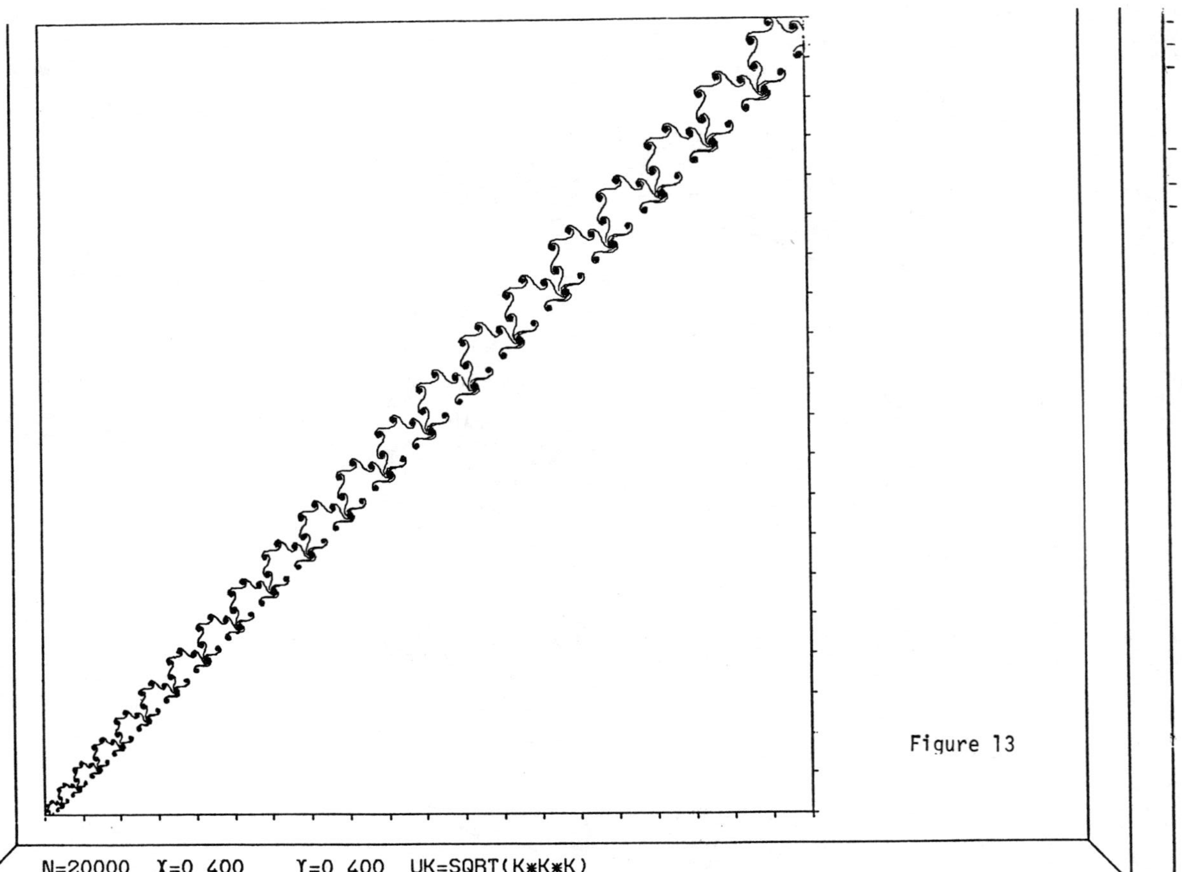

Figure 13

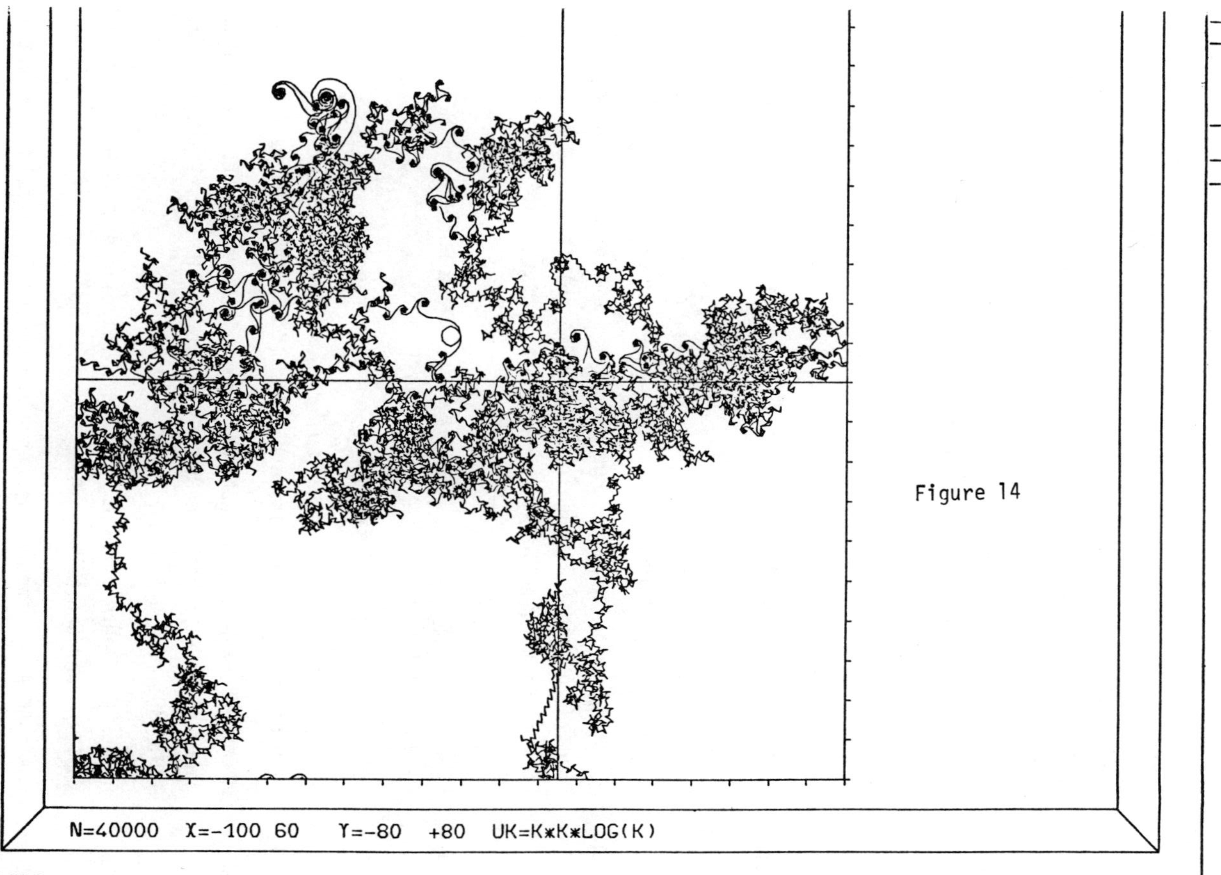

Figure 14

B I B L I O G R A P H I E

[1]   F.M. DEKKING, M. MENDES FRANCE. Uniform distribution modulo one:
        a geometrical viewpoint, Jour. fur die reine und angewandt Math.
        329, 1981, 143-153.

[2]   J.S. DUGDALE. Entropy and low temperature physics, Hutchinson
        University Library 1966, réimprimé 1970.

[3]   Y. DUPAIN, M. MENDES FRANCE. Dimensions des spirales, Bull. Soc.
        Math. France, à paraître.

[4]   A. EINSTEIN. Annalen der Physik 22, 1907, 180.

[5]   R. FEYNMAN. La nature de la physique, Collection Points Seuil
        1980.

[6]   D.S. JONES. Elementary Information Theory, Oxford applied mathe-
        matics and computing science series, Clarendon Press, Oxford 1979

[7]   M. KAC. Some mathematical problems in statistical mechanics,
        Studies in probability édité par M. Rosenblatt,
        Studies in Mathematics, Mathematics association of America, 18,
        1978, 180-228.

[8]   R.D. LEVINE, M. TRIBUS. The Maximum Entropy Formalism, MIT Press
        1979.

[9]   B.B. MANDELBROT. Fractals, Freeman San Francisco 1977

[10]   N.F. MARTIN, J.W. ENGLAND. Mathematical Theory of Entropy, Ency-
        clopedia of Math. and its applicat. 12, Addison Wesley 1981.

[11]   M. MENDES FRANCE, G. TENENBAUM. Dimension des courbes planes, pa-
        piers pliés et suites de Rudin-Shapiro, Bull. Soc. Math. France,
        109, 1981, 207-215.

[12]   D. RUELLE. Thermodynamic Formalism. Encyclopedia of Math. and its
        appl. 5, Addison Wesley 1978.

[13]   L.A. SANTALO. Integral geometry and geometric probability. Ency-
        clopedia of Math. and its appl. 1, Addison Wesley 1976.

[14]   H. STEINHAUS. Length, shape and area, Colloq. Math. 3, 1954, 1-
        13.

[15]   C.J. THOMPSON. Mathematical Statistical Mechanics, Princeton University Press 1979.

COURBES ELLIPTIQUES ET FORMULES EXPLICITES

J.F. MESTRE

I - INTRODUCTION.

Soit E une courbe elliptique définie sur $\mathbb{Q}$, de conducteur N,
et soit r le rang du groupe $E(\mathbb{Q})$ de ses points rationnels. On ignore
si r est ou non borné quand E parcourt l'ensemble des courbes elliptiques définies sur $\mathbb{Q}$. Néron a cependant trouvé une famille infinie de
courbes elliptiques pour lesquelles r est supérieur ou égal à 11. Sa
méthode, de nature purement algébrique, semble malheureusement difficile
à appliquer pour des rangs supérieurs.

D'autre part, on ne connaît pas de majoration raisonnable de r en
fonction des invariants de la courbe : la démonstration du théorème de
Mordell-Weil fournit en effet la seule majoration connue, de la forme
$r = O(\log N)$, qui se révèle très mauvaise dans la pratique. Mazur [2]
a cependant montré que dans le cas où E a de la torsion sur $\mathbb{Q}$ on a
une majoration du type $r = O(\log N / \log\log N)$. Ces majorations s'obtiennent en étudiant certains groupes de cohomologie (galoisienne ou fppf)
et sont donc d'origine algébrique.

On montre ici qu'un détour par des méthodes analytiques n'est pas
sans intérêt : on peut ainsi construire des courbes de rang élevé. Par
exemple, la courbe $y^2 - 246xy + 36599029y = x^3 - 89199x^2 - 19339780x - 36239244$
de conducteur $N = 60259.550469.11241887.722983930261$ possède un système indépendant de douze points :

x..	74111	74183	74203	74322	74357	74487	74589
y..	-8983747	-8841547	-8810287	-8655009	-8615554	-8482939	-8389354
x..	74702	74855	74905	75513	75798		
y..	-8292793	-8170512	-8132182	-7705782	-7521769		

Son rang est donc supérieur ou égal à 12 (vraisemblablement égal à 12).

D'autre part,il ne semble pas absolument déraisonnable de penser qu'en continuant les calculs on puisse trouver des courbes de rang arbitrairement grand : rien dans la méthode ne semble s'y opposer, hormis toutefois, et ce n'est pas négligeable, notamment financièrement, le temps de calcul nécessaire sur ordinateur.

Par ailleurs, les mêmes méthodes analytiques permettent de trouver des majorations conjecturales, mais fines, du rang d'une courbe en fonction de son conducteur; en particulier, si E est une courbe vérifiant les conjectures du paragraphe II, on a une majoration de la forme $r = O(\mathrm{Log}\,N / \mathrm{Log}\mathrm{Log}\,N)$, que E ait ou non de la torsion sur $\mathbb{Q}$.

II - <u>LES CONJECTURES</u>.

Si E est une courbe elliptique définie sur $\mathbb{Q}$, de conducteur N, on définit sa fonction L par

$$L(s) = \sum_n a_n n^{-s} = \prod_{p/N} (1 - a_p p^{-s})^{-1} \prod_{p \nmid N} (1 - a_p p^{-s} + p^{1-2s})^{-1}$$

les coefficients a_p étant définis comme suit :

i) si p divise N, $a_p = 0$ (resp. 1, resp. -1) si la réduction de E modulo p est additive (resp. multiplicative déployée, resp. multiplicative non déployée).

ii) si p ne divise pas N, $a_p = p + 1 - N_p$, N_p étant le nombre de points de E modulo p. Dans ce cas, $a_p = \alpha_p + \bar{\alpha}_p$, α_p et $\bar{\alpha}_p$ étant des nombres complexes conjugués de module égal à $\sqrt{p}$.

Dans le cas où E est à multiplications complexes, cette fonction L n'est autre qu'une fonction L de Hecke associée à un Grossencharacter. Dans le cas général, le seul résultat démontré - et trivial - est sa convergence pour $\mathrm{Re}(s) > 3/2$. L'attrait exercé par ces fonctions réside en fait dans les deux conjectures suivantes :

II-1. <u>Conjecture de Birch et Swinnerton-Dyer</u> : La fonction L d'une courbe elliptique est prolongeable en une fonction holomorphe au voisinage de 1, et son ordre en 1 est égal au rang du groupe de Mordell-Weil de E sur $\mathbb{Q}$.

II-2. <u>Conjecture de Weil</u> : Si $L(s) = \sum_n a_n n^{-s}$ est la fonction L d'une courbe elliptique définie sur $\mathbb{Q}$, la fonction $f(z) = \sum_n a_n \exp(2\pi i n z)$ est une "new Form" de poids 2, au sens d'Atkin-Lehner [1], pour le groupe $\Gamma_0(N)$. En particulier, la fonction $\Lambda(s) = (\sqrt{N}/2\pi)^s \Gamma(s) L(s)$ est entière, et vérifie l'équation fonctionnelle $\Lambda(s) = C\Lambda(2-s)$, C étant une constante égale à ± 1.

Outre ces deux conjectures célèbres, il semble loisible d'en énoncer une troisième :

II-3. <u>Conjecture de Riemann généralisée</u> : La fonction L d'une courbe elliptique est prolongeable en une fonction entière dont les seuls zéros dans la bande verticale $1/2 < \mathrm{Re}(s) < 3/2$ sont situés sur la droite $\mathrm{Re}(s) = 1$.

III-1 <u>Formules explicites.</u>

Les formules explicites de Weil [5] sont faciles à généraliser au cas des formes modulaires : soit donc $f(z) = \sum a_n e^{2\pi i n z}$ une forme nouvelle de poids k pour le groupe $\Gamma_0(N)$, et
$$L(s) = \sum a_n n^{-s} = \prod_{p/N}(1 - a_p p^{-s})^{-1} \prod_{p \nmid N}(1 - a_p p^{-s} + p^{1-2s})^{-1}$$
sa transformée de Mellin. Si p divise N, on définit $b(p^m) = (a_p)^m$; sinon, on pose $b(p^m) = \alpha_p^m + {\alpha'_p}^m$, où α_p et α'_p sont les racines du polynôme $T^2 - a_p T + p^{k-1}$.

Soit d'autre part une fonction F réelle, paire, telle que $F(0) = 1$, et vérifiant les conditions suivantes :

i) il existe $\varepsilon > 0$ tel que $F(x)e^{(1/2+\varepsilon)x}$ soit sommable.

ii) il existe $\varepsilon > 0$ tel que $F(x)e^{(1/2+\varepsilon)x}$ soit à variation bornée, la valeur en chaque point étant la moyenne des limites à droite et à gauche.

iii) la fonction $(F(x)-1)/x$ est à variation bornée.

Soit
$$\phi(s) = \int_{-\infty}^{+\infty} F(x)e^{(s-k/2)x}dx,$$

et soit
$$\varphi(t) = \int_{-\infty}^{+\infty} F(x)e^{itx}dx.$$

On a alors la formule :

$$(1) \quad \sum_\rho \phi(\rho) + 2 \sum_{p,m \geq 1} b(p^m) \mathrm{Log}\, p / p^{mk/2} F(m \mathrm{Log}\, p) = \mathrm{Log}\, N - 2\mathrm{Log}(2\pi) - 2I_F,$$

où ρ parcourt les zéros de L situés dans la bande
$k/2 \leq \mathrm{Re}(s) \leq k/2 + 1$; I_F est donnée par la formule :

$$I_F = \int_0^{+\infty} (F(x)e^{-kx/2}/(1 - e^{-x}) - e^{-x}/x)dx.$$

III-2 <u>Applications aux courbes elliptiques.</u>

Soit E une courbe elliptique définie sur $\mathbb{Q}$, de conducteur N; dans tout ce paragraphe, on suppose qu'elle vérifie les conjectures II-1, II-2 et II-3; soit alors F une fonction vérifiant les conditions de III-1, et telle que $\varphi(t)$ soit positive ou nulle pour tout t; si r désigne le rang de $E(\mathbb{Q})$, on déduit alors de (1) une majoration de r :

$$(2) \quad r\varphi(0) \leq \mathrm{Log}\, N - 2\log(2\pi) - 2I_F - 2 \sum_{p,m \geq 1} b(p^m)\mathrm{Log}\, p\, F(\mathrm{Log}(p^m))/p^m$$

On peut ici écrire $I_F = \int_0^{+\infty} (F(x)/(e^x - 1) - e^{-x}/x)dx.$

La méthode employée usuellement pour optimiser de telles majorations est la suivante : on part d'une fonction F à support compact (nous prenons dans ce paragraphe la fonction d'Odlysko nulle en dehors de $[-1,1]$, paire, et telle que $F(x) = (1 - x)\cos(\pi x) + \sin(\pi x)/\pi$ pour x positif inférieur à 1). Pour λ réel positif, on pose $F_\lambda(x) = F(x/\lambda)$; alors $\varphi_\lambda(t) = \lambda\varphi(\lambda t)$. On cherche alors λ minimisant les majorations (2).

En majorant brutalement $|b(p^m)|$ par $2p^{m/2}$, et en prenant λ de l'ordre de $2\,\mathrm{LogLog}\, N$, on trouve alors :

$$r \leq (\pi^2/16)\mathrm{Log}\, N\, /\mathrm{LogLog}\, N + O(\mathrm{Log}\, N/(\mathrm{LogLog}\, N)^3).$$

Ces formules n'ont à vrai dire que peu d'intérêt tant que l'on ignore si le rang d'une courbe elliptique peut être ou non arbitrairement grand. Par contre, à partir d'une courbe elliptique E donnée explicitement, on peut trouver des majorations très fines du rang de $E(\mathbb{Q})$ en calculant un nombre de coefficients a_p relativement restreint et en appliquant la formule (2).

Prenons par exemple $\lambda = \mathrm{Log}\, 23$, la fonction F étant la fonction d'Odlysko décrite ci-dessus; on a alors $I_F \approx 0,1067$, d'où la majoration :

$$(3) \quad r \leq 0,3935\,\mathrm{Log}\, N - 1,5302 - 0,786 \sum_{p^m \leq 23} b(p^m)\mathrm{Log}\, p\, F(\mathrm{Log}(p^m))/p^m.$$

Il suffit donc de calculer les coefficients a_p pour
$p = 2,3,5,7,11,13,17,19,$ puis les termes $b(4)$, $b(8)$, $b(16)$ et $b(9)$.
Cela donne expérimentalement de bonnes majorations pour des courbes de
conducteur inférieur à 1000; en particulier, si l'on applique la formule
(3) à toutes les courbes de conducteur ≤ 200 issues des tables de [4],
on trouve la valeur exacte du rang de ces courbes en prenant la partie
entière de la majoration obtenue. Voici quelques majorations obtenues
pour des courbes mises sous forme de Weierstrass

$$y^2 + \alpha_1 xy + \alpha_3 y = x^3 + \alpha_2 x^2 + \alpha_4 x + \alpha_6$$

α_1	α_2	α_3	α_4	α_6	N	rang	majoration
0	-1	1	0	0	11	0	0,00142
0	-1	1	-40	-221	121	0	0,024
0	0	1	-1	0	37	1	1,00097
0	0	1	-3	0	189	1	1,083
0	1	1	-2	0	389	2	2,008
0	0	1	-1	6	16811	3	3,37

Le fait que ces majorations sont bonnes provient de ce que les zéros non réels de L sur la droite $\text{Re}(s) = 1$ sont assez éloignés de
l'axe réel : expérimentalement, l'ordonnée minimale de ces zéros est de
l'ordre de $1/\text{Log}\,N$; ce fait peut être démontré pour certaines classes
de courbes elliptiques (par exemple pour les courbes de Weil dont le
nombre de points critiques fondamentaux d'ordre impair [3] est égal à
l'ordre en 1 de leur fonction L).

D'autre part, si E est une courbe elliptique de conducteur N,
les majorations (2) appliquées aux fonctions F_λ donnent (toujours expérimentalement ...) de bons résultats pour λ de l'ordre de $2\,\text{Log}\text{Log}\,N$;
cela signifie que les nombres premiers p importants pour caractériser
le rang de E semblent inférieurs à $C(\text{Log}\,N)^2$, C constante indépendante de N.

III-3 <u>Construction de courbes elliptiques de rang assez élevé.</u>

Les considérations précédentes permettent d'espérer que, pour obtenir des courbes de rang élevé, il suffit d'en construire dont les coefficients a_p sont minimaux pour suffisamment de nombres premiers p. L'algorithme est alors le suivant :

- soit M un entier, P_M l'ensemble des nombres premiers inférieurs ou égaux à M, et R le produit de ces nombres premiers. On calcule les congruences que doivent vérifier les coefficients c_4 et c_6 d'une courbe elliptique pour que, quelque soit $p \leqq P_M$, $a_p = - E(2\sqrt{p})$.

- on fixe ensuite deux entiers K et K' dépendant des capacités de calcul dont on dispose. Pour k de valeur absolue inférieure à K, on calcule k'_0 tel que $(c_4 + kR)^3 - (c_6 + k'_0 R)^2$ soit de valeur absolue minimale; pour chacune des courbes de coefficients $c_4 + kR$, $c_6 + (k'_0 + k')R$, avec $|k'| \leqq K'$, on calcule les coefficients a_p pour p inférieur à M^2. Si la majoration (2) est convenable (avec $\lambda = 2 \operatorname{Log} M$), on cherche des points entiers de la courbe, et, si on en trouve suffisamment, on calcule la matrice des hauteurs de ces points, qu'on diagonalise. On obtient ainsi une minoration du rang de la courbe.

Ce procédé, qui repose sur de nombreuses conjectures, permet néanmoins de trouver explicitement des courbes qui ont effectivement un rang élevé. On trouve ainsi de nombreuses courbes de rang 8 (en faisant $M = 17$ dans l'algorithme ci-dessus), de rang 9 (avec $M = 19$), de rang 10 $(M = 23)$, de rang 11 $(M = 29)$, de rang 12 $(M = 31)$. Outre la courbe de rang 12 citée dans l'introduction, voici en exemple deux courbes de rang 1i :

$$y^2 - 64xy + 1066633y = x^3 - 9007x^2 - 1499708x - 1006950$$

$$N = 1803406168183626767102437$$

$$y^2 + 11544xy + 15151y = x - 33273156x - 3121x - 660$$

$$N = 18140354084148883149 5208037$$

Un autre intérêt de cette méthode est de fournir des courbes elliptiques qui, sous forme minimale, ont de nombreux points entiers : par exemple, la première courbe de rang 11 citée ci-dessus a au moins 334 points entiers !

Pour finir, il peut être utile de donner quelques exemples de courbes elliptiques de la forme
$y^2 + a_1 xy + a_3 y = x^3 + a_2 x^2 + a_4 x + a_6$, de rang 7, 8, 9 ou 10 et ayant des coefficients assez "petits" :

a_1	a_2	a_3	a_4	a_6	Δ	rang $\geqq$
0	-2265	82483	458	27744	$1,46 \ 10^{19}$	7
0	-789	15023	-610	-7392	$4,06 \ 10^{17}$	7

0	-3132	134741	-1369	-47340	$3,08 \ 10^{19}$	7
0	-1389	39631	920	-11580	$5,96 \ 10^{17}$	7
0	-1860	61549	503	22926	$2,29 \ 10^{19}$	7
0	-3096	132377	335	-54540	$2,81 \ 10^{19}$	7
0	-2007	69045	1616	12514	$1,90 \ 10^{18}$	7
0	-2007	68935	1616	-2226	$3,84 \ 10^{18}$	7
0	-1983	67881	-274	-16748	$1,81 \ 10^{18}$	7
0	-2712	108429	-529	-26390	$2,13 \ 10^{19}$	8
2	1529	799	-1916	-714	$-3,65 \ 10^{16}$	8
0	507	6931	416	-3918	$-1,62 \ 10^{17}$	8
2	2324	475	-1037	0	$-4,54 \ 10^{16}$	8
0	789	51063	-810	-35690	$-2,04 \ 10^{20}$	8
0	3087	6161	-1834	-258	$-1,79 \ 10^{19}$	8
0	3537	3385	776	-2424	$-8,11 \ 10^{18}$	8
0	1821	7695	-940	-1196	$-5,82 \ 10^{18}$	8
0	3396	5009	-205	-3600	$-1,57 \ 10^{19}$	8
0	1800	7875	1013	-2210	$-5,88 \ 10^{18}$	8
0	1305	4691	-802	-3624	$-7,97 \ 10^{17}$	8
0	2286	7421	2285	0	$-1,06 \ 10^{19}$	8
0	630	8221	623	-3774	$-3,92 \ 10^{17}$	8
0	3729	3435	-1030	-2174	$-9,79 \ 10^{18}$	8
0	2253	7817	-1234	-1782	$-1,13 \ 10^{19}$	8
0	3228	9479	131	-3360	$-4,86 \ 10^{19}$	8
-2	737	531	1262	-110	$-1,80 \ 10^{15}$	8
0	3576	9767	425	-2412	$-7,00 \ 10^{19}$	9
0	-3537	121333	-1954	33708	$4,57 \ 10^{21}$	9
0	-7665	504791	6608	-130344	$8,20 \ 10^{22}$	9
0	-11565	957527	-9382	174384	$1,45 \ 10^{21}$	9
0	-8148	562205	-49	50046	$3,82 \ 10^{22}$	9
0	-6408	394059	4091	-159278	$2,41 \ 10^{21}$	9

0	-4806	253669	-25	37422	$2,49 \ 10^{21}$	9
-2	7664	6401	10279	2736	$-2,95 \ 10^{20}$	9
0	-12117	1026611	1946	101250	$7,15 \ 10^{21}$	9
0	-12288	1048249	731	-464478	$1,97 \ 10^{22}$	9
0	24222	121877	-14869	-41760	$-3,38 \ 10^{24}$	10
0	-16104	1572517	8375	161178	$1,15 \ 10^{23}$	10
0	-15336	1461695	-415	-80334	$5,18 \ 10^{22}$	10
0	88776	1	-36625	-11425292340	$5,11 \ 10^{26}$	10

BIBLIOGRAPHIE

[1] A.O.L. Atkin et J. Lehner. Hecke operators on $\Gamma_o(m)$. Math. Ann. 185 (1970), pp. 134-160.

[2] B. Mazur. Rational points of abelian varieties with values in towers of number fields. Inv. Math. 18 (1972), pp. 183-266.

[3] B. Mazur et P. Swinnerton-Dyer. Arithmetic of Weil curves. Inv. Math. 25 (1974), pp. 1-61.

[4] Modular functions of one variable IV (Springer Lectures Notes, vol. 476), pp. 82-113.

[5] A. Weil. Sur les formules explicites de la théorie des nombres premiers, Comm. Sem. Math. Lund (volume dédié à M. Riesz), Lund (1952), pp. 252-265.

GROUPES DE CLASSES D'IDEAUX NON CYCLIQUES

DE CORPS DE NOMBRES

J.-F. MESTRE

Soit K un corps quadratique, Cl_K son groupe de classes d'idéaux, d son discriminant. Depuis une dizaine d'années, plusieurs mathématiciens ont étudié la structure de Cl_K, et plus particulièrement la possibilité, si p est un nombre premier donné, d'obtenir des corps K tels que Cl_K ait un p-rang élevé.

Le cas $p = 3$ a été particulièrement étudié, notamment par Craig [2], qui a montré qu'il existe une infinité de corps quadratiques imaginaires dont le 3-rang est supérieur ou égal à 4, par Shanks et Serafin [8], et par Diaz y Diaz [3], qui exhibent de nombreux exemples de tels corps.

Pour p quelconque, le seul résultat général que l'on a est celui de Yamamoto [11] qui démontre qu'il existe une infinité de corps quadratiques réels (resp. imaginaires) dont le p-rang du groupe des classes est supérieur ou égal à 1 (resp. 2).

Tous ces travaux reposent sur l'étude d'équations diophantiennes de la forme

$$y^2 = 4x^p + d \ .$$

Dans un premier paragraphe, nous rappelons d'abord l'esprit des méthodes utilisées par les auteurs cités plus haut. Nous en décrivons ensuite une interprétation géométrique. Cette manière de voir le problème permet un certain nombre de généralisations, et notamment d'obtenir une infinité de corps quadratiques _réels_ dont le 5-rang (resp. le 7-rang) est supérieur ou égal à 2.

Nous montrons enfin que toutes les extensions abéliennes non ramifiées de degré 3 d'un corps de nombres (non nécessairement quadratique) s'obtiennent à partir de certaines isogénies de courbes elliptiques, explicitées dans le dernier paragraphe.

I. L'égalité $y^2 - 4x^p = d$.

Nous rappelons ici les méthodes et les résultats de Yamamoto concernant le p-rang de Cl_K , K étant un corps de nombres quadratique, et p un nombre premier _impair_.

1) _Théorème_ I.1. Soient x et y des entiers rationnels premiers entre eux, d l'entier égal à $y^2 - 4x^p$, K le corps $\underline{Q}(\sqrt{d})$, et $\mathfrak{a}$ l'idéal de K engendré par x et $(y-\sqrt{d})/2$.

a) L'idéal $\mathfrak{a}$ a une image d'ordre divisible par p dans Cl_K .

b) Supposons d négatif, et $K \neq Q(\rho)$, $\rho^3 = 1$. Soit q un nombre premier ; si x est divisible par q , et si y n'est pas une puissance p-ième modulo q , la classe de l'idéal $\mathfrak{a}$ est exactement d'ordre p .

Rappel de la démonstration : a) la condition x et y premiers entre eux assure que $\mathfrak{a}$ et son conjugué $(x,(y+\sqrt{d})/2)$ sont premiers entre eux. Il est alors clair que $N_{K/\underline{Q}}(\mathfrak{a}) = (x)$, et que $\mathfrak{a}^p = ((y-\sqrt{d})/2)$, donc est principal.

b) Supposons $\mathfrak{a}$ principal. Alors $\mathfrak{a} = (v)$, v étant un entier de K , et $\mathfrak{a}^p = (v^p)$, donc $(y-\sqrt{d})/2 = \varepsilon v^p$, ε étant une unité de K . Les hypothèses sur K impliquent donc que $(y-\sqrt{d})/2$ est lui-même une puissance p-ième. Or $y^2 = d$ modulo q , donc q se décompose dans K . Modulo l'un des deux idéaux au-dessus de q : y est congru à $-\sqrt{d}$, donc $(y-\sqrt{d})/2$ est congru à $-y$. Par suite y est une puissance p-ième dans F_q .

2) Supposons à présent qu'un entier d s'écrive de deux manières différentes sous la forme $d = y_1^2 - 4x_1^p = y_2^2 - 4x_2^p$. Moyennant des congruences convenables sur les x_i et les y_i , on peut alors montrer que les classes des idéaux $(x_1, (y_1-\sqrt{d})/2)$ et $(x_2, (y_2-\sqrt{d})/2)$ sont indépendantes, et donc que le p-rang de Cl_K est supérieur ou égal à 2.

En écrivant la très astucieuse identité :
$$(u^p+v^p-w^p)^2 - 4(uv)^p = (u^p-v^p+w^p)^2 - 4(uw)^p ,$$
valable pour tous u , v , w , Yamamoto parvient ainsi à démontrer le résultat suivant :

Théorème I.2. Il existe une infinité de corps quadratiques imaginaires dont le p-rang du groupe de classes d'idéaux est supérieur ou égal à 2.

De plus, en utilisant la même méthode, il démontre le résultat suivant :

Théorème I.3. Il existe une infinité de corps quadratiques réels dont le nombre de classes est divisible par p .

Le fait que le groupe E_K/E_K^p n'est pas trivial (E_K étant le groupe des unités de K) empêche Yamamoto d'obtenir dans le cas quadratique réel un p-rang supérieur ou égal à 2.

3) Dans le cas $p = 3$, Craig parvient à trouver quatre couples de polynômes $(f_i(t), g_i(t))$, $i = 1$ à 4, vérifiant pour tout (i,j) $f_i(t)^2 - 4g_i(t)^3 = f_j(t)^2 - 4g_j(t)^3$. Il montre ainsi l'existence d'une infinité de corps quadratiques imaginaires dont le 3-rang du groupe de classes d'idéaux est supérieur ou égal à 4.

4) D'autre part, dans $[5]$, Gross et Rohrlich démontrent le
résultat suivant :

__Théorème__ I.4. Soit $p = 5$, 7 ou 11. Si x est un rationnel
distinct de 1, tel que $1-4x^p < 0$, le corps $K = \underline{Q}(\sqrt{1-4x^p})$
a un nombre de classes divisible par p .

La méthode qu'ils emploient est sensiblement différente
des précédentes : si $d = 1-4x^p$, on considère à nouveau
l'idéal $\mathfrak{a} = (x,(1+\sqrt{d})/2)$, qui est d'ordre divisible par p
(même si x n'est pas entier). S'il était trivial, il
existerait v dans K tel que $v^p = (1+\sqrt{d})/2$; de même,
$\bar{v}$ désignant le conjugué de v , on aurait $\bar{v}^p = (1-\sqrt{d})/2$,
d'où la relation $v^p+\bar{v}^p = 1$. Gross et Rohrlich montrent alors
que la courbe de Fermat n'a pas de point non trivial dans un
corps quadratique pour $p = 5$, 7 ou 11.

Dans le même article, et dans le même esprit, ils
montrent le théorème :

__Théorème__ I.5. Soit p premier supérieur à 3. Si x est un
entier différent de 1, tel que $1-4x^p < 0$, le corps
$K = \underline{Q}(\sqrt{1-4x^p})$ a un nombre de classes divisible par p .

II. <u>Une interprétation géométrique</u>.

1) Soit X la courbe d'équation $y^2 = 4x^p + d$, p nombre premier impair. Si $p = 3$, cette courbe est lisse, sinon elle a un unique point singulier à l'infini ; si X_{nor} désigne la normalisée de X , ce point se relève en un point unique de X_{nor} . Considérons alors le morphisme f de X_{nor} dans sa jacobienne A , qui envoie le point à l'infini de X sur l'élément neutre de A . L'image du point P_0 $(0, \sqrt{d})$ est alors clairement un point d'ordre p , défini sur $K = \underline{Q}(\sqrt{d})$. Si B désigne la variété abélienne quotient de A par le sous-groupe d'ordre p engendré par P_0 , on a une suite exacte

$$(1) \qquad 0 \longrightarrow \underline{Z}/p\underline{Z} \longrightarrow A \longrightarrow B \longrightarrow 0$$

qui, par dualité, donne une autre isogénie, définie sur K :

$$(2) \qquad 0 \longrightarrow \mu_p \longrightarrow {}^tB \longrightarrow {}^tA \longrightarrow 0 \ .$$

La variété abélienne A étant une jacobienne, elle est isomorphe sur $\underline{Q}$ à sa duale. Posons $C = {}^tB$, et $C_{/O_K}$ le modèle de Néron de C sur O_K , l'anneau des entiers de K . Il existe alors un schéma en groupes lisse sur O_K , noté $A'_{/O_K}$, de fibre générique A , tel que, si G désigne le schéma en groupes quasi-fini clôture schématique de $\mu_{p/K}$ dans $C_{/O_K}$, on a la suite exacte (prolongeant (2)) :

$$(3) \qquad 0 \longrightarrow G \longrightarrow C_{/O_K} \longrightarrow A'_{/O_K} \longrightarrow 0 \ .$$

En regardant cette suite comme une suite exacte de faisceaux sur $\mathrm{Spec}(O_K)$ pour la topologie fppf, on en déduit une injection :

$$0 \longrightarrow A'(O_K)/C(O_K) \longrightarrow H^1(\mathrm{Spec}(O_K), G) \ .$$

D'autre part, on a la suite exacte :

$$0 \longrightarrow G \longrightarrow \mu_p \longrightarrow \mu_{p'} \longrightarrow 0$$

où μ_p désigne un faisceau en "gratte-ciel" trivial en dehors des places divisant p dans K . D'où l'injection :

$$0 \longrightarrow H^1(\mathrm{Spec}(O_K),G) \longrightarrow H^1(\mathrm{Spec}(O_K),\mu_p) \ .$$

Or, à partir de la suite exacte $0 \longrightarrow \mu_p \longrightarrow \underline{G}_m \xrightarrow{\ p\ } \underline{G}_m \longrightarrow 0$, on déduit la suite : $0 \longrightarrow O_K^*/O_K^{*p} \longrightarrow H^1(\mathrm{Spec}(O_K),\mu_p) \longrightarrow {}_p\mathrm{Cl}_K \longrightarrow 0$ d'où le diagramme :

$$\begin{array}{c}
0 \\
\downarrow \\
E_K/E_K^p \\
\downarrow \\
0 \longrightarrow A'(O_K)/C(O_K) \longrightarrow H^1(\mathrm{Spec}(O_K),\mu_p) \\
\downarrow \\
{}_p\mathrm{Cl}_K \\
\downarrow \\
0
\end{array}$$

et donc un morphisme $A'(O_K)/C(O_K) \longrightarrow {}_p\mathrm{Cl}_K$, qui est injectif si K est quadratique imaginaire.

Par ailleurs, tout point (x,y) de $X(K)$ s'envoie par f sur un point de $A(K)$. Supposons que, pour toute place v de K , $v(x) > 0 \Longrightarrow v(y) = 0$, et $v(y) > 0 \Longrightarrow v(x) = 0$. Alors l'image de ce point par f se prolonge en un point de $A'(O_K)$, et donne donc un élément de ${}_p\mathrm{Cl}_K$. On retrouve ainsi l'application de Yamamoto qui à tout couple d'entiers (x,y) premiers entre eux tels que $y^2 = 4x^p+d$ associe l'idéal $(x,(y-\sqrt{d})/2)$ d'ordre divisant p . Les conditions de congruence du type Th. I.1, b) signifient alors que le point $P(x,y)$ de X a une image dans $A'(O_K)$ qui ne provient pas de C . Si K est quadratique imaginaire, l'existence de deux points indépendants de $A'(O_K)/C(O_K)$ permet d'affirmer l'indépendance des points correspondants dans ${}_p\mathrm{Cl}_K$. Si K est quadratique réel, le fait que E_K/E_K^p est de rang 1 permet seulement d'affirmer que ${}_p\mathrm{Cl}_K$ est non trivial.

Notons d'autre part que l'addition de l'image de deux points P(x,y) et P'(x,y) sur la jacobienne de X correspond au produit des deux idéaux associés. Ce résultat généralise un résultat de Buell [1], qui le montrait dans le cas $p = 3$; dans ce cas, la courbe X est elliptique, et Buell vérifiait par le calcul que, si P , Q , R sont trois points alignés de la courbe $y^2 = 4x+d$, le produit des idéaux correspondants est trivial.

2) La jacobienne A de la courbe X est intéressante à étudier ; sa dimension est égale au genre de X , soit $(p-1)/2$; elle est de type C-M., son corps de multiplication complexe étant $\underline{Q}(\zeta_p)$, le corps des racines p-ièmes de l'unité. Dans [9], Shimura et Taniyama montrent qu'elle est absolument simple. Remarquons d'autre part que le groupe engendré par l'image de $P_o(0,\sqrt{d})$ n'est autre que le noyau de l'endomorphisme $1-\zeta_p$; par suite, sur $K(\zeta_p)$, la variété abélienne B de II.1 n'est autre que A , le morphisme entre A et B étant l'endomorphisme $1-\zeta_p$.

3) On peut d'ailleurs préciser encore ce morphisme. Des motivations bien différentes (l'étude de la courbe de Fermat, et l'existence - regrettable - de points d'ordre infini sur sa jacobienne...) ont conduit Faddev [4] puis Gross et Rohrlich [5] à s'intéresser à la courbe X (pour $d = 1$) et à sa jacobienne : soit en effet la courbe de Fermat

$$F_p : u^p+v^p = 1$$

de jacobienne J_p . Le morphisme $x = -uv$, $y = 2u^p-1$ en fait un revêtement de la courbe $X_p : y^2 = 4x^p+1$.

Dans le cas présent, on doit un peu modifier ce qui précède : désignons désormais par $J_p(d)$ la courbe (définie sur $K = \underline{Q}(\sqrt{d})$) $u^p+v^p = \sqrt{d}$, et par $X_p(d)$ la courbe $y^2 = 4x^p+d$. Soit φ le morphisme de $F_p(d)$ dans $X_p(d)$ défini par $x = -uv$, $y = 2u^p-\sqrt{d}$. On en déduit un morphisme de groupes de $J_p(d)$, la jacobienne de $F_p(d)$, dans $A_p(d)$, la jacobienne de $X_p(d)$. Si D est la composante neutre du noyau de ce morphisme, le morphisme induit de $J_p(d)/D \longrightarrow A_p(d)$ n'est autre que l'isogénie $C \longrightarrow A$ décrite dans II.1.

On a donc à présent une représentation très concrète du revêtement image réciproque de l'isogénie définie dans II.1 :

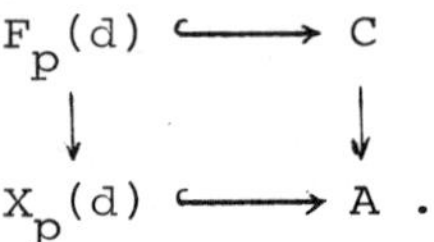

$$
\begin{array}{ccc}
F_p(d) & \hookrightarrow & C \\
\downarrow & & \downarrow \\
X_p(d) & \hookrightarrow & A \ .
\end{array}
$$

Le critère de Yamamoto du théorème I.1 (b) est à présent immédiat : avec les notations de ce théorème, il suffit de remarquer que les images réciproques du point $(0,\sqrt{d})$ de $X_p(d)$ sont les points (u,v) tels que $u^p = \sqrt{d}$ et $v = 0$, donc sont rationnels sur F_q si et seulement si d est une puissance p-ième modulo q .

III. <u>Passage à l'isogénie duale</u>.

1) La méthode de Yamamoto, très efficace dans le cas quadratique imaginaire, se revèle insuffisante dans le cas quadratique réel pour trouver des p-rangs de groupes de classes supérieurs ou égaux à 2. On utilise en effet le groupe de cohomologie $H^1(\mathrm{Spec}(O_K),\mu_p)$, qui fait intervenir le groupe E_K/E_K^p (E_K étant, rappelons-le, le groupe des unités de O_K, l'anneau des entiers de K) :

$$0 \longrightarrow E_K/E_K^p \longrightarrow H^1(\mathrm{Spec}(O_K),\mu_p) \longrightarrow {}_p\mathrm{Cl}_K \longrightarrow 0 \ .$$

C'est pourquoi il est préférable, quand c'est possible, d'utiliser le schéma en groupes $\underline{Z}/p\underline{Z}$ dual de μ_p . En effet, $H^1_{\mathrm{fppf}}(\mathrm{Spec}(O_K),\underline{Z}/p\underline{Z}) = H^1_{\mathrm{\acute{e}t}}(\mathrm{Spec}(O_K),\underline{Z}/p\underline{Z}) = \mathrm{Hom}(\mathrm{Cl}_K,\underline{Z}/p\underline{Z})$, groupe dans lequel les unités de K n'interviennent plus.

2) Considérons par exemple une variété abélienne E définie sur $\underline{Q}$, munie d'un point P_O d'ordre p (p impair), telle que, si $E_{/\underline{Z}}$ désigne son modèle de Néron, le morphisme $\underline{Z}/p\underline{Z} \longrightarrow E$ se prolonge en une immersion (sur $\mathrm{Spec}(\underline{Z})$) de $\underline{Z}/p\underline{Z}$ dans $E_{/\underline{Z}}$ (c'est par exemple toujours le cas si E est semi-stable en p).

Alors, si F est le quotient de E par le groupe engendré par P_O , il existe un schéma en groupes lisse $F'_{/\underline{Z}}$, de fibre générique F , tel qu'on a la suite exacte (de faisceaux pour la topologie fppf) :

$$0 \longrightarrow \underline{Z}/p\underline{Z} \longrightarrow E_{/\underline{Z}} \longrightarrow F'_{/\underline{Z}} \longrightarrow 0$$

d'où un homomorphisme de groupes :

$$0 \longrightarrow F'(O_K)/E(O_K) \longrightarrow \mathrm{Hom}(\mathrm{Cl}_K,\underline{Z}/p\underline{Z})$$

K étant un corps de nombres quelconque.

On obtient ainsi une minoration du p-rang de Cl_K par le rang de $F'(O_K)/E(O_K)$, où les unités de K ne jouent plus aucun rôle.

3) Si E est à présent une courbe elliptique, nous savons, d'après Mazur [6], que p ne peut être égal qu'à 3, 5 ou 7 : pour $p \rangle 7$, la courbe modulaire $Y_1(p)$ classifiant les courbes elliptiques munies d'un point d'ordre p n'a pas de point rationnel sur $\underline{Q}$. Pour $p = 3$, 5 ou 7 , on a par contre une infinité de telles courbes elliptiques E munies d'un point P d'ordre p , et on sait construire explicitement [10] leur quotient F . Si l'on écrit F sous sa forme de Weierstrass $y^2 = x^3 + ax + b$, un choix approprié de x dans $\underline{Q}$ permet d'obtenir un point (x,y) rationnel sur le corps quadratique (réel ou imaginaire) $\underline{Q}(y) = K$, point qui, moyennant de bonnes conditions de congruence, ne provient pas d'un point de $E(O_K)$. Le corps K a alors un nombre de classes divisible par p .

En affinant cette méthode, et par un choix adéquat des courbes E , on peut alors démontrer le résultat suivant :

<u>Théorème</u> III.1. Il existe une infinité de corps quadratiques réels dont le 5-rang (resp. le 7-rang) est supérieur ou égal à 2.

Les détails de tout ce qui précède, ainsi que de nombreux exemples, figurent dans [7]. Notons seulement que Schoof, à partir de cette méthode, a trouvé plusieurs exemples de corps quadratiques imaginaires dont le 5-rang du groupe des classes est supérieur ou égal à 4. On peut se poser la question de savoir si, pour p un nombre premier impair donné, le p-rang de Cl_K est ou non borné quand le discriminant de K augmente indéfiniment en valeur absolue.

4) Dans ce qui précède, on a vu qu'à partir de certaines isogénies de courbes elliptiques, on peut construire des éléments non triviaux de $H^1(Spec(O_K), \underline{Z}/p\underline{Z}) = Hom(Cl_K, \underline{Z}/p\underline{Z})$; à un tel élément correspond une extension abélienne non ramifiée de K de degré p . Dans [7] on montre comment obtenir explicitement ces extensions par des polynômes dont les racines les engendrent.

Dans le cas $p = 3$, la réciproque est vraie :

__Théorème__ III.2. Soient K un corps de nombres, L/K une extension abélienne non ramifiée de K de degré 3. Il existe alors une courbe elliptique E définie sur K , munie d'un point P d'ordre 3 rationnel sur K , telle que, si F est la courbe quotient de E par le groupe engendré par P , l'extension L est engendrée par l'image réciproque d'un point de $F(K)$ par l'isogénie $E \longrightarrow F$.

__Démonstration__. Soit $X^3 + a_1 X^2 - x_0 X + a_3$ un polynôme dont les racines X engendrent L . Son discriminant $\delta = 4x_0^3 + a_1^2 x_0^2 - 18 a_1 a_3 x_0 - 4 a_1^3 a_3 - 27 a_3^2$ est donc un carré. Considérons à présent la courbe elliptique E d'équation $y^2 + a_1 xy + a_3 y = x^3$. Le point $P(0,0)$ est d'ordre 3 sur E . D'autre part, à l'aide des formules de Vélu [10] on voit qu'on peut prendre comme équation de F , la courbe quotient:

$$y^2 = 4x^3 + a_1^2 x^2 - 18 a_1 a_3 x - 4 a_1^3 a_3 - 27 a_3^3$$

. En faisant $x = x_0$ dans cette équation, on voit qu'on obtient δ , le discriminant du polynôme donnant L , qui est un carré. Le point $(x_0, \sqrt{\delta})$ est donc un point de $F(K)$. A l'aide des équations de Vélu, on voit alors que les images réciproques de ce point ont comme abscisses sur E les valeurs a_3/X_i , les X_i étant les racines du polynôme ci-dessus. D'où le théorème.

Bibliographie

[1]   D.A. BUELL.- Class groups of quadratic fields. Math. of
       Comp. 30 (1976), 610-623.

[2]   M. CRAIG.- A construction for irregular discriminants.
       Osaka J. Math. 14 (1977), 365-402.

[3]   F. DIAZ Y DIAZ.- On some families of imaginary quadra-
       tic fields. Math. of Comp. 32 (1973), 636-650.

[4]   D.K. FADDEEV.- On the divisor class groups of some
       algebraic curves. Dokl. Tom 136, 296-298, Sov.
       Math. Vol. 2, n° 1 (1961), 67-69.

[5]   B.H. GROSS, D.E. ROHRLICH.- Some results on the Mordell-
       Weil group of the Jacobian of the Fermat curve.
       Inv. Math. 44 (1978), 201-224.

[6]   B. MAZUR.- Rational isogenies of prime degree. Inv.
       Math. 44 (1978).

[7]   J.-F. MESTRE.- Courbes elliptiques et groupes de
       classes d'idéaux de certains corps quadratiques.
       Sém. de Théorie des Nombres de Bordeaux (1979-
       1980), exp. 15.

[8]   D. SHANKS, R. SERAFIN.- Quadratic fields with four
       invariants divisible by 3. Math. of Comp. 27
       (1973), 183-187.

[9]   G. SHIMURA, Y. TANIYAMA.- Complex multiplication of
       Abelian varieties and its applications to Number
       Theory. Tokio, Math. Soc. Japan 1961.

[10]   J. VÉLU.- Isogénies entre courbes elliptiques. C. R.
       Acad. Sc. Paris, t. 273 (26 Juillet 1971), 238-241.

[11]   Y. YAMAMOTO.- On unramified Galois extensions of qua-
       dratic number fields. Osaka J. Math. 7 (1970),
       57-76.

DEMONSTRATIONS GEOMETRIQUES DE

LEMMES DE ZEROS, I

Jean-Charles MOREAU

Cet article a pour but de donner une interprétation géométrique de la démonstration du théorème principal de [M-W].

Les outils de géométrie algébrique utilisés, le vocabulaire et les notations sont ceux du chapitre I de [H]. Nous établirons, en [M], des améliorations des estimations ci-dessous, à l'aide d'outils de géométrie algébrique sortant du strict cadre "classique" adopté ici.

On considère un groupe algébrique commutatif, sur un corps algébriquement clos k, $G = G(k)$. On suppose que G est une variété quasi-projective, plongée dans $\mathbb{P}^N = \mathbb{P}^N(k)$. Sa loi de groupe est notée $+$.

On considère $\Gamma = \mathbb{Z}\gamma_1 + \ldots + \mathbb{Z}\gamma_m$, un sous-groupe de type fini de G. Pour S réel positif, on note

$$\Gamma(S) = \{\mu_1\gamma_1 + \ldots + \mu_m\gamma_m \; ; \; 0 \leq \mu_i \leq S, \; i = 1,\ldots,m\}.$$

De plus, on va adopter les notations suivantes. Pour $V \subset G$, on notera $\bar{V}$ l'adhérence (de Zariski) de V dans G. Pour $Z \subset \mathbb{P}^N$, on appellera degré de Z, noté $\deg Z$, le degré de son adhérence dans $\mathbb{P}^N$.

I - ENONCE.

Soit $n = \dim G$. On note, pour $1 \leq r \leq n$, $p_r = \min \{ \operatorname*{rang}_{\mathbb{Z}}(\Gamma/\Gamma')$; Γ' sous-groupe de Γ, $\operatorname*{codim}_G \bar{\Gamma}' \geq r \}$. On associe alors à Γ le nombre

$$\mu(\Gamma) = \min \{ p_r/r \; ; \; 1 \leq r \leq n \}.$$

Théorème principal de [M-W] :

Soit S un entier. Soit X une hypersurface de $\mathbb{P}^N$ contenant $\Gamma(S)$, mais ne contenant pas G. Alors

$$\deg X \geq c(S/n)^{\mu(\Gamma)}$$

où c est un nombre réel > 0 ne dépendant que de G.

II - PRELIMINAIRES.

1 - Pour établir ce théorème, on intersecte $X \cap G$ avec ses translatés de la forme $-\gamma + (X \cap G)$, où $\gamma \in \Gamma(S)$, de façon à faire chuter pas à pas la dimension jusqu'à obtenir une intersection vide. Ce qui sera possible, en codimension r, dès que S^{p_r} sera plus grand que $(\deg X)^r$, à une constante près. Le nombre S^{p_r} est une minoration du nombre de translations "distinctes", par des éléments de $\Gamma(S)$, d'une sous-variété de G de codimension r. Le nombre $(\deg X)^r$ donne une majoration, à une constante près, du nombre de composantes irréductibles de codimension r intervenant dans l'intersection ci-dessus de $X \cap G$.

2 - Le nombre de composantes irréductibles d'un fermé de $\mathbb{P}^N$ est majoré par son degré. Les estimations du degré sont obtenues en considérant le polynôme de Hilbert (voir, par exemple, le paragraphe 7 du chapitre I de [H]; en particulier, pour le degré de l'intersection d'une sous-variété et d'une hypersurface de $\mathbb{P}^N$, voir le théorème 7.7, p. 53).

3 - La loi de groupe s'écrit localement à l'aide de polynômes bihomogènes. Soit a un majorant du degré des polynômes définissant la loi de groupe.

__Lemme 1.__ Pour toute hypersurface H de $\mathbb{P}^N$, pour tout $(\gamma, y) \in G \times G$ tel que $y \notin \gamma + (H \cap G)$, il existe une hypersurface Z de $\mathbb{P}^N$ vérifiant

$$\alpha) \quad \gamma + (H \cap G) \subset Z,$$

$$\beta) \quad \deg Z \leq a(\deg H),$$

$$\gamma) \quad y \notin Z.$$

__Démonstration__ : Si H est l'ensemble des zéros de $f \in k[X_o, \ldots, X_N]$, si F, famille de $N+1$ polynômes bihomogènes, vérifiant $F(-\gamma, y)$ non nul, définit localement la loi de groupe, on peut prendre pour Z l'ensemble des zéros du polynôme $f \circ F(-\gamma, Y)$.

III - DEMONSTRATION DU THEOREME.

1 - Sous l'hypothèse

$$(\ast) \qquad (S/n)^{p_r} > a^{r-1}(\deg G)(\deg X)^r, \quad 1 \leq r \leq n,$$

(où a est défini en II.3), on va construire une suite $(X_r)_{1 \leq r \leq n+1}$ vérifiant

$(1)_r$ X_r est un fermé pur de codimension r dans G,

$(2)_r$ $\deg X_r \leq a^{r-1}(\deg G)(\deg X)^r$,

$(3)_r$ $X_r \supset \cap\{-\gamma + (X \cap G); \ \gamma \in \Gamma(n^{-1}(r-1)S)\}$.

On conviendra que l'ensemble vide vérifie $(1)_r$ et $(2)_r$, pour tout r.

2 - On déduit de $(1)_{n+1}$ et $(3)_{n+1}$

$$\cap\{-\gamma + (X \cap G); \ \gamma \in \Gamma(S)\} = \emptyset \ .$$

Ce qui contredit l'hypothèse $X \supset \Gamma(S)$. Donc il existe r tel que

$$(S/n)^{p_r} \leq a^{r-1}(\deg G)(\deg X)^r.$$

Ce qui implique le théorème avec

$$c = (a \deg G)^{-1}.$$

3 - On pose $X_1 = X \cap G$. Les propriétés $(1)_1$ et $(2)_1$ sont vérifiées, car $G \not\subset X$, d'après les résultats sur la dimension et le degré de l'intersection d'une hypersurface et d'une sous-variété.

On fait la construction par récurrence. On suppose X_r construit. On pose $X_r = \bigcup\limits_{i=1}^{M_r} Y_i$, où les Y_i sont des fermés irréductibles de codimension r dans G (d'après $(1)_r$).

L'utilisation de la structure de groupe est concentrée dans le lemme 2 ci-dessous, les résultats sur la dimension et le degré de l'intersection d'une hypersurface et d'une sous-variété de $\mathbb{P}^N$ sont utilisés en 4.

__Lemme 2.__ Sous l'hypothèse $(\ast)$, pour tout i, $1 \leq i \leq M_r$, il existe $\gamma_i \in \Gamma(n^{-1} r S)$ tel que $Y_i \not\subset -\gamma_i + X_1$.

__Démonstration__ : On va montrer qu'il existe $\gamma_i' \in \Gamma(n^{-1}S)$ tel que

$\gamma'_i + Y_i \not\subset X_r$, le lemme se déduisant alors de $(3)_r$.

On considère le sous-groupe de Γ stabilisant Y_i :

$$\Gamma_{Y_i} = \{\gamma \in \Gamma \,;\, \gamma + Y_i = Y_i\}.$$

Pour tout $y_i \in Y_i$, $y_i + \Gamma_{Y_i} \subset Y_i$. Les dimensions étant conservées par translation par un élément de G, on a $\operatorname{codim}_G \overline{\Gamma_{Y_i}} \geq r$. D'où $\operatorname{rang}_{\mathbb{Z}}(\Gamma/\Gamma_{Y_i}) \geq p_r$.

Donc le nombre d'éléments de $(\Gamma(n^{-1}S) + \Gamma_{Y_i})/\Gamma_{Y_i}$ est supérieur ou égal à $(n^{-1}S)^{p_r}$. De $(*)$ et $(2)_r$, on déduit que ce nombre est strictement plus grand que le nombre de composantes irréductibles de X_r.

On conclut en remarquant que, si tous les translatés de Y_i, par les éléments de $\Gamma(n^{-1}S)$ sont contenus dans X_r, il existe γ_1 et $\gamma_2 \in \Gamma(n^{-1}S)$, avec $\gamma_1 - \gamma_2 \not\in \Gamma_{Y_i}$, tels que

$$\gamma_1 + Y_i = \gamma_2 + Y_i \ (= Y_j, \text{ pour un } j, 1 \leq j \leq M_r),$$

ce qui contredit la définition de Γ_{Y_i}.

4 - On en déduit que l'ensemble

$$X_{r+1} = \bigcup_{i=1}^{M_r} [(-\gamma_i + X_1) \cap Y_i] \,,$$

vérifie les propriétés demandées. Comme, d'après le lemme 2, $Y_i \not\subset -\gamma_i + X_1$, on a

a) $(-\gamma_i + X_1) \cap Y_i$ est un fermé pur de codimension $r+1$; et X_{r+1} vérifie $(1)_{r+1}$;

b) d'après le lemme 1, il existe Z_i, hypersurface de $\mathbb{P}^N$, telle que

$$-\gamma_i + X_1 \subset Z_i, \ \deg Z_i \leq a \deg X , \ Y_i \not\subset Z_i;$$

d'où $\qquad \deg[(-\gamma_i + X_1) \cap Y_i] \leq a \deg X \deg Y_i,$

donc $\qquad \deg X_{r+1} \leq a \deg X \, (\sum_{i=1}^{M_r} \deg Y_i) = a \deg X \deg X_r;$

alors $(2)_r$ implique $(2)_{r+1}$ pour X_{r+1}.

La vérification de $(3)_{r+1}$ est purement ensembliste.

BIBLIOGRAPHIE

[H]   R. HARTSHORNE. Algebraic Geometry, GTM 52, Springer Verlag, 1977.

[M-W]   D.W. MASSER et G. WÜSTHOLZ. Zero Estimates on Group Varieties I, Inventiones Math., 64 (1981), 489-516.

[M]   J.C. MOREAU. Démonstrations géométriques de lemmes de zéros, II. Approximation diophantienne et nombres transcendants; comptes-rendus Conf. Luminy, Birkhäuser, Ser. Progress in Math., 1983.

PETITES VALEURS DE LA FONCTION D'EULER

ET HYPOTHESE DE RIEMANN

J.-L. NICOLAS

I. <u>Introduction</u>.

Soit $\varphi(n) = n \prod_{p \mid n} (1-1/p)$ la fonction d'Euler. L'ordre maximum de la fonction $n/\varphi(n)$ est connu depuis Landau, qui en 1903 a démontré :

<u>Théorème</u> 1.

$$\overline{\lim} \frac{n}{\varphi(n) \, \log \log n} = e^{\gamma}$$

où γ est la constante d'Euler.

La démonstration du théorème 1 est essentiellement basée sur la formule de Mertens

$$\prod_{p \leqslant x} (1-1/p) \sim e^{-\gamma}/\log x \ .$$

Nous allons donner du théorème 1 une démonstration un peu plus simple que la démonstration classique, (cf. [Lan], [Har], ch. XXII, [Par], p. 24), et qui met en évidence le fait que les nombres hautement composés pour la fonction $n/\varphi(n)$ sont les nombres $N_k = 2 \ldots p_k$, produit des k premiers nombres premiers ; ce qui veut dire que ces nombres N_k sont caractérisés par la propriété

$$n \langle N_k \implies n/\varphi(n) \langle N_k/\varphi(N_k) \ .$$

207

Pour démontrer cette propriété on observe d'abord que la suite $N_k/\varphi(N_k)$ est croissante en k. Ensuite soit $N_{k-1} \leqslant n < N_k$, et soit $n = q_1^{\alpha_1} \ldots q_j^{\alpha_j}$ la décomposition en facteurs premiers de n, avec $q_1 < q_2 < \ldots < q_j$. On a $q_i \geqslant p_i$ et si $j \geqslant k$, cela entrainerait $n \geqslant N_k$. On a donc $j < k$ et

$$(1) \quad n/\varphi(n) = \prod_{i=1}^{j} (1-1/q_j)^{-1} \leqslant \prod_{i=1}^{k-1} (1-1/p_i)^{-1} \leqslant N_{k-1}/\varphi(N_{k-1}).$$

On achève alors la démonstration du théorème 1 de la façon suivante : soit n vérifiant $N_{k-1} \leqslant n < N_k$, on a :

$$\frac{n}{\varphi(n)} \leqslant \frac{N_{k-1}}{\varphi(N_{k-1})} = \prod_{i=1}^{k-1} (1-1/p_i)^{-1} \sim e^{\gamma} \log p_{k-1}.$$

D'autre part, soit $\theta(x) = \sum_{p \leqslant x} \log p$ la fonction de Tchebycheff. On a :

$$\log n \geqslant \log N_{k-1} = \theta(p_{k-1}) \sim p_{k-1}$$

ce qui entraîne

$$\log \log n \geqslant (1+o(1)) \log p_{k-1}.$$

Si l'on utilise la formule de Mertens avec reste (cf. [Pra])

$$\prod_{p \leqslant x} (1-1/p) = e^{-\gamma}/\log x + O(\exp(-c\sqrt{\log x}))$$

et le théorème des nombres premiers sous la forme : ([Ell], p. 141)

$$\theta(x) = x + O(x \exp(-c\sqrt{\log X}))$$

la démonstration ci-dessus permet d'obtenir une meilleure majoration de $n/\varphi(n)$ que la démonstration classique de Landau ; on obtient :

<u>Théorème</u> 2. On a :

$$n/\varphi(n) \leqslant e^{\gamma} \log \log n + O(\exp(-c\sqrt{\log \log n})).$$

J.-B. ROSSER et L. SCHOENFELD ont démontré dans $[\text{Ros } 62]$ que pour $n \geqslant 3$, on a :

$$(2) \qquad n/\varphi(n) \leqslant e^{\gamma} \log \log n + 5/(2 \log \log n)$$

excepté pour $n = 2230\ 92870 = 2.3.5.7.11.13.17.19.23$ pour lequel $5/2$ doit être remplacé par $2,50637$. Par ailleurs avec les résultats de $[\text{Ros } 75]$, il est possible d'expliciter la constante c et le "O" du théorème 2.

Nous démontrerons ensuite ; au paragraphe 2 :

<u>Théorème</u> 3. Il existe une infinité de n pour lesquels

$$n/\varphi(n) > e^{\gamma} \log \log n .$$

Ce théorème répond à une question posée dans $[\text{Ros } 62]$, après l'énoncé de la formule (2).

Ce théorème peut être précisé par le théorème suivant :

<u>Théorème</u> 4. Soit $\theta(x) = \sum_{p \leqslant x} \log p$ la première fonction de Tchebycheff. On définit pour $x \geqslant 2$:

$$f(x) = e^{\gamma} \log \theta(x) \prod_{p \leqslant x} (1-1/p) .$$

a) On a pour $2 \leqslant x \leqslant 10^{8}$, $f(x) < 1$.

b) Si l'hypothèse de Riemann est vraie, on a pour tout $x \geqslant 2$, $f(x) < 1$; de plus on a :

$$\underline{\lim}(\log f(x)) \sqrt{x} \log x = -2-a$$

$$\overline{\lim}(\log f(x)) \sqrt{x} \log x \leqslant -2+a$$

avec $a = 2 + \gamma - \log 4\pi = 0,046$.

c) Si l'hypothèse de Riemann est fausse, il existe une suite de valeurs de x tendant vers $+\infty$ pour lesquelles $f(x) > 1$ et une autre suite de valeurs de x tendant vers $+\infty$ pour lesquelles $f(x) < 1$. Et si l'on désigne par Θ la borne supérieure des parties réelles des zéros de la fonction ζ de Riemann, alors, pour tout b vérifiant $1-\Theta < b < 1/2$,

on a $\log f(x) = \Omega^{\pm}(x^{-b})$, c'est-à-dire $\overline{\lim}\, x^{b} \log f(x) > 0$
et $\underline{\lim}\, x^{b} \log f(x) < 0$.

On trouvera la démonstration du théorème 4 dans $[\text{Nic}]$.

<u>Corollaire</u> 1. Si l'hypothèse de Riemann est vraie, on a pour
tout $k \geqslant 1$:

$$(2) \qquad N_{k}/\varphi(N_{k}) > e^{\gamma} \log \log N_{k} \ .$$

Si l'hypothèse de Riemann est fausse, il existe une infinité
de k pour lesquels (2) est vraie et une infinité de k
pour lesquels (2) est faux.

La démonstration du corollaire 1 résulte de ce que pour
$p_{k} \leqslant x < p_{k+1}$, on a

$$(3) \qquad f(x) = e^{\gamma} \log \log N_{k} \left(\frac{\varphi(N_{k})}{N_{k}} \right) \ .$$

<u>Corollaire</u> 2. Sous l'hypothèse de Riemann, pour tout $\varepsilon > 0$
il existe n_{o} tel que, pour $n > n_{o}$ on ait :

$$n/\varphi(n) \leqslant e^{\gamma} \left(\log \log n + \frac{2+a+\varepsilon}{\sqrt{\log n}} \right)$$

et il existe une infinité de n vérifiant

$$n/\varphi(n) \geqslant e^{\gamma} \left(\log \log n + \frac{2-a-\varepsilon}{\sqrt{\log n}} \right) \ .$$

<u>Démonstration</u>. Soit k tel que $N_{k} \leqslant n < N_{k+1}$, on a d'après
(1)

$$n/\varphi(n) - e^{\gamma} \log \log n \leqslant N_{k}/\varphi(N_{k}) - e^{\gamma} \log \log N_{k}$$

$$= e^{\gamma} \log \log N_{k} \left(\frac{1}{f(p_{k})} - 1 \right) \ .$$

Le théorème 4 donne alors le résultat en observant que
$\log n \sim \log N_{k} \sim p_{k}$.

<u>Théorème</u> 5. La suite

$$f(p_{k}) = e^{\gamma} \log \log N_{k} \frac{\varphi(N_{k})}{N_{k}}$$

n'est monotone sur aucun invervalle $[k_o, +\infty[$.

La démonstration du théorème 5 fera l'objet du paragraphe **III**.

II. Démonstration du théorème 3.

D'après la relation (3), il suffit de démontrer qu'il existe une suite de valeurs de x tendant vers $+\infty$ pour lesquelles $f(x) < 1$.

Proposition 1. On pose $S(x) = \theta(x) - x$ et

$$K(x) = \int_x^\infty \frac{S(t)}{t^2} \left(\frac{1}{\log t} + \frac{1}{\log^2 t}\right) dt \ .$$

On a, pour tout $x \geqslant 3$,

$$\log f(x) \leqslant K(x) + 1/(2(x-1)) \ .$$

Démonstration. L'intégrale définissant $K(x)$ est convergente, puisque, d'après le théorème des nombres premiers, $S(x) = O(x/\log x)$. On applique la formule de Taylor à l'ordre 2 à la fonction $t \longrightarrow \log \log t$ entre les points x et $\theta(x)$. La dérivée seconde est négative. On obtient :

$$\log \log \theta(x) \leqslant \log \log x + S(x)/(x \log x) \ , \ x \geqslant 3 \ .$$

Il vient ensuite :

$$\sum_{p \leqslant x} \frac{1}{p} = \int_{2^-}^x \frac{d[\theta(t)]}{t \log t} = \frac{\theta(x)}{x \log x} + \int_2^x \frac{\theta(t)(\log t+1)}{t^2 \log^2 t}$$

$$= \frac{S(x)}{x \log x} + \log \log x + B_1 - K(x)$$

en posant $B_1 = \dfrac{1}{\log 2} - \log \log 2 + K(2)$.

En comparant avec la formule classique (cf. $\lfloor$Har$\rfloor$, ch. 22)

$$\sum_{p \leqslant x} 1/p = \log \log x + B_1 + o(1)$$

on sait que

$$B_1 = \gamma + \sum_p (\log(1-1/p) + 1/p) \ .$$

On définit

$$U(x) = \log \log \theta(x) - \sum_{p \leqslant x} 1/p + B_1 \ .$$

On a d'une part : $U(x) \leqslant K(x)$, et d'autre part :

$$\log F(x) = U(x) + u(x)$$

avec

$$u(x) = \sum_{p \leqslant x} \log(1-1/p) + \sum_{p \leqslant x} 1/p + \gamma - B_1$$

$$= - \sum_{p > x} (1/p + \log(1-1/p)) \ .$$

La proposition 1 se déduit alors de la majoration de $u(x)$:

$$u(x) \leqslant \sum_{p > x} \frac{1}{2p^2} (1 + 1/p + 1/p^2 + \ldots)$$

$$\leqslant \sum_{p > x} \frac{1}{2p(p-1)} \leqslant \sum_{n > x} \frac{1}{2n(n-1)} \leqslant \frac{1}{2(x-1)} \ .$$

On observe ensuite, qu'en posant $R(x) = \Psi(x) - x$ où $\Psi(x) = \sum_{p^m \leqslant x} \log p$ est la deuxième fonction de Tchebycheff, on a $K(x) = J(x) - L(x)$, avec

$$J(x) = \int_x^{+\infty} \frac{R(t)}{t^2} \left(\frac{1}{\log t} + \frac{1}{\log^2 t}\right) dt$$

et

$$L(x) = \int_x^{+\infty} \frac{\Psi(t) - \theta(t)}{t^2} \left(\frac{1}{\log t} + \frac{1}{\log^2 t}\right) dt \ .$$

Comme la fonction $\Psi - \theta$ est croissante, on a

$$L(x) \geqslant (\Psi(x) - \theta(x)) \int_x^{\infty} d\left(\frac{-1}{t \log t}\right) \geqslant \frac{\theta(\sqrt{x})}{x \log x} \ .$$

On a donc, pour x assez grand $L(x) \geqslant 1/(2(x-1))$ et d'après la proposition 1,

$$\log f(x) \leqslant J(x)$$

pour x assez grand. Le théorème 3 résulte alors de :

__Proposition__ 2. Pour tout $x_o \geqslant 2$, la fonction J change de signe dans l'intervalle $[x_o, +\infty[$.

La démonstration de la proposition 2 repose sur le lemme suivant, dû à Landau :

__Lemme__ 1 (cf. [Ing] ou [Ell] ou [Wid]). Soit $h : [1, +\infty[\longrightarrow \mathbb{R}$ une fonction continue par morceaux. Soit

$$H(s) = \int_1^\infty \frac{h(x)}{x^s} \, dx$$

la transformée de Mellin de h . Soit σ_o l'abscisse de convergence de H(s) ; on sait que H(s) est holomorphe pour Re s $> \sigma_o$. S'il existe $x_o \geqslant 1$, tel que pour $x \geqslant x_o$ h(x) soit de signe constant, alors la fonction H(s) ne peut pas se prolonger en une fonction holomorphe au voisinage de $s = \sigma_o$.

On va appliquer ce lemme avec $h(x) = J(x)$ si $x \geqslant 2$ et $h(x) = 0$ pour $1 \leqslant x < 2$. On pose, pour Re s > 1 :

$$G(s) = \int_2^\infty \frac{J(x)}{x^s} \, dx \ .$$

En intégrant par parties, on obtient

$$(4) \qquad G(s) = \frac{1}{s-1} \left(2^{1-s} J(2) - \int_2^\infty \frac{R(t)}{t^{s+1}} \left(\frac{1}{\log t} + \frac{1}{\log^2 t} \right) dt \right)$$

et l'expression dans la parenthèse s'annule pour $s = 1$.

Du résultat classique (cf. [Ing] p. 18) :

$$\int_1^\infty \frac{\Psi(t)}{t^{s+1}} \, dt = - \frac{1}{s} \frac{\zeta'}{\zeta}(s) \qquad \text{Re s} > 1$$

on déduit :

$$\int_2^\infty \frac{R(t)}{t^{s+1}} \, dt = \int_2^\infty \frac{\Psi(t)}{t^{s+1}} \, dt - \int_1^\infty \frac{dt}{t^s} + \int_1^2 \frac{dt}{t^s} \ .$$

La troisième intégrale est une fonction entière $E_1(s)$: on peut soit appliquer le théorème de dérivation d'une fonction définie par une intégrale, soit observer que l'abscisse de convergence de cette transformée de Mellin particulière est $-\infty$. Et l'on a :

$$(5) \qquad \int_2^\infty \frac{R(t)}{t^{s+1}}\, dt = -\frac{1}{s}\frac{\zeta'}{\zeta}(s) - \frac{1}{s-1} + E_1(s) \qquad \mathrm{Re}\ s > 1\ .$$

On sait à partir de la relation

$$(1-2^{1-s})\zeta(s) = 1 - 2^{-s} + 3^{-s} - 4^{-s} + \ldots$$

que la fonction ζ n'a pas de zéros sur l'axe réel, $0 < s < 1$ et donc aussi dans un ouvert simplement connexe

$$W = \{s\,;\ \mathrm{Re}\ s > 1\} \cup \{s\,;\ 0 < \mathrm{Re}\ s \leqslant 1 \quad \text{et} \quad |\mathrm{Im}\ s| < \delta\}$$

pour un certain δ (les calculs des zéros de la fonction ζ autorisent $\delta = 14$). Le 2e membre de (5) est holomorphe au voisinage de $s = 1$ et dans W , et donc admet dans W une primitive $G_1(s)$ et une primitive seconde $G_2(s)$.

On a donc :

$$\int_2^\infty \frac{R(t)}{t^{s+1}}\,\frac{1}{\log t}\, dt = -G_1(s) + \lambda \qquad \mathrm{Re}\ s > 1$$

et

$$\int_2^\infty \frac{R(t)}{t^{s+1}}\,\frac{1}{\log^2 t}\, dt = G_2(s) + \lambda s + \mu \qquad \mathrm{Re}\ s > 1$$

La formule (4) devient alors :

$$(6) \qquad G(s) = \frac{1}{s-1}(G_1(s) - G_2(s) + E_2(s))\ , \qquad \mathrm{Re}\ s > 1$$

où $E_2(s)$ est une fonction entière de s . La parenthèse est une fonction holomorphe dans W , nulle en $s = 1$, donc le second membre de (6) est holomorphe dans W , et $G(s)$ se prolonge en une fonction sans singularité pour $0 < s \leqslant 1$.

Si $J(x)$ gardait un signe constant pour x assez grand, le lemme 1 nous dirait que l'abscisse de convergence σ_o de $G(s)$ vérifierait $\sigma_o \leqslant 0$ et donc $G(s)$ se prolongerait en une fonction holomorphe pour $\mathrm{Re}\ s > 0$. Or ceci est impossible, car (6) entrainerait que $G_1(s) - G_2(s)$ est holomorphe pour $\mathrm{Re}\ s > 0$, et aussi $G_1''(s) - G_2''(s)$. Et au voisinage d'un zéro ρ de multiplicité m de la fonction ζ , on a :

$$G_2''(s) \sim - \frac{1}{s} \frac{\zeta'}{\zeta}(s) \sim - \frac{1}{\rho} \frac{m}{s-\rho}$$

et

$$G_1''(s) \sim \frac{d}{ds}(- \frac{1}{s} \frac{\zeta'}{\zeta}(s)) \sim \frac{m}{\rho(s-\rho)^2}$$

et $G_1'' - G_2''$ aurait un pôle d'ordre 2 en $s = \rho$. On sait par ailleurs que la fonction ζ a des zéros de partie réelle $1/2$.

III. <u>Démonstration du théorème</u> 5.

<u>Lemme</u> 2. Il existe une infinité de valeurs de k pour lesquelles on a : $\theta(p_k) < p_k$.

<u>Démonstration</u>. On sait d'après Littlewood (cf. [Ell], p. 200) qu'il existe une suite de valeurs de x tendant vers l'infini pour lesquelles on a :

$$\theta(x) < x - \sqrt{x} \ .$$

Pour un tel x , on définit p_k par $p_{k-1} < x \leqslant p_k$. On a :

$$p_k - \theta(p_k) = (p_k - \log p_k) - \theta(x) \geqslant x - \log x - (x - \sqrt{x}) > 0$$

pour x assez grand.

<u>Lemme</u> 3. Il existe une infinité de valeurs de k pour lesquelles on a : $\theta(p_k) > p_{k+1}$.

<u>Démonstration</u>. Littlewood a également démontré qu'il existe une suite de valeurs de x tendant vers l'infini pour lesquelles on a :

$$\theta(x) > x + \sqrt{x} \ .$$

Pour un tel x , on définit k par $p_{k+1} < x < p_{k+2}$. On a :

$$\theta(p_k) - p_{k+1} = \theta(x) - \log p_{k+1} - p_{k+1} > \sqrt{x} - \log x > 0 \ .$$

Démontrons maintenant le théorème 5. On a :

$$f(p_{k+1}) - f(p_k) = e^{\gamma} \prod_{p \leqslant p_k} (1-1/p) \ A_k$$

avec :

$$A_k = \log \theta(p_{k+1})(1-1/p_{k+1}) - \log \theta(p_k) \ .$$

Supposons d'abord $\theta(p_{k+1}) < p_{k+1}$. On a :

$$\log \theta(p_k) = \log(\theta(p_{k+1}) - \log p_{k+1})$$

$$< \log \theta(p_{k+1}) - \frac{\log p_{k+1}}{\theta(p_{k+1})}$$

$$= \log \theta(p_{k+1})\left(1 - \frac{\log p_{k+1}}{\theta(p_{k+1})\log \theta(p_{k+1})}\right)$$

$$\leqslant \log \theta(p_{k+1})(1 - \frac{1}{p_{k+1}})$$

en utilisant la croissance de la fonction $u \longmapsto u \log u$.
Ce qui nous donne $A_k > 0$, c'est-à-dire $f(p_{k+1}) > f(p_k)$.
Observons ici, que d'après Rosser et Schoenfeld (cf. [SCH],
p. 360), on a $\theta(x) < x$ pour $x \leqslant 10^{11}$. Ceci entraîne que
$f(x)$ est croissante pour $x \leqslant 10^{11}$.

Supposons maintenant $\theta(p_k) > p_{k+1}$. On a alors

$$\log \theta(p_{k+1}) - \log \theta(p_k) = \log(1 + \frac{\log p_{k+1}}{\theta(p_k)}$$

$$\leqslant \frac{\log p_{k+1}}{\theta(p_k)} < \frac{\log \theta(p_k)}{p_{k+1}} < \frac{\log \theta(p_{k+1})}{p_{k+1}}$$

ce qui entraîne $A_k < 0$, c'est-à-dire $f(p_{k+1}) < f(p_k)$.

Bibliographie

[Ala] ALAOGLU (L) and ERDÖS (P).- On highly composite and
        similar numbers. Trans. Amer. Math. Soc. t. 56
        (1944), p. 448-469.

[Edw] EDWARDS (H.M).- Riemann's zeta function. Academic
        Press, New-York and London 1974.

[Ell] ELLISON (W.J) et MENDES-FRANCE (M). Les nombres
        premiers. Hermann, Paris 1975. Actualités Scienti-
        fiques et Industrielles n° 1366.

[Gro] GROSSWALD (E.).- Oscillation theorems of arithmetical
        functions. Trans. Amer. Math. Soc. t. 126, n° 1
        (1967), p. 1-28.

[Har] HARDY (G.H) and WRIGHT (E.M).- An introduction to the
        theory of numbers. 4th edition. Oxford, The
        Clarendon Press 1960.

[Ing] INGHAM (A.E).- The distribution of prime numbers.
        Cambridge tracts in Mathematics and Mathematical
        Physics. N° 30 (1932), reprinted by Hafner,
        New-York, 1964.

[Lan] LANDAU (E).- Handbuch der Lehre von der Verteilung der
        Primzahlen. Leipzig und Berlin, B.G. Teubner 1909.

[Nic] NICOLAS (J.L).- Petites valeurs de la fonction d'Euler.
        A paraître, Journal of Number Theory.

[Par] PARENT (D.P).- Exercices de théorie des nombres.
        Gauthier-Villars. Paris 1978, Collection μ .

[Pra] PRACHAR (K.).- Primizahlverteilung. Berlin, Springer
        Verlag, 1957 (Die Grundlehren der mathematischen
        wissenschaft, 91).

[Rob] ROBIN (G).- Grandes valeurs de la fonction somme des
        diviseurs et hypothèse de Riemann (à paraître).

[Ros 62] ROSSER (J.B) and SCHOENFELD (L).- Approximate for-
        mulas for fome functions of prime numbers. Ill. J.
        of Maths 6 (1962), p. 64-94.

[Ros 75] ROSSER (J.B) and SCHOENFELD (L).- Sharper bounds
        for the Chebyshev functions $\theta(x)$ and $\psi(x)$.
        Math. of Comp. 29, n° 129 (1975), p. 243-269.

[Sch] SCHOENFELD (L.).- Sharper bounds for the Chebyshev
      functions $\theta(x)$ and $\psi(x)$. II. Math. of Comp. 30,
      n° 134 (1976), p. 337-360.

[Wid] WIDDER (D.V).- The Laplace transform. Princeton
      University Press, 1946.

IMAGE MODULO p^n D'UN SOUS-ENSEMBLE

ANALYTIQUE FERMÉ DE $\mathbb{Z}_p^N$

J. OESTERLÉ[*]

Considérons un <u>sous-ensemble analytique fermé</u> X de $\mathbb{Z}_p^N$, c'est-à-dire une partie fermée de $\mathbb{Z}_p^N$ qui localement est le lieu des zéros communs d'un nombre fini de fonctions $\mathbb{Q}_p$-analytiques.

Nous nous intéressons à l'évaluation du cardinal de l'image X_n de X dans $(\mathbb{Z}/p^n\mathbb{Z})^N$. Appelons <u>boule distin-</u> <u>guée</u> de $\mathbb{Z}_p^N$ toute boule "fermée" de $\mathbb{Z}_p^N$ dont le rayon est non nul (donc de la forme p^{-m} , avec $m \in \mathbb{N}$). Le cardinal de X_n est alors égal au nombre de boules distinguées de $\mathbb{Z}_p^N$ de rayon p^{-n} qui rencontrent X .

Soit x un point de X . La dimension de Krull de l'anneau $\mathcal{O}_{x,X}$ des restrictions à X des germes en x de fonctions $\mathbb{Q}_p$-analytiques s'appelle <u>la dimension de</u> X <u>en</u> x . L'anneau local $\mathcal{O}_{x,X}$ est régulier si et seulement si le germe de X en x est le germe en x d'une sous-variété analytique fermée de $\mathbb{Z}_p^N$: la dimension en x d'une telle sous-variété (au sens de [VAR], 5.1.8) est alors égale à la dimension de X en x et on dit que x est un <u>point lisse</u> de X . La borne supérieure des dimensions de X en ses points est égale à la borne supérieure des dimensions de X en ses points lisses et s'appelle <u>la dimension de</u> X .

Notons d la dimension de X .

Théorème 1. Il est possible d'associer à toute boule distinguée B de $\mathbb{Z}_p^N$ un entier $\delta_X(B) \geqslant 0$ satisfaisant les conditions suivantes :

a) L'application $B \longmapsto \delta_X(B)$ est croissante.

b) On a $\delta_X(B) \neq 0$ si et seulement si B rencontre X .

c) Soit $(B_i)_{i \in I}$ une famille de boules distinguées deux à deux disjointes de $\mathbb{Z}_p^N$ contenues dans une même boule distinguée B de $\mathbb{Z}_p^N$, et soit p^{-n_i} (resp. p^{-n}) le rayon de B_i (resp. B). On a

$$(1) \qquad \sum_{i \in I} p^{-n_i d} \, \delta_X(B_i) \leqslant p^{-nd} \, \delta_X(B) \; .$$

Corollaire 1. Avec les notations du théorème 1, on a quel que soit $n \geqslant 0$

$$(2) \qquad \mathrm{Card}(X_n) \leqslant \delta_X(\mathbb{Z}_p^N) \, p^{nd} \; .$$

On retrouve ainsi un résultat de [Se], dont la démonstration utilisait le théorème de résolution des singularités d'Hironaka.

Corollaire 2 (propriété d'uniformité). Avec les notations du théorème 1, pour tout couple (m,n) d'entiers vérifiant $n \geqslant m \geqslant 0$, et toute boule distinguée B de $\mathbb{Z}_p^N$ de rayon p^{-m} , le nombre de boules distinguées de $\mathbb{Z}_p^N$ de rayon p^{-n} contenues dans B et rencontrant X est inférieur ou égal à $\delta_X(\mathbb{Z}_p^N) \, p^{(n-m)d}$.

Remarque 1. Soit I un idéal de l'anneau $E = \mathbb{Q}_p\{T_1,\ldots,T_N\}$ des séries formelles dont les coefficients tendent vers 0 dans $\mathbb{Q}_p$ suivant le filtre des complémentaires de parties finies. Supposons que l'anneau E/I soit équidimensionnel, de dimension de Krull d , et que X soit contenu dans le lieu des zéros communs des éléments de I dans $\mathbb{Z}_p^N$. Notons $\tilde{I}$ l'idéal de $C = \mathbb{F}_p[T_1,\ldots,T_N]$ formé des réductions modulo p des éléments de I dont les coefficients sont dans $\mathbb{Z}_p$. Alors $C/\tilde{I}$ est équidimensionnel, de dimension de Krull d , et si δ désigne le degré du cycle de dimension d associé au C-module $C/\tilde{I}$ (cf. [Oe]), l'entier $\delta_X(\mathbb{Z}_p^N)$ intervenant dans les corollaires 1 et 2 peut être choisi égal à δ .

Il existe une unique mesure μ_d sur X portée par l'ouvert X_{lisse}^d formé des points lisses de X en lesquels X est de dimension d , caractérisée par la propriété suivante :

Pour toute isométrie bianalytique φ d'un ouvert U de X_{lisse}^d sur une boule B de $\mathbb{Z}_p^d$, l'image par φ de $\mu_d|U$ est égale à $\nu|_B$ où ν désigne la mesure de Haar normalisée de $\mathbb{Z}_p^d$.

Cette mesure est <u>bornée</u> (cf. [Se], où l'on trouvera une autre définition possible de μ_d).

En utilisant le fait que $X - X_{\text{lisse}}^d$ est contenu dans un sous-ensemble analytique fermé de $\mathbb{Z}_p^N$ de dimension $\leqslant d-1$, et en raisonnant par récurrence sur $d = \dim(X)$ on peut déduire du théorème 1 le résultat suivant, conjecturé par J.-P. Serre ([Se]).

<u>Théorème</u> 2. La limite lorsque n tend vers l'infini de $p^{-nd}\text{Card}(X_n)$ existe et est égale à la masse totale $\mu_d(X)$ de la mesure μ_d .

Grâce à un analogue ultramétrique du théorème de Lojasiewicz (cf. par exemple [Sch]), ce théorème 2 peut être précisé : il existe un nombre réel $\varepsilon > 0$ tel que l'on ait, lorsque n tend vers ∞ ,

$$(3) \qquad |\mu_d(X) - p^{-nd}\,\text{Card}(X_n)| = O(p^{-n\varepsilon}) \ .$$

<u>Corollaire</u> 1. Le volume du voisinage ("fermé") d'ordre p^{-n} de X dans $\mathbb{Z}_p^N$ (pour la mesure de Haar normalisée de $\mathbb{Z}_p^N$) est équivalent lorsque n tend vers $+\infty$, à $p^{-n(N-d)}\,\mu_d(X)$.

<u>Corollaire</u> 2. La dimension de Hausdorff de X (cf. [D-O]) est égale à d , et la mesure de Hausdorff de X en dimension d (cf. [D-O]) est égale à $\mu_d(X)$.

<u>Remarque</u> 2. Tous les résultats précédents, lorsque X est hypersurface, sont implicitement contenus dans $[\mathrm{Ro}]$.

<u>Remarque</u> 3. Tous les résultats précédents restent valables lorsque $\mathbb{Z}_p$ est remplacé par un anneau de valuation discrète compact $\mathcal{O}$: désignant par π une uniformisante de $\mathcal{O}$, par k le corps résiduel de $\mathcal{O}$, par q le cardinal de k , et par X_n l'image dans $(\mathcal{O}/\pi^n\mathcal{O})^N$ d'un sous-ensemble analytique fermé X de $\mathcal{O}^N$ de dimension d , les analogues des formules (2) et (3) par exemple s'écrivent

$$(2') \qquad \mathrm{Card}(X_n) \leqslant \delta_X(\mathcal{O}^N)\, q^{nd}$$

$$(3') \qquad |\mu_d(X) - q^{-nd}\, \mathrm{Card}(X_n)| = O(q^{-n\varepsilon}) \ .$$

Signalons pour finir, la question suivante, posée dans $[\mathrm{Se}]$, et qui à ce jour n'a pas reçu de réponse :

La série $\sum\limits_{n=o}^{\infty} \mathrm{Card}(X_n)T^n$ est-elle une fraction rationnelle de T ?

Dans le même ordre d'idée, on a le résultat suivant :

<u>Théorème</u> 3. Soit X un schéma de type fini sur $\mathbb{Z}_p$ et X'_n l'ensemble des points de X à valeurs dans $\mathbb{Z}/p^n\mathbb{Z}$ (i.e. l'ensemble des morphismes de schémas de $\mathrm{Spec}(\mathbb{Z}/p^n\mathbb{Z})$ dans X). Alors la série $\sum\limits_{n=o}^{\infty} \mathrm{Card}\, X'_n\, T^n$ est une fraction rationnelle de T .

<u>Démonstration</u> : Si U et V sont des sous-schémas ouverts de X , on a

$$\mathrm{Card}((U \cup V)'_n) + \mathrm{Card}((U \cap V)'_n) = \mathrm{Card}(U'_n) + \mathrm{Card}(V'_n) \ .$$

Un dévissage immédiat permet alors de se ramener au cas où X est un schéma affine, donc de la forme $\mathrm{Spec}(\mathbb{Z}_p[T_1,\ldots,T_N]/(F_1,\ldots,F_r))$, où $F_1,\ldots,F_r$ sont des éléments de $\mathbb{Z}_p[T_1,\ldots,T_N]$ et où $(F_1,\ldots,F_r)$ désigne l'idéal qu'ils engendrent. Le cas d'une hypersurface (i.e. $r = 1$) a été traité par J.-I. Igusa ($[\mathrm{Ig}]$) en utilisant le théorème de résolution des singularités d'Hironaka. Sa démonstration a été étendue au cas général par D. Meuser [Me], mais en fait l'astuce suivante permet de ramener le cas général au cas traité par Igusa : choisissons un polynôme homogène non constant P en r variables, à coefficients dans $\mathbb{Z}_p$, et dont la réduction modulo p ne s'annule sur $(\mathbb{Z}/p\mathbb{Z})^r$ qu'à l'origine (par exemple un polynôme homogène de degré r dont la réduction modulo p est l'expression dans une $\mathbb{F}_p$-base de $\mathbb{F}_{p^r}$ de la norme $N_{\mathbb{F}_{p^r}/\mathbb{F}_p}$). Notons t le degré de P . Pour tout $x \in \mathbb{Z}_p^N$ on a l'équivalence

$$(\forall i \leqslant r , F_i(x) \equiv 0 \text{ mod. } p^n) \Longleftrightarrow (P(F_1(x),\ldots,F_r(x)) \equiv 0 \text{ mod. } p^{nt})$$

Il en résulte que si Y désigne le schéma
$\text{Spec}(\mathbb{Z}_p[T_1,\ldots,T_N]/(P(F_1,\ldots,F_r)))$ on a

$\text{Card}(X_n') = p^{-nN(t-1)} \text{Card}(Y_{nt}')$ pour tout $n \geqslant 0$, d'où le théorème.

---

* Les démonstrations des résultats énoncés dans ce résumé ont été publées dans [Oe].

Bibliographie

[D-O]   A. DOUADY et J. OESTERLÉ.- <u>Dimension de Hausdorff des attracteurs</u>. C.R.A.S., 1980, p. 1135-1138.

[Ig]   J.-I. IGUSA.- <u>Some Observations on Higher Degree Characters</u>. Amer. J. Math., 99 (1977), p. 393-417.

[Me]   D. MEUSER.- <u>On the Rationality of Certain Generating Functions</u>. Math. Ann. 256, 1981, p. 303-310.

[Oe]   J. OESTERLE.- <u>Réduction modulo p^n des sous-ensembles analytiques fermés de $\mathbb{Z}_p^N$</u>. Invent. Math. 66, 1982, p. 325-341.

[Sch]   N. SCHAPPACHER.- <u>Some Remarks on a Theorem of</u> M.J. Greenberg. Proceedings of the Queen's Number Theory Conference, Kingston, 1979.

[Se]   J.-P. SERRE.- <u>Quelques applications du théorème de densité de Cebotarev</u>. Publ. Math. I.H.E.S., vol. 54, 1981.

[VAR]   N. BOURBAKI.- <u>Variétés Différentielles et Analytiques</u>. Fascicule de Résultats, Hermann, Paris, 1971.

SOMMES DE GAUSS ET

STRUCTURE GALOISIENNE DES ANNEAUX D'ENTIERS

Jacques QUEYRUT

Soient $\mathbb{Z}$ l'anneau des entiers et $\mathbb{Q}$ son corps des fractions. On fixe une clôture algébrique $\bar{\mathbb{Q}}$ de $\mathbb{Q}$. Si N est une extension finie de $\mathbb{Q}$ incluse dans $\bar{\mathbb{Q}}$, on note G_N le groupe de Galois de $\bar{\mathbb{Q}}$ sur N et $\mathbb{Z}_N$ l'anneau des entiers de N.

Soit Γ un groupe fini.

On note $E(\Gamma)$ l'ensemble des extensions finies N de $\mathbb{Q}$ telles que Γ soit isomorphe à un sous-groupe du groupe des $\mathbb{Q}$-automorphismes de N. Si $N \in E(\Gamma)$, $\mathbb{Z}_N$ a une structure de $\mathbb{Z}[\Gamma]$-module de rang r défini.

<u>Théorème</u> I. Soient N et N' deux extensions finies de $\mathbb{Q}$ incluses dans $\bar{\mathbb{Q}}$. Soit Γ un groupe fini. On suppose que

1) N et N' appartiennent à $E(\Gamma)$

2) $\mathbb{Z}_N$ et $\mathbb{Z}_{N'}$ sont des $\mathbb{Z}[\Gamma]$-modules localement isomorphes.

Alors il existe un $\mathbb{Z}[\Gamma]$-module X de type fini sans $\mathbb{Z}$-torsion et un isomorphisme de $\mathbb{Z}[\Gamma]$-module de $\mathbb{Z}_N \oplus X$ sur $\mathbb{Z}_{N'} \oplus X$.

Ce résultat peut aussi s'exprimer de la façon suivante : soit $G_\oplus(\mathbb{Z}[\Gamma])$ le groupe de Grothendieck de la catégorie des $\mathbb{Z}[\Gamma]$-modules de type fini sans $\mathbb{Z}$-torsion, modulo les suites exactes scindées (voir [Q1]); alors sous les hypothèses du théorème I, $[\mathbb{Z}_N] = [\mathbb{Z}_{N'}]$ dans $G_\oplus(\mathbb{Z}[\Gamma])$.

Ce résultat a été conjecturé et démontré dans un cas particulier par S.M.J. Wilson ([W]).

Dans le cas où $\mathbb{Z}_N$ est un $\mathbb{Z}[\Gamma]$-module projectif (cas modéré),

Fröhlich a démontré le résultat plus précis suivant :

Théorème II (Fröhlich [F]). Soit $N \in E[\Gamma]$ telle que Γ ne contienne pas d'élément sauvagement ramifié dans N, alors $[\mathbb{Z}_N] = r[\mathbb{Z}[\Gamma]]$ dans $G_+(\mathbb{Z}[\Gamma])$.

On est donc amené à étudier la structure locale des anneaux d'entiers et à déterminer le sous-groupe de $G_+(\mathbb{Z}[\Gamma])$ engendré par l'ensemble des classes $[\mathbb{Z}_N]$, $N \in E(\Gamma)$. Et plus précisément, on est conduit à déterminer le genre d'un anneau d'entier.

Cette étude a été faite complètement dans le cas particulier des extensions abéliennes de $\mathbb{Q}$ par Leopoldt qui a démontré le théorème suivant :

Théorème III (Leopoldt L). Soit N une extension abélienne de $\mathbb{Q}$ de groupe de Galois Γ ; $\mathbb{Z}_N$ est isomorphe à l'ordre de $\mathbb{Z}$ dans $\mathbb{Q}[\Gamma]$, noté $\mathcal{Q}(\mathbb{Z}_N , \mathbb{Q}[\Gamma])$ est appelé ordre associé de $\mathbb{Z}_N$, défini par $\mathcal{Q}(\mathbb{Z}_N , \mathbb{Q}[\Gamma]) = \{\lambda \in \mathbb{Q}[\Gamma], \lambda \mathbb{Z}_N \subset \mathbb{Z}_N\}$. L'ordre associé $\mathcal{Q}(\mathbb{Z}_N , \mathbb{Q}[\Gamma])$ est engendré par $\mathbb{Z}[\Gamma]$ et les idempotents associés aux groupes supérieurs de ramifications.

Leopoldt montre de plus qu'une base de $\mathbb{Z}_N$ sur $\mathcal{Q}(\mathbb{Z}_N , \mathbb{Q}[\Gamma])$ peut être construite à l'aide des sommes de Gauss associées aux caractères de Γ.

De nombreux contre-exemples dus à A.-M. Bergé, S.M.J. Wilson et J. Cougnard, montrent que le théorème 3 ne se généralise pas sous cette forme aux extensions quelconques de $\mathbb{Q}$ et aux groupes Γ-non abéliens.

1 - SOMMES DE GAUSS GALOISIENNES

Soit K un corps de nombres. On note $\mathfrak{p}(\mathbb{Z}_K)$ l'ensemble des idéaux premiers de $\mathbb{Z}_K$. L'indication par un élément de $\mathfrak{p}(\mathbb{Z}_K)$ désignera la complétion.

Soit $J(K)$ le groupe des idèles de K; on plonge K_p^* dans $J(K)$ pour tout $p \in \mathfrak{p}(\mathbb{Z}_K)$ et K^* dans la diagonale de $J(K)$.

La définition des sommes de Gauss galoisiennes fait intervenir la théorie du corps de classes. L'application d'Artin est normalisée de telle sorte que les Frobenius géométriques, que l'on note $F_{K,p}$, correspondent aux uniformisantes. La théorie du corps de classes donne donc un homomorphisme de $J(K)/K^*$ dans G_K^{ab}, le quotient de G_K par l'adhérence de son sous-groupe des commutateurs.

Pour la suite, on fixe un caractère additif non trivial ψ_K du groupe $A(K)/K$ dans $\overline{\mathbb{Q}}^*$ où $A(K)$ est le groupe des adèles de K. On note $\psi_{K,p}$ sa restriction à K_p : $K_p \longrightarrow A(K)/K \xrightarrow{\psi} \overline{\mathbb{Q}}^*$.

Soit d_p (ou d) un générateur de l'idéal $p^n \mathbb{Z}_{K_p}$ où n est le plus petit entier tel que : $\psi_{K,p}(p^{-n} \mathbb{Z}_{K_p}) = 1$.

L'idéal $p^n \mathbb{Z}_{K_p}$ est appelé conducteur de $\psi_{K,p}$

<u>Définition</u> 1.1. Soit ρ un caractère de G_K de dimension 1 ; on appelle somme de Gauss abélienne, l'élément $\tau_K^{ab}(\rho)$ de $\overline{\mathbb{Q}}^*$ défini par $\tau_K^{ab}(\rho) = \prod\limits_{p \in \mathfrak{p}(\mathbb{Z}_K)} \tau_{K,p}^{ab}(\rho)$ avec :

si p est une place archimédienne $\tau_{K,p}^{ab}(\rho) = 1$

si p est une place non archimédienne

$$\tau_{K,p}^{ab}(\rho) = \sum_{x \in U_{K,p}^{(o)}/U_{K,p}^{(n)}} \rho_p(x/\gamma d_p)^{-1} \psi_{K,p}(x/\gamma d_p)$$

où $U_{K,p}^{(o)} = (\mathbb{Z}_{K,p})^*$, $U_{K,p}^{(n)} = 1 + {}^n \mathbb{Z}_{K,p}$.

ρ_p est la composée des applications $K^* \longrightarrow J(K)/K^* \longrightarrow G_K^{ab} \dashrightarrow$ $K_p^* \longrightarrow J(K)/K^* \longrightarrow G_K^{ab} \longrightarrow \overline{\mathbb{Q}}^*$.

n est égal au produit scalaire de ρ et du caractère d'Artin (c'est la valuation en p du conducteur de ρ).

<u>Théorème</u> 1.2. Il existe une unique application τ de $\bigcup\limits_{K \subset \overline{\mathbb{Q}}} R(G_K)$ dans $\overline{\mathbb{Q}}^*$, où $R(G_K)$ désigne le groupe des caractères de G_K et où K parcourt l'ensemble des sous-extensions de $\overline{\mathbb{Q}}$ de degré fini sur $\mathbb{Q}$, vérifiant :

1) $\tau_K(\rho) = \prod\limits_{p \in \mathfrak{p}(\mathbb{Z}_K)} \tau_{K,p}(\rho)$, $\forall \rho \in R(G_K)$, $\forall K \subset \overline{\mathbb{Q}}$,

2) $\tau_{K,p}(\rho) \tau_{K,p}(\rho') = \tau_{K,p}(\rho + \rho')$, $\forall \rho, \rho' \in R(G_K)$, $\forall K \subset \overline{\mathbb{Q}}$, $\forall p \in \mathfrak{p}(\mathbb{Z}_K)$,

3) si $\rho \in R(G_K)$ est de dimension 1, $\tau_{K,p}(\rho) = \tau_{K,p}^{ab}(\rho)$,

4) soit G_F un sous-groupe ouvert d'indice fini de G_K et soit $\rho \in R(G_F)$ de dimension 0, on note $\mathrm{Ind}_F^K(\rho)$ le caractère de G_K induit par ρ; on a

$$\tau_{K,p}(\mathrm{Ind}_F^K(\rho)) = \prod_{\beta|p} \tau_{F,\beta}(\rho).$$

<u>Démonstration</u>. Voir [D] ou [Ta].

<u>Propriétés</u> 1.3. 1) Soit ψ_K' un caractère additif non trivial de $A(K)/K$; il existe $a \in K^*$ tel que $\psi_K'(ax) = \psi_K(x)$, alors

$$\tau_{K,p}(\rho, \psi_K') = (\det_\rho)_p(a)\tau_{K,p}(\rho, \psi_K).$$

Et par suite $\tau_K(\rho, \psi_K') = \tau_K(\rho, \psi_K)$.

2) Soit $\mathrm{Ver}_{K/\mathbb{Q}}$ le transfert de $G_\mathbb{Q}$ dans G_K,

$$\forall g \in G_\mathbb{Q}, \quad g(\tau_K(g^{-1}(\rho))) = \tau_K(\rho) \det_\rho \circ \mathrm{Ver}_{K/\mathbb{Q}}(g).$$

Soient Γ un groupe fini, et $N \in E(\Gamma)$. Le groupe Γ est donc isomorphe au groupe G_{N_Γ}/G_N. On en déduit donc un homomorphisme injectif de $R(\Gamma)$ dans $R(G_{N_\Gamma})$. On note $\tau_{N,\Gamma}$ le composé des homomorphismes

$$R(\Gamma) \longrightarrow R(G_{N_\Gamma}) \xrightarrow{\tau_{N_\Gamma}} \bar{\mathbb{Q}}^* \ .$$

Il existe un unique isomorphisme, noté Det, de $\kappa_1(\bar{\mathbb{Q}}[\Gamma])$ sur $\mathrm{Hom}(R(\Gamma), \bar{\mathbb{Q}}^*)$ caractérisé par la propriété suivante : soit $a \in \bar{\mathbb{Q}}[\Gamma]^*$; soit $[\bar{\mathbb{Q}}[\Gamma], a] \in \kappa_1(\bar{\mathbb{Q}}[\Gamma])$ où a désigne la multiplication par a; soit $\rho \in R(\Gamma)$ le caractère d'une représentation $T : \Gamma \longrightarrow G1_n(\bar{\mathbb{Q}})$; alors

$$\mathrm{Det}_\rho([\bar{\mathbb{Q}}[\Gamma], a]) = \det(\sum_{\gamma \in \Gamma} a_\gamma T(\gamma)) \quad \text{si} \quad a = \sum_{\gamma \in \Gamma} a_\gamma \gamma \quad \text{(voir [Q1]).}$$

La surjectivité de l'application $a \longmapsto [\bar{\mathbb{Q}}[\Gamma], a]$ de $\bar{\mathbb{Q}}[\Gamma]^*$ dans $\kappa_1(\bar{\mathbb{Q}}[\Gamma])$ donne la proposition suivante :

<u>Proposition</u> 1.4. Il existe $\alpha_{N,\Gamma} \in \bar{\mathbb{Q}}[\Gamma]^*$ tel que

$$\tau_{N,\Gamma} = \mathrm{Det}([\bar{\mathbb{Q}}[\Gamma], \alpha_{N,\Gamma}]).$$

2 - GROUPE DE GROTHENDIECK RELATIF

Soient R un anneau de Dedekind de corps des fractions K et A une K-algèbre semi-simple de dimension finie sur K, séparable.

Soit Ω un ordre de R dans A.

On note $C(\Omega)$ la catégorie des Ω-modules de type fini sans R-torsion.

On fixe une clôture séparable de K; on pose $\bar{A} = \bar{K} \otimes_K A$.

On associe à $C(\Omega)$ la catégorie, notée $\bar{C}'(\Omega)$, suivante :

- les objets de $\bar{C}'(\Omega)$ sont les triplets (M, α, N) où M et N sont des objets de C et α est un $\bar{A}$-automorphisme de $\bar{K} \otimes_R M$ sur $\bar{K} \otimes_R N$

- un morphisme de (M, α, N) dans (M', α', N') est un couple (f,g) de Ω-homomorphismes de M dans M' et de N dans N' respectivement tels que $\alpha' \circ f_{\bar{K}} = g_{\bar{K}} \circ \alpha$ où $g_{\bar{K}} \circ \alpha$ où $f_{\bar{K}}$ et $g_{\bar{K}}$ proviennent de f et g par extension des scalaires à $\bar{K}$.

__Définition__ 2.1. On appelle groupe de Grothendieck relatif de la catégorie $C(\Omega)$ le quotient du groupe abélien libre engendré par les classes d'isomorphismes des objets de $C'(\Omega)$ par le sous-groupe engendré par les éléments de la forme

$$(M, \beta\,\alpha, P) - (M, \alpha, N) - (M, \beta, P)$$

et

$$(M \oplus M', \alpha \oplus \alpha', N \oplus N') - (M, \alpha, N) - (M', \alpha', N') .$$

On note $\bar{G}_{\oplus,\mathrm{rel}}(\Omega)$ ce groupe et on note $[M, \alpha, N]$ la classe d'un élément (M, α, N) dans ce groupe.

__Théorème__ 2.2. La suite suivante est exacte

$$K_1(\bar{A}) \xrightarrow{\ \delta\ } \bar{G}_{+,\mathrm{rel}}(\Omega) \xrightarrow{\ \nu\ } G_+(\Omega) \xrightarrow{\ \varepsilon\ } K_0(\bar{A})$$

où les applications δ, ν, ε sont définies de la façon suivante :

$$\varepsilon \ : \ [M] \longrightarrow [\bar{K} \otimes_R M]$$

$$\nu \ : \ [M,\alpha,N] \longrightarrow [N] - [M]$$

δ : soit V un $\bar{A}$-module; il existe un $\bar{A}$-module W et un Q-module M tel que $K \otimes_R M = V + W$; δ associe à $[V,\alpha]$ l'élément $[M,\alpha+\mathrm{Id},M]$, qui ne dépend pas du choix de M et W.

Le groupe G_K de Galois de $\bar{K}$ sur K, opère sur $\bar{G}_{+,rel}(A)$. On note $\mathbf{R}_\Phi(Q)$ le sous-groupe de $\bar{G}_{+,rel}(Q)$ engendré par les éléments dont l'image par extension des scalaires à K dans $\bar{G}_{+,rel}(A)$ est de torsion et fixe par G_K.

Proposition 2.3. Supposons que K est un corps de nombres et que A est une algèbre de groupe $K[\Gamma]$. Il existe une suite exacte :

$$\mathrm{Hom}_{G_{K,\Phi}}(R(\Gamma),J(\bar{K}))/\mathrm{Kom}^+_{G_K}(R(\Gamma),U(\bar{K})) \overset{\Delta}{\longrightarrow} \mathbf{R}_\Phi(\mathbb{Z}_K \, \Gamma)$$

$$\longrightarrow \underset{p\in\mathbf{p}(\mathbb{Z}_K)}{+} G_+(\mathbb{Z}_{K,p}[\Gamma])$$

où $R(\hat{\Gamma})$ désigne le groupe des caractères de Γ à valeurs dans $\bar{\mathbb{Q}}$

$U(\bar{K})$ est le groupe des idèles unités de $\bar{K}$

$\mathbf{p}(\mathbb{Z}_K)$ l'ensemble des idéaux premiers de $\mathbb{Z}_K$

$\Phi = \mathrm{Hom}(G_K, \mathrm{Det}(K[\Gamma]^*))$

$\mathrm{Hom}_{G_{K,\Phi}}(R(\Gamma),J(K)) = \{f \in \mathrm{Hom}(R(\Gamma),J(\bar{K})), \forall \phi \in \Phi, gf(g^{-1}(\chi)) = \phi(g)f(\chi)\}$

$\mathrm{Hom}^+_{G_K}(R(\Gamma),U(K)) = \{f \in \mathrm{Hom}_{G_K}(R(\Gamma),J(K)), f(\chi)_p$ réel et positif

pour toute place réelle p de K et tout caractère symplectique de $\Gamma\}$.

Pour $N \in E(\Gamma)$, on note encore $\tau_{N,\Gamma}$ la classe dans $\mathrm{Hom}_{G_{Q,\Phi}}(R(\Gamma),J(K))/\mathrm{Hom}^+_{G_Q}(R(\Gamma),U(K))$ de l'application $\tau_{N,\Gamma}$ définie par le théorème 1.2.

Si $\tau_{N,\Gamma} = \mathrm{Det}(\alpha_{N,\Gamma})$ (proposition 3.4), on a $\Delta(\tau_{N,\Gamma}) = [\mathbb{Z}[\Gamma],\alpha_{N,\Gamma},\mathbb{Z}[\Gamma]]$.

Pour simplifier la suite de l'exposition, on suppose que $K = \mathbb{Q}$. Soit $N \in E(\Gamma)$ telle que $N^\Gamma = \mathbb{Q}$.

On construit à partir de l'application trace une forme hermitienne à valeurs dans $\mathbb{Q}[\Gamma]$ pour l'involution définie à partir de l'application $\gamma \longrightarrow \gamma^{-1}$ (notée $\lambda \longrightarrow \bar{\lambda}$) de la façon suivante

$$\forall x,y \in N \quad \mathrm{Tr}_{N/\mathbb{Q}}(x,y) = \sum_{\gamma \in \Gamma} \mathrm{tr}_{N/\mathbb{Q}}(x\,\gamma(y))\gamma \ .$$

Soit $T_{\mathbb{Q},\Gamma}$ l'application de $\mathbb{Q} \otimes_{\mathbb{Q}} N$ dans $\mathbb{Q}[\Gamma]$ définie par

$$T_{\mathbb{Q},\Gamma}(k \otimes n) = k \sum_{\gamma \in \Gamma} \gamma(n)\gamma^{-1} \ .$$

<u>Proposition</u> 2.4. 1) L'application $T_{\mathbb{Q},\Gamma}$ est une isométrie de $\bar{\mathbb{Q}} \otimes_{\mathbb{Q}} N$ dans $\bar{\mathbb{Q}}[\Gamma]$ munis respectivement des formes hermitiennes obtenues par extension des scalaires à $\bar{K}$ à partir de $\mathrm{Tr}_{N/\mathbb{Q}}$ et de la forme hermitienne canonique $(\lambda,\mu) \longmapsto \lambda\bar{\mu}$.

2) $[\mathbb{Z}_N, T_{\mathbb{Q},\Gamma}, M]$ appartient à $R_{\phi}(\mathbb{Z}[\Gamma])$ pour tout sous-module M de $\mathbb{Q}[\Gamma]$.

<u>Théorème</u> I'. Sous les hypothèses du théorème I, on a

$$[\mathbb{Z}_N, T_{\mathbb{Q},\Gamma}, \mathbb{Z}[\Gamma]] = [\mathbb{Z}_{N'}, T_{\mathbb{Q},\Gamma}, \mathbb{Z}[\Gamma]]$$

dans $\bar{G}_{\oplus,\mathrm{rel}}(\mathbb{Z}[\Gamma])$.

Pour tout χ de $R(\Gamma)$, on note $W_{N/\mathbb{Q}}$ la constante de l'équation fonctionnelle des séries L d'Artin associées au caractère χ.

On note $W'_{N/\mathbb{Q}}$ l'élément de $\mathrm{Hom}_{G_{\mathbb{Q}}}(R(\Gamma), J(\mathbb{Q}))$ construit de la façon suivante

- pour tout caractère χ irréductible et non symplectique de Γ, on pose $W'_{N/\mathbb{Q}}(\chi) = 1$,

- pour tout caractère χ irréductible et symplectique de Γ, on définit les composantes locales de $W'_{N/K}(\chi)$ par

$$W'_{N/\mathbb{Q}}(\chi)_p = 1 \qquad \forall p \in p(\mathbb{Z})$$

$$W'_{N/\mathbb{Q}}(\chi)_{p_{\infty}^w} = W_{N/\mathbb{Q}}(\chi^{w^{-1}}) \quad \forall w \in G_{\mathbb{Q}}$$

où p_{∞} désigne une place infinie de $\bar{\mathbb{Q}}$.

<u>Théorème</u> II'. Sous les hypothèses du théorème II

$$[\mathbb{Z}_N \, , T_{\mathbb{Q},\Gamma} \, , \mathbb{Z}[\Gamma]] = \; \Delta(\tau_{N,\Gamma} \cdot W'_{N/\mathbb{Q}})$$

<u>Théorème</u> III'. Sous les hypothèses du théorème III

$$[\mathcal{D}^{-1}_{N/\mathbb{Q}} \, , T_{\mathbb{Q},\Gamma} \, , \mathcal{Q}(\mathbb{Z}_N, \mathbb{Q}[\Gamma])] = \; \Delta(\tau_{N,\Gamma})$$

où $\mathcal{D}^{-1}_N$ désigne la codifférente de N sur $\mathbb{Q}$.

BIBLIOGRAPHIE

[D]   P. DELIGNE - Les constantes des équations fonctionnelles des fonc-
        tions L, Modular functions of on variable II, Lecture notes
        in Math. 349, Springer-Verlag (1973).

[F]   A. FRÖHLICH - Arithmetic and Galois module structure for tame ex-
        tensions, J. reine angew. Math. 286-287 (1976), 380-439.

[L]   H. W. LEOPOLDT - Über die Hauptornung der ganzen elemente eines
        abelschen Zahlkörpers, J. reine angew. Math. 201 (1959), 119-
        149.

[Q1]   J. QUEYRUT - S-groupes des classes d'un ordre arithmétique, J. of
        algebra vol. 76, n° 1 (1982), 234-260.

[Q2]   J. QUEYRUT - Sturcture galoisienne des anneaux d'entiers d'exten-
        sions sauvagement ramifiées, I, Annales Institut Fourier XXXI,
        3 (1981), 3-35.

[Ta]   J. TATE - Local constants in Algebraic Numbers fields, A. Fröhlich
        éd., Academic Press, London 1977.

[W]   S. WILSON - Extensions with identical wild ramification, Sem. de
        Th. des Nombres de Bordeaux (1980-1981).

SUR L'ORDRE MAXIMUM

DE LA FONCTION SOMME DES DIVISEURS

G. ROBIN

1. <u>Introduction</u>.

J.L. Nicolas ([NIC 2], [NIC 3]) a récemment démontré qu'il existe une infinité de nombres n tels que $\frac{n}{\Phi(n)} > e^{\gamma} \log \log n$, Φ désignant l'indicateur d'Euler et γ la constante d'Euler $(\gamma = 0,577... ; e^{\gamma} = 1,781...)$.

Il répondait ainsi à une question de J.B. ROSSER et L. SCHOENFELD ([ROS 1], p. 72).

Si $\sigma(n)$ désigne la somme des diviseurs de l'entier n, on sait que :

$$\frac{\sigma(n)}{n} < \frac{n}{\Phi(n)} \qquad \forall n \geqslant 1$$

et $\quad \overline{\lim} \dfrac{n}{\Phi(n) \log \log n} = \overline{\lim} \dfrac{\sigma(n)}{n \log \log n} = e^{\gamma}$ ([HAR]) .

Il est donc naturel de se poser, pour la fonction $\frac{\sigma(n)}{n}$, la même question que pour $\frac{n}{\Phi(n)}$. La réponse est différente et peut s'énoncer comme suit :

<u>Théorème</u> 1. L'hypothèse de Riemann (HR) est vraie $\Longleftrightarrow$ il existe n_o tel que $\frac{\sigma(n)}{n} < e^{\gamma} \log \log n$ pour tout $n > n_o$.

La démonstration de ce théorème fait intervenir les nombres colossalement abondants. Ces nombres ont été intro-

duits par L. ALAOGLU et P. ERDÖS ([ALA]), à la suite de
S. RAMANUJAN ([RAM], §32) qui, pour étudier les grandes
valeurs de la fonction, nombre de diviseurs, avait défini les
nombres hautement composés supérieurs.

Si l'hypothèse de Riemann est vraie, la majoration de
$\frac{\sigma(n)}{n}$ sur les nombres colossalement abondants, se fait en
évaluant essentiellement les produits $\prod_{p \leqslant x} (1-1/p)$ et

$\prod_{p \geqslant x} (1-1/p^2)$ et en utilisant, comme dans [NIC 3], la formule

explicite de théorie des nombres pour la fonction

$$\psi(x) = \sum_{p^m \leqslant x} \log p \ .$$

Dans un autre article [ROB 2], nous montrons grâce aux
résultats de [ROS 2] et [SCH], que l'on peut choisir
$n_o = 5040$.

Si l'hypothèse de Riemann n'est pas vraie on utilise le
théorème de Landau sur l'oscillation des fonctions qui nous
permet aussi de démontrer

<u>Théorème</u> 2. Les expressions $A(x) = \sum_{p \leqslant x} 1/p - \log \log x - B_1$

et $B(x) = e^{\gamma} \log x \prod_{p \leqslant x} (1-\frac{1}{p}) - 1$ changent de signe sur un

ensemble $\{x_n\}_{n \in \mathbb{N}}$ avec $\lim_{n \to \infty} x_n = \infty$. $(B_1 = 0,261...)$

répondant ainsi à une autre question de ROSSER et SCHOENFELD
([ROS 1], p. 73) qui, après avoir remarqué que $A(x) > 0$
pour $1 \leqslant x \leqslant 10^8$, se demandaient si cette inégalité pouvait
être vraie pour tout x .

Si nous posons $f(n) = \dfrac{\sigma(n)}{n \log \log n}$ et si $(C_k)_{k \in \mathbb{N}}$ est

la suite des nombres colossalement abondants, alors des cal-
culs montrent que $f(C_k)$ est croissante pour $130 \leqslant k \leqslant 3000$.
Cependant nous prouvons :

<u>Théorème</u> 3. La suite $f(C_k)$ présente une infinité d'extre-
mums locaux.

2. Les nombres colossalement abondants.

Les nombres colossalement abondants ont été définis par L. ALAOGLU et P. ERDÖS dans [ALA] et étudiés par P. ERDÖS et J.L. NICOLAS dans [ERD] et [NIC 1].

<u>Définition</u>. N est colossalement abondant, s'il existe $\varepsilon > 0$ tel que

$$\forall n \geq 1 \qquad \frac{\sigma(n)}{n^{\varepsilon+1}} \leq \frac{\sigma(N)}{N^{\varepsilon+1}} \ .$$

Pour x réel positif et α entier ≥ 1 on définit :

$$F(x,\alpha) = \log(1 + 1/(x+x^2+\ldots+x^{\alpha}))/\log x \ .$$

Pour α fixé, la fonction $x \longmapsto F(x,\alpha)$ est décroissante dans $]1,\infty[$. On pose $E_p = \{F(p,\alpha) \ ; \ \alpha \geq 1\}$ pour p premier

$$E = \bigcup_{p \text{ premier}} E_p = \{\varepsilon_1, \varepsilon_2, \ldots, \varepsilon_i, \ldots\}$$

avec $\varepsilon_i > \varepsilon_{i+1}$ pour $i \geq 1$.

Pour $\varepsilon > 0$, on définit x_k pour $k \geq 1$ par $F(x_k,k) = \varepsilon$ et l'on pose $x = x_1$. On dira que N est associé à ε ou à x .

La proposition suivante ([ERD], p. 70), qui utilise le théorème des six exponentielles de LANG ([LAN], p. 8), précise la structure des nombres colossalement abondants.

<u>Proposition</u>. (a) Si $\varepsilon \notin E$, la fonction $\sigma(n)/n^{1+\varepsilon}$ atteint son maximum en un seul point N_ε dont la décomposition en facteurs premiers est :

$$N_\varepsilon = \prod_p p^{\alpha_p(\varepsilon)} \qquad \text{avec} \quad \alpha_p(\varepsilon) = \left[\frac{\log((p^{1+\varepsilon}-1)/(p^{\varepsilon}-1))}{\log p}\right] - 1$$

ou, si l'on préfère,

$$\begin{cases} \alpha_p(\varepsilon) = k \quad \text{si} \quad x_{k+1} < p < x_k \quad \text{avec} \quad k \geq 1 \\[2mm] \text{et} \quad \alpha_p(\varepsilon) = 0 \quad \text{si} \quad p > x = x_1 \end{cases}$$

(b) Soit $i \geqslant 1$; pour tout $\varepsilon \in]\varepsilon_{i-1}, \varepsilon_i[$, N_ε est constant et égal (par définition) à N_i . Les nombres N_i sont tous distincts.

(c) Si les ensembles E_p sont disjoints deux à deux, l'ensemble des nombres colossalement abondants est égal à l'ensemble des nombres N_i , $1 \leqslant i$: la fonction $\sigma(n)/n^{1+\varepsilon_i}$ atteint son maximum aux deux points N_i et N_{i+1} .

(d) Si les ensembles E_p ne sont pas disjoints, pour chaque $\varepsilon_i \in E_q \cap E_r$, la fonction $\sigma(n)/n^{1+\varepsilon_i}$ atteint son maximum en quatre points : N_i , qN_i , rN_i et $N_{i+1} = q\,r\,N_i$. Les nombres qN_i et rN_i sont colossalement abondants.

On a, pour k fixé $x_k \sim \sqrt[k]{kx}$ lorsque $\varepsilon \longrightarrow 0$ et d'après ($[\mathrm{ERD}]$, p. 74), $x_2 = \sqrt{2x}(1 - \dfrac{\log 2}{2 \log x} + O(\dfrac{1}{(\log x)^2}))$.

Nous avons d'autre part $x_k > x^{1/k}$, $\forall x > 1$, $\forall k > 2$. En effet si l'on pose $t = x^{1/k}$, il faut montrer que :

$$(k \log(1 + 1/(t+t^2+\ldots+t^k)) - \log(1 + 1/t^k))/\log x > 0$$

soit $\quad (1 + \dfrac{1}{t+t^2+\ldots+t^k})^k > 1 + \dfrac{1}{t^k}$.

Comme $(1+u)^k > 1+ku$ il vient :

$$(1 + \frac{1}{t+t^2+\ldots+t^k})^k > 1 + \frac{k}{t+\ldots+t^k} > 1 + \frac{1}{t^k} .$$

3. La partie directe du théorème 1.

Nous énonçons d'abord un lemme qui nous permet de considérer uniquement les nombres colossalement abondants.

Lemme. Soit $3 \leqslant N \leqslant n \leqslant N'$, N et N' étant deux nombres colossalement abondants successifs. Alors :

$$f(n) \leqslant \mathrm{Max}(f(N), f(N')) .$$

<u>Démonstration</u>. Si N et N' sont colossalement abondants successifs il existe une seule valeur ε du paramètre pour laquelle on a :

$$\forall n \geqslant 1 \qquad \frac{\sigma(n)}{n^{\varepsilon+1}} \leqslant \frac{\sigma(N)}{N^{\varepsilon+1}} = \frac{\sigma(N')}{{N'}^{\varepsilon+1}} \ .$$

Par suite $\quad f(n) \leqslant f(N) \times \left(\frac{n}{N}\right)^{\varepsilon} \dfrac{\log \log N}{\log \log n}$

et l'on aura $\quad f(n) \leqslant f(N) \quad$ si $\quad \dfrac{n^{\varepsilon}}{\log \log n} \leqslant \dfrac{N^{\varepsilon}}{\log \log N} \ .$

Le lemme sera démontré si :

$$\varepsilon \log n - \log \log \log n \leqslant \mathrm{Max}(\varepsilon \log N - \log \log \log N \ ,$$
$$\varepsilon \log N' - \log \log \log N')$$

or ceci est une conséquence de la convexité de la fonction

$$x \longmapsto \varepsilon \, x - \log \log x \qquad (x > 1) \ .$$

<u>Lemme</u> 2. Si N est colossalement abondant associé à x , on peut écrire :

$$f(N) = e^{\gamma} \exp\left(\frac{2-2\sqrt{2}}{\sqrt{x} \log x} + M(x) - J(x) + O\left(\frac{1}{x^{1/2} \log x}\right)\right)$$

avec $\qquad M(x) = \log \log x - \log \log \theta(x) + \dfrac{S(x)}{x \log x}$

$$S(x) = \theta(x) - x \ ; \ R(x) = \psi(x) - x$$

$$J(x) = \int_{x}^{\infty} \frac{R(t)(\log t + 1)}{t^2 \log^2 t} \, dt$$

$\theta(x)$ et $\psi(x)$ étant les deux fonctions de Tchebychef.

<u>Démonstration</u>.

$\quad$. On a $\quad \dfrac{\sigma(N)}{N} = \displaystyle\prod_{p \leqslant x} \left(1-\frac{1}{p}\right)^{-1} \prod_{x_2 < p \leqslant x} \left(1-\frac{1}{p^2}\right) Q(x)$

avec $Q(x) = \displaystyle\prod_{k \geqslant 2} \ \prod_{x_{k+1} < p \leqslant x_k} \left(1-\frac{1}{p^{k+1}}\right) \leqslant 1 \ .$

$\quad$ Compte tenu que $p^{k+1} > x$ (§2),

$$Q(x) \geqslant \prod_{x_3 < p \leqslant x_2} \left(1-\frac{1}{p^3}\right) \prod \left(1-\frac{1}{x}\right)^{\Pi(x_3)}$$

d'où finalement $Q(x) = 1 + O(\dfrac{1}{x^{2/3} \log x})$.

. Comme $\displaystyle\sum_{p > x} \dfrac{1}{p^2} = \dfrac{1}{x \log x} + O(\dfrac{1}{x \log^2 x})$ et que

$x_2 = \sqrt{2x}(1 + O(\dfrac{1}{\log x}))$ on peut écrire successivement :

$$\prod_{x_2 < p < x} (1 - \dfrac{1}{p^2}) = \exp(-\sum_{x_2 < p < x} \dfrac{1}{p^2} + O(\dfrac{1}{x^{3/2} \log x}))$$

$$= \exp(\dfrac{-\sqrt{2}}{\sqrt{x \log x}} + O(\dfrac{1}{\sqrt{x \log^2 x}})) \ .$$

. On peut écrire

$$\sum_{p < x} \dfrac{1}{p} = \int_{2-}^{x} \dfrac{d\theta(t)}{t \log t} = \int_{2}^{x} \dfrac{dt}{t \log t} + \int_{2-}^{x} \dfrac{dS(t)}{t \log t}$$

soit (1) $\displaystyle\sum_{p < x} \dfrac{1}{p} = \log \log x + B_1 + \dfrac{S(x)}{x \log x}$

$$- \int_{x}^{\infty} \dfrac{S(t)(\log t + 1)}{(t \log t)^2} \, dt$$

où l'on a posé :

$$B_1 = \dfrac{1}{\log 2} - \log \log 2 + \int_{2}^{x} S(t) \dfrac{\log t + 1}{(t \log t)^2} \, dt \ .$$

En comparant avec le développement asymptotique usuel ([HAR], p. 351) on a $B_1 = 0,2641972...$

On a encore :

$$\sum_{p < x} \dfrac{1}{p} = \log \log \theta(x) + B_1 + M(x) - J(x)$$

$$+ \int_{x}^{\infty} \dfrac{(\psi(t) - \theta(t))/(\log t + 1)}{(t \log t)^2} \, dt \ .$$

Comme $\psi(t) - \theta(t) = t^{1/2} + O(\dfrac{t^{1/2}}{\log t})$ et que :

$$\sum_{p < x} \log(1 - \dfrac{1}{p}) = B_1 - \gamma - \sum_{p < x} \dfrac{1}{p} - \sum_{p > x} (\log(1 - \dfrac{1}{p}) + \dfrac{1}{p})$$

nous obtenons :

$$\prod_{p \leqslant x} (1-\tfrac{1}{p})^{-1} = e^{\gamma} \, \log \, \theta(x) \, \exp(M(x) - J(x) + \frac{2}{\sqrt{x} \, \log \, x}$$

$$+ \, O(\frac{1}{\sqrt{x} \, \log^2 \, x} \,)).$$

. D'après la proposition du §2,

$$\log \, N = \theta(x) + \theta(x_2) + O(x_3)$$

$$= \theta(x) \, (1 + \frac{\sqrt{2}}{\sqrt{x}} + O(\frac{1}{\sqrt{x} \, \log \, x}))$$

par suite :

$$\log \, \log \, N = \log \, \theta(x) \, \exp(\frac{\sqrt{2}}{\sqrt{x} \, \log \, x} + O(\frac{1}{\sqrt{x} \, \log^2 \, x})) \, .$$

Il ne reste plus qu'à regrouper les résultats pour obtenir
le lemme.

<u>Lemme</u> 3. Si l'hypothèse de Riemann est vraie,
$J(x) = O(1/(\sqrt{x} \, \log \, x))$ et plus précisément :

$$|J(x)| \, \langle \, \frac{c}{\sqrt{x} \, \log \, x} + O(\frac{1}{\sqrt{x} \, \log^2 \, x})$$

avec $c = \sum_{\rho} \frac{1}{|\rho|^2} = 0,04619...$, ρ décrivant l'ensemble des

zéros de la fonction ζ de Riemann.

<u>Démonstration</u>. Voir [NIC 3] où la démonstration est faite en
utilisant la formule explicite de la théorie des nombres
([ELL], th. 5.8, p. 169).

Nous sommes maintenant en mesure de démontrer la partie
directe du théorème 1. Si l'hypothèse de Riemann est vraie :

$$M(x) = O(\frac{S^2(x)}{x^2 \, \log^2 \, x} \, (\log \, x+1)) = O(\frac{\log^3 \, x}{x}) \, .$$

D'après les lemmes 2 et 3, comme $c \, \langle \, 2\sqrt{2}-2$, on a
$f(N) \, \langle \, 1$ pour tout N colossalement abondant assez grand,
donc pour tout n assez grand, d'après le lemme 1.

4. <u>Théorèmes d'oscillation</u>.

La fin de la démonstration du théorème 1 et les démonstrations des théorèmes 2 et 3 relèvent des théorèmes d'oscillation.

Si h et g sont deux fonctions réelles définies sur $\mathbb{R}^+$ on dit que $h(x) = \Omega_+(g(x))$ si $\overline{\lim_{x\to\infty}} h(x)\,g(x)^{-1} > 0$ et $h(x) = \Omega_-(g(x))$ si $\underline{\lim_{x\to 0}} h(x)\,g(x)^{-1} < 0$.

Désignons par θ la borne supérieure des parties réelles des zéros de la fonction ζ de Riemann et par b un réel de $]1-\theta, 1/2[$, si $\theta > 1/2$.

Nous utiliserons les résultats suivants :

<u>Lemme de LITTLEWOOD</u> ([ELL], p. 200)

$$\theta(x) = x + \Omega_\pm(\sqrt{x} \, \log \log \log x) \ .$$

<u>Lemme de LANDAU</u> ([ELL], [GRO]). Soit σ_c l'abscisse de convergence de $F(s) = \displaystyle\int_{x_o}^{\infty} \frac{f(x)}{x^s} dx$; alors $f(x)$ change de signe sur un ensemble $\{x_n\}_{n\in\mathbb{N}}$, $\lim_{n\to\infty} x_n = \infty$, si $F(x)$ est régulière en σ_c .

On peut alors démontrer :

<u>Lemme</u>. a) Si l'hypothèse de Riemann est fausse :

$$\alpha J(x) + \beta \, \frac{R(x)}{x \log x} \quad \text{est} \quad \Omega_\pm(x^{-b}), \ \alpha, \beta \in R \ , \ \alpha \text{ ou } \beta \neq 0 .$$

b) Si l'hypothèse de Riemann est vraie :

$$\frac{R(x)}{x \log x} \quad \text{et} \quad \frac{R(x)}{x \log x} - J(x) \quad \text{sont} \quad \Omega_\pm\left(\frac{\log \log \log x}{\sqrt{x} \log x}\right).$$

<u>Démonstration</u>. a) Le résultat est classique pour $(\alpha, \beta) = (0,1)$ et se trouve dans [NIC 2] pour $(\alpha, \beta) = (1,0)$. Le cas général se traite de la même façon en calculant la transformée de

Mellin de $\alpha J(x) + \dfrac{\beta R(x)}{x \log x}$ et en appliquant le lemme de Landau.

b) On utilise le lemme de Littlewood et le lemme 3 du §3.

<u>Fin de la démonstration du théorème</u> 1. La fonction $x \longrightarrow \log \log x$ étant concave, $M(x)$ est positif. Si l'hypothèse de Riemann est fausse on a donc, d'après l'expression de $f(N)$ dans le lemme 2, §3, et le lemme précédent

$$f(N) = e^{\gamma}(1 + \Omega_{+}(\frac{1}{x^{b}}))$$

pour N colossalement abondant, ce qui prouve que $f(N) \rangle e^{\gamma}$ pour une infinité de nombres colossalement abondants.

Le théorème 2 est conséquence de la proposition suivante :

<u>Proposition</u> 1. a) Si l'hypothèse de Riemann n'est pas vraie on a :

$$\sum_{p \leqslant x} \frac{1}{p} = \log \log x + B_{1} + \Omega_{\pm}(x^{-b})$$

$$e^{\gamma} \log x \prod_{p \leqslant x} (1-\frac{1}{p}) = 1 + \Omega_{\pm}(x^{-b})$$

$$\sum_{p \leqslant x} \frac{\log p}{p} = \log x + E + \Omega_{\pm}(x^{-b}) \qquad E = -1,33258\ldots$$

b) Si l'hypothèse de Riemann est vraie, x^{-b} doit être remplacé par $\log \log \log x/(\sqrt{x} \log x)$ dans les deux premières formules et par $\log \log \log x/\sqrt{x}$ dans la dernière.

<u>Démonstration</u>. Elle est la même pour les trois formules.

Pour la première, on utilise la formule (1) du §3 qui peut être écrite :

$$\sum_{p \leqslant x} \frac{1}{p} = \log \log x + B_{1} + \frac{R(x)}{x \log x} - J(x) + 0(\frac{1}{\sqrt{x} \log x})$$

et l'on conclut avec le lemme précédent.

Terminons par la démonstration du théorème 3.

Soient C_k et C_{k+1} deux nombres colossalement abondants associés au paramètre $\varepsilon = \log(1+1/x)/\log x$.

Puisque $\sigma(C_k)/C_k^{\varepsilon+1} = \sigma(C_{k+1})/C_{k+1}^{\varepsilon+1}$ on a :

$$f(C_k) > f(C_{k+1}) \iff g(\log C_k) > g(\log C_{k+1})$$

avec $g : y \longrightarrow \varepsilon y - \log \log y$ définie pour $y > 1$. La fonction g admet un minimum en $y_o = y_o(\varepsilon)$ vérifiant $\varepsilon = \dfrac{1}{y_o \log y_o}$. Le théorème sera prouvé si on montre qu'il existe une infinité de k tels que $\log C_k > y_o$ et une infinité de k tels que $\log C_{k+1} < y_o$.

D'après le lemme de Littlewood, il existe une suite de valeurs de x tendant vers l'infini, pour lesquelles $\theta(x) > x+\sqrt{x}$. Pour les C_k qui leur sont associés, on a, puisque $\log C_k > \theta(x)$,

$$\frac{1}{\log C_k \, \log \log C_k} \leqslant \frac{1}{x \log x} \left(1 - \frac{1+o(1)}{\sqrt{x}}\right).$$

D'autre part $\varepsilon = \log(1+1/x)/\log x = (1/x \log x)(1+O(1/x))$. On voit alors que, pour les x assez grands,

$$\frac{1}{\log C_k \, \log \log C_k} < \varepsilon = \frac{1}{y_o \log y_o} \quad \text{et par suite}$$
$$y_o > \log C_k \ .$$

Pour la deuxième inégalité, on considérera des x pour lesquels $\theta(x) < x-\alpha\sqrt{x} \log \log \log x$, avec $\alpha > 0$ fixé. Pour les C_k associés à ces valeurs de x , on a, compte tenu de $\log C_{k+1} = \theta(x) + O(x_2)$ et de $x_2 \sim \sqrt{2x}$, $\log C_{k+1} < x$ pour les x assez grands. Par suite :

$$\frac{1}{\log C_{k+1} \, \log \log C_{k+1}} > \frac{1}{x \log x} > \frac{\log(1+1/x)}{\log x} = \varepsilon = \frac{1}{y_o \log y_o}$$

et donc $y_o > \log C_{k+1}$.

Bibliographie

[ALA]   L. ALAOGLU, P. ERDÖS.- On highly composite and simi-
          lar numbers. Trans. Amer. Math. Soc., t. 56
          (1944), p. 448-469.

[ELL]   **W.J. ELLISON, M. MENDES-FRANCE.- Les nombres pre-**
          miers. Hermann Paris (1975), Act. Sci. et
          ind., n° 1366.

[ERD]   P. ERDÖS, J.L. NICOLAS.- Répartition des nombres
          superabondants. Bull. Soc. Math. France, 103
          (1975), p. 65-90.

[GRO]   E. GROSSWALD.- Oscillation theorems of arithmetical
          functions. Trans. Am. Math. Soc., vol 126,
          n° 1 (1967), p. 1-28.

[HAR]   G.H. HARDY, E.M. WRIGHT.- An introduction to the
          theory of numbers. Oxford (1960).

[NIC 1]   J.L. NICOLAS.- Ordre maximum d'un élément du groupe
          des permutations et highly composite numbers.
          Bull. Soc. Math. France, 97 (1969), p. 129-191.

[NIC 2]   J.L. NICOLAS.- Petites valeurs de la fonction
          d'Euler. A paraître au Journal of number
          theory.

[NIC 3]   J.L. NICOLAS.- Petites valeurs de la fonction
          d'Euler et hypothèse de Riemann. Séminaire
          D.P.P. 1981-1982.

[LAN]   S. LANG.- Introduction to transcentental numbers.
          Addison Wesley, Pub. Corp. (1966).

[RAM]   S. RAMANUJAN.- Highly composite numbers. Proc.
          London Math. Soc., Serie 2, 14 (1915), p. 347-
          400 et Collected papers, 78, 128 Chelsea.

[ROB 1]   G. ROBIN.- Estimation de la fonction θ de
          Tchebychef sur le $k^{\text{ième}}$ nombre premier et
          grandes valeurs de la fonction $\omega(n)$, nombre
          de diviseurs premiers de n . A paraître aux
          Acta Arithmética.

[ROB 2]   G. ROBIN.- Grandes valeurs de la fonction somme des
          diviseurs et hypothèse de Riemann. A paraître.

[ROS 1]   J.B. ROSSER, L. SCHOENFELD.- Approximate formulas
          for some functions of prime numbers. Illinois
          Jour. Math. (1962), tome 6, p. 64-94.

[ROS 2]   J.B. ROSSER, L. SCHOENFELD.- Sharper bounds for the
          Chebyshev functions $\theta(x)$ and $\psi(x)$. Math. of
          Comp., Vol. 29, Numb. 129 (1975), p. 243-269.

[SCH]   L. SCHOENFELD.- Sharper bounds for the Chebyschev
          functions $\theta(x)$ and $\psi(x)$ II. Math. of Comp.,
          Vol. 30, Numb. 134 (1976), p. 337-360.

P. SATGE

INTRODUCTION

Selmer [2] a calculé le rang du groupe des points rationnels des courbes elliptiques d'équation projective $X^3 + Y^3 = AZ^3$ pour tous les entiers naturels A plus petits que 500. Grossièrement, sa méthode se décompose en deux temps : tout d'abord il introduit, pour chaque A, deux familles finies de courbes de genre 1 telles que le rang de $X^3 + Y^3 = AZ^3$ est égal au nombre des courbes de ces familles qui possèdent un point rationnel sur $\mathbb{Q}$; ensuite, pour chacune de ces courbes il montre, soit qu'elles n'ont pas de points rationnels (par exemple par des arguments de congruence), soit il exhibe un point rationnel.

Comme Cassels l'a expliqué ([1] par exemple), ce calcul est un exemple du procédé général de descente relative à une isogénie : en effet, la courbe d'équation projective $X^3 + Y^3 = AZ^3$ est isomorphe sur $\mathbb{Q}$ à la courbe d'équation projective $Y^2 Z = X^3 - 27(4A)^2 Z^3$; d'autre part, il existe une isogénie λ, définie sur $\mathbb{Q}$, de la courbe d'équation $Y^2 Z = X^3 - 27(4A)^2 Z^3$ sur la courbe d'équation $Y^2 Z = X^3 + (4A)^2 Z^3$. Il est facile de vérifier que, $\hat{\lambda}$ désignant l'isogénie duale de λ, les deux familles de courbes de genre 1 introduites par Selmer sont des λ et des $\hat{\lambda}$-recouvrements au sens de Cassels ([1] par exemple). Le point remarquable du travail de Selmer, et ce qui lui permet de mener à bien la secon-de partie de son calcul, est la simplicité des équations de ces recouvrements. Dans ce travail nous généralisons le calcul de Selmer au cas des courbes $Y^2 = X^3 + kZ^3$ sans aucune restriction sur le rationnel k. Nous considérons une isogénie λ de la courbe d'équation $Y^2Z = X^3 + kZ^3$ sur la courbe d'équation $Y^2Z = X^3 - 27kZ^3$ et, $\hat{\lambda}$ désignant l'isogénie duale de λ, nous calculons l'équation générale des λ et des $\hat{\lambda}$ recouvrements; dans ce cas général ces équations sont aussi remarquablement simples que celles obtenues par Selmer. Pour tester l'efficacité numérique de notre généralisation du travail de Selmer, nous traitons "à la main" (i.e. sans machine) quelques exemples numériques dans le cas où k n'est pas un carré (par exemple nous montrons que le rang sur $\mathbb{Q}$ de la courbe d'équation $Y^2Z = X^3 + 58 \times 2^2 \times 23^2 Z^3$ est 4). Nous signalons rapidement d'autres applications des résultats de ce travail; celles-ci nécessitent des développements techniques un peu longs et feront l'objet d'un travail ultérieur.

0. <u>NOTATIONS ET PLAN DE TRAVAIL</u>

$\mathbb{Q}$ désigne le corps des rationnels, $\bar{\mathbb{Q}}$ une clôture algébrique de $\mathbb{Q}$ et G est le groupe de Galois de $\bar{\mathbb{Q}}/\mathbb{Q}$. De plus, k est un entier rationnel et on considère les deux courbes elliptiques A et B dont les équations projectives sont respectivement $Y^2Z = X^3 + kZ^3$ et $Y^2Z = X^3 - 27kZ^3$. Pour tout corps M, on note $A(M)$ (resp. $B(M)$) le groupe des points de A (resp. B) définis sur M, le point à l'infini $(0, 1, 0)$ étant choisi comme origine de la loi de groupe. Le sous-groupe d'ordre 3 de $A(\bar{\mathbb{Q}})$ formé des trois points $\{(0, 1, 0), (0, \sqrt{k}, 1), (0, -\sqrt{k}, 1)\}$ étant globalement invariant par G, le quotient de A par ce sous-groupe est une courbe elliptique définie sur $\mathbb{Q}$ et isogène à A sur $\mathbb{Q}$. On vérifie facilement ([3] par exemple) que ce quotient est isomorphe à B; on a donc une isogénie de A vers B définie sur $\mathbb{Q}$ dont le noyau est $\{(0, 1, 0), (0, \sqrt{k}, 1), (0, -\sqrt{k}, 1)\}$. Nous noterons λ cette isogénie, $A[\lambda]$ le noyau de λ et $\hat{\lambda}$ l'isogénie duale de λ.

Nous avons divisé ce travail en 4 paragraphes. Dans le premier nous rappelons le principe de la λ-descente essentiellement pour fixer le vocabulaire que nous utilisons dans la suite. Dans le deuxième paragraphe nous donnons une interprétation du groupe $H^1(G,A[\lambda])$ en terme de corps cubiques. Dans le troisième paragraphe nous calculons l'équation des λ recouvrements. Enfin, dans le quatrième paragraphe, nous expliquons comment les résultats de Selmer sont un cas particulier de ce qui a été fait ici, et donnons quelques illustrations numériques. Nous signalons aussi d'autres applications de ce travail que nous n'avons pas la place de développer ici.

1. LA λ-DESCENTE

La suite exacte de G module

$$0 \longrightarrow A[\lambda] \longrightarrow A(\bar{\mathbb{Q}}) \overset{\lambda}{\longrightarrow} B(\bar{\mathbb{Q}}) \longrightarrow 0$$

associée à l'isogénie λ donne la suite exacte de cohomologie

$$(1.1) \qquad 0 \to B(\mathbb{Q})/\lambda[A(\mathbb{Q})] \to H'(G,A[\lambda]) \to H'(G,A(\mathbb{Q}))[\lambda] \to 0$$

dans laquelle $H'(G,A(\bar{\mathbb{Q}}))[\lambda]$ est, par définition, le noyau de la flèche de $H'(G,A(\bar{\mathbb{Q}}))$ vers $H'(G,B(\bar{\mathbb{Q}}))$ induite par λ.

Rappelons qu'un λ-recouvrement est, par définition, un couple $(\mathfrak{C},\theta)$ où $\mathfrak{C}$ est une courbe algébrique définie sur $\mathbb{Q}$ et où θ est un isomorphisme algébrique défini sur $\bar{\mathbb{Q}}$ de $\mathfrak{C}$ sur A ($\mathfrak{C}$ est donc non singulière, complète et de genre 1) qui vérifie la condition suivante : pour tout $\sigma \in G$, le transformé θ^{σ} de θ par σ est tel que l'automorphisme algébrique $\theta^{\sigma} \circ \theta^{-1}$ de A est la translation par un élément de $A[\lambda]$. On vérifie facilement que, si $\theta^{\sigma} \circ \theta^{-1}$ est la translation par l'élément $P(\sigma)$ de $A[\lambda]$, alors l'application qui à σ associe $P(\sigma)$ est un 1-cobord de G à valeur dans $A[\lambda]$ et donc détermine un élément de $H^1(G,A[\lambda])$. On munit l'ensemble des λ-recouvrements de la relation d'équivalence suivante : $(\mathbb{C},\theta)$ et $(\mathbb{C}',\theta')$ sont équivalents si et seulement si il existe un isomorphisme algébrique ϕ de $\mathbb{C}$ sur $\mathbb{C}'$ défini sur $\mathbb{Q}$ tel que $\theta'\circ\phi\circ\theta^{-1}$ (qui est un isomorphisme algébrique de A) est la translation par un élément de $A[\lambda]$. Cassels ([1] par exemple) montre que l'application des λ -recouvrements dans $H'(G,A[\lambda])$ décrite ci-dessus induit une bijection de l'ensemble des classes d'équivalence de λ recouvrements sur $H'(G,A[\lambda])$. Revenant à la suite exacte (1.1), il montre que l'image du λ -recouvrement $(\mathbb{C},\theta)$ dans $H'(G,A[\lambda])$ est dans l'image de $B(\mathbb{Q})/\lambda[A(\mathbb{Q})]$ si et seulement si la courbe $\mathbb{C}$ possède un point rationnel.

Le principe de la λ -descente est d'évaluer $B(\mathbb{Q})/\lambda[A(\mathbb{Q})]$ en faisant la liste des $(\mathbb{C},\theta)$ et en cherchant ceux pour lesquels $\mathbb{C}$ possède un point rationnel sur $\mathbb{Q}$.

2. $H'(G,A[\lambda])$ ET CORPS CUBIQUES

Si R/M est une extension galoisienne de corps, nous noterons souvent $H^i(R/M,.)$ le groupe de cohomologie $H^i(\mathrm{Gal}\,(R/M),.)$. Introduisons le corps $K = \mathbb{Q}(\sqrt{k})$ (on a donc $K = \mathbb{Q}$ si k est un carré). Le groupe $\mathrm{Gal}(\bar{\mathbb{Q}}/K)$ agit trivialement sur $A[\lambda]$, donc $H^1(\bar{\mathbb{Q}}/K,A[\lambda])$ s'identifie au groupe $\mathrm{Hom}\,(\mathrm{Gal}(\bar{\mathbb{Q}}/K),\mathbb{Z}/3)$. En conséquence, on a un homomorphisme de restriction de $H'(G,A[\lambda])$ vers $\mathrm{Hom}\,(\mathrm{Gal}(\bar{\mathbb{Q}}/K),\mathbb{Z}/3)$ et on a la proposition suivante :

<u>Proposition</u> 1. L'homomorphisme de restriction défini ci-dessus est injectif; son image est formé de l'homomorphisme nul et des homomorphismes dont le noyau fixe une extension cubique de K , galoisienne non abélienne sur $\mathbb{Q}$ (resp. cyclique sur $\mathbb{Q}$) si $K \neq \mathbb{Q}$ (resp. si $K = \mathbb{Q}$).

<u>Démonstration</u> : Ecrivons la suite exacte de Hochshild-Serre :

$$0 \longrightarrow H'(K/\mathbb{Q},A[\lambda]) \xrightarrow{\mathrm{inf}} H'(G,A[\lambda]) \xrightarrow{\mathrm{res}} H'(\bar{\mathbb{Q}}/K,A[\lambda])^{\mathrm{Gal}(K/\mathbb{Q})}$$
$$\longrightarrow H^2(K/\mathbb{Q},A[\lambda]) \ .$$

Le degré de $K/\mathbb{Q}$ étant premier au cardinal de $A[\lambda]$, on a $H^i(K/\mathbb{Q},A[\lambda]) = 0$ pour $i \geq 1$ et donc la restriction induit un isomorphisme de $H^1(G,A[\lambda])$ sur $H^1(\bar{\mathbb{Q}}/K,A[\lambda])^{\mathrm{Gal}(K/\mathbb{Q})}$. On conclut alors en remarquant que, dans l'identification de $H^1(\bar{\mathbb{Q}}/K,A[\lambda])$ avec $\mathrm{Hom}(\mathrm{Gal}(\bar{\mathbb{Q}}/K,\mathbb{Z}/3)$ les éléments de $H^1(\bar{\mathbb{Q}}/K,A[\lambda])^{\mathrm{Gal}(K/\mathbb{Q})}$ correspondent aux homomorphismes dont le noyau est globalement invariant par l'action (par conjugaison) de $\mathrm{Gal}(K/\mathbb{Q})$ sur G et tels que, si $K \neq \mathbb{Q}$, l'action de $\mathrm{Gal}(K/\mathbb{Q})$ sur le quotient de G par ce sous-groupe invariant est non triviale.

Si ϕ est un élément de $H^1(G,A[\lambda])$, nous noterons N_ϕ le corps fixé par le noyau de l'homomorphisme de $\mathrm{Gal}(\bar{\mathbb{Q}}/K)$ dans $\mathbb{Z}/3$ associé à ce ϕ comme expliqué ci-dessus. Si $K \neq \mathbb{Q}$ (i.e. si k n'est pas un carré) et si ϕ est non nul, le corps N_ϕ est la clôture galoisienne d'un corps cubique, défini à conjugaison près, que nous noterons L_ϕ. Si $K=\mathbb{Q}$ (i.e. si k est un carré) et si ϕ est non nul, le corps N_ϕ est une extension cyclique de $\mathbb{Q}$; dans ce cas nous noterons ce corps indifféremment N_ϕ ou L_ϕ, enfin nous convenons de poser $L_\phi = N_\phi = K$ si $\phi = 0$. Avec ces notations, il est clair que si ϕ_1 et ϕ_2 sont deux éléments de $H^1(G,A[\lambda])$, alors $L_{\phi_1} = L_{\phi_2}$ (ces corps étant toujours considérés à conjugaison près) si et seulement si $\phi_1 = \phi_2$ ou $\phi_1^2 = \phi_2$. Les résultats de ce paragraphe se résument donc dans le théorème suivant :

Théorème 2 : L'application qui à ϕ associe L_ϕ est une surjection de l'ensemble des éléments non nuls de $H^1(G,A[\lambda])$ sur l'ensemble des corps cubiques (à conjugaison près s'ils ne sont pas cycliques) dont la clôture galoisienne est une extension cubique de K. De plus, si L est un tel corps cubique, l'image réciproque de L par cette application consiste en deux éléments ϕ_1 et ϕ_2 tels que $\phi_1^2 = \phi_2$.

3. FORMES CUBIQUES ET λ-RECOUVREMENTS

Soit $f(U,V) = aU^3 + bU^2V + cUV^2 + dV^3$ une forme cubique à deux variables, à coefficients a, b, c, d entiers rationnels. Nous supposons

que le polynome $aT^3 + bT^2 + cT + d$ est un polynome de degré 3 irréductible sur $\mathbb{Q}$; nous notons ρ, ρ' et ρ'' ses trois racines et L, L' et
L'' les corps cubiques $\mathbb{Q}(\rho)$, $\mathbb{Q}(\rho')$ et $\mathbb{Q}(\rho'')$ (ces trois corps sont
soit conjugués, soit identiques). Enfin, nous désignons par D le dis-
criminant de $f(U,V)$ i.e.

$$D = -27a^2d^2 + 18abcd + b^2c^2 - 4ac^3 - 4b^3d = a^4[(\rho - \rho')(\rho' - \rho'')(\rho'' - \rho)]^2,$$

et nous supposons que $k = \frac{D}{4}1^6$ pour un $1 \in \mathbb{Q}$; ainsi la courbe elliptique d'équation projective $Y^2Z = X^3 + \frac{D}{4}Z^3$ est canoniquement isomorphe
sur $\mathbb{Q}$ à la courbe A (l'isomorphisme considéré comme canonique est
celui qui envoie le point (x, y, z) de la courbe d'équation
$Y^2Z = X^3 + \frac{D}{4}Z^3$ sur le point $(1^2x, 1^3y, z)$ de A).

Les trois racines ρ, ρ' et ρ'' du polynome $aT^3 + bT^2 + cT + d$
étant distinctes deux à deux par hypothèse, la courbe d'équation projective $W^3 = f(U,V)$ est non singulière; nous la noterons $\mathfrak{C}$. On a alors
la proposition suivante :

Proposition 3. Soit $\delta(T) = 3aT^2 + 2bT + c$ la dérivée du polynome
$aT^3 + bT^2 + cT + d$. La transformation linéaire à coefficients dans $L = \mathbb{Q}(\rho)$
définie par les équations

$$\left\{ \begin{array}{l} X = \delta(\rho) W \\[2mm] Y = \delta(\rho) \left[\dfrac{3a\rho + b}{2} U - \left(\dfrac{d}{\rho} - \rho \dfrac{b + a\rho}{2}\right) V \right] \\[2mm] Z = U - V\rho \end{array} \right.$$

transforme la courbe $\mathfrak{C}$ en la courbe d'équation $Y^2Z = X^3 + \frac{D}{4}Z^3$.

Démonstration : Une vérification purement calculatoire doit être possible, mais pénible; nous préférons procéder un peu différemment. Remarquons tout d'abord que les trois points $(\rho, 1, 0)$, $(\rho', 1, 0)$ et
$(\rho'', 1, 0)$ de $\mathfrak{C}$ sont trois points d'inflexions alignés. Effectuons la
transformation linéaire dont les équations sont :

$$\begin{cases} x = W \\ y = \alpha U + \beta V \\ z = U - V\rho \end{cases}$$

où α et β sont deux complexes tels que le déterminant $\begin{vmatrix} 1 & -\rho \\ \alpha & \beta \end{vmatrix}$ est non nul, et que nous laissons libre pour le moment. La tangente à $\mathfrak{C}$ au point d'inflexion $(\rho, 1, 0)$ est ainsi transformée en la droite à l'infini $z = 0$. L'équation de $\mathfrak{C}$ peut se mettre sous la forme

$$W^3 = a(U - V\rho)[(U - V\rho) + V(\rho - \rho')][(U - V\rho) + V(\rho - \rho'')]$$

soit

$$x^3 = az[z + \frac{y - \alpha z}{\beta + \alpha \rho}(\rho - \rho')][z + \frac{y - \alpha z}{\beta + \alpha \rho}(\rho - \rho'')]$$

soit encore

$$a\frac{(\rho - \rho')(\rho - \rho'')}{(\beta + \alpha \rho)^2} y^2 z = x^3 - a[1 - \alpha\frac{2\rho - \rho' - \rho''}{\beta + \alpha \rho} + \alpha^2\frac{(\rho - \rho')(\rho - \rho'')}{(\beta + \alpha \rho)^2}]z^3 + R$$

avec

$$R = z^2 y(\frac{2\rho - \rho' - \rho''}{\beta + \alpha \rho} - 2\alpha\frac{(\rho - \rho')(\rho - \rho'')}{(\beta + \alpha \rho)^2})$$

Prenons maintenant $\alpha = \frac{2\rho - \rho' - \rho''}{2}$ et $\beta = \rho'\rho'' - \frac{\rho\rho'}{2} - \frac{\rho\rho''}{2}$ de sorte que $R = 0$, $\beta + \alpha \rho = (\rho - \rho')(\rho - \rho'')$ et que $\begin{vmatrix} 1 & -\rho \\ \alpha & \beta \end{vmatrix} \neq 0$. Notre équation devient

$$\frac{a}{(\rho - \rho')(\rho - \rho'')} y^2 z = x^3 + \frac{a(\rho' - \rho'')^2}{4(\rho - \rho')(\rho - \rho'')} z^3$$

soit, en mutipliant les deux membres par

$$[a(\rho - \rho')(\rho - \rho'')]^3 \, ,$$

$$[a^2(\rho-\rho')(\rho-\rho'')Y]^2 z = [a(\rho-\rho')(\rho-\rho'')x]^3 + \frac{a^4[(\rho-\rho')(\rho'-\rho'')(\rho''-\rho)]^2}{4} z^3$$

et donc, si

$$X = a(\rho - \rho')(\rho - \rho'')x = \delta(\rho)x$$
$$Y = a^2(\rho - \rho')(\rho - \rho'')y = a\delta(\rho)y$$
$$Z = z$$

on a $Y^2 Z = X^3 + \frac{D}{4} Z^3$, ce qui achève la démonstration.

La transformation linéaire de la proposition 3 induit un isomorphisme de $\mathfrak{C}$ sur la courbe d'équation $Y^2 Z = X^3 + \frac{D}{4} Z^3$; en composant cet isomorphisme avec l'isomorphisme canonique de la courbe d'équation $Y^2 Z = X^3 + \frac{D}{4} Z^3$ sur la courbe $\mathbf{A}$, on obtient un isomorphisme de $\mathfrak{C}$ sur $\mathbf{A}$ que nous noterons θ. On a

Proposition 4. Le couple $(\mathfrak{C},\theta)$ défini ci-dessus est un λ-recouvrement. De plus, si ϕ est l'élément de $H^1(G,\mathbf{A}[\lambda])$ associé à ce λ-recouvrement, le corps L_ϕ associé à ϕ par le théorème 2 est le corps L.

Démonstration : Montrons d'abord que $(\mathfrak{C},\theta)$ est λ-recouvrement. Pour tout $\sigma \in G$, le composé $\theta^\sigma \circ \theta^{-1}$ est un automorphisme algébrique de la courbe $\mathbf{A}$. Notons $P(\sigma)$ l'image de l'origine de $\mathbf{A}$ par cet automorphisme, de sorte que $\theta^\sigma \circ \theta^{-1} = T_{P(\sigma)} \circ \varepsilon(\sigma)$ où $T_{P(\sigma)}$ est la translation par $P(\sigma)$ et $\varepsilon(\sigma)$ est un automorphisme de la variété abélienne $\mathbf{A}$. Par définition $(\mathfrak{C},\theta)$ est un λ-recouvrement si et seulement si, pour tout $\sigma \in G$, on a $\varepsilon(\sigma) = id$ et $P(\sigma) \in \mathbf{A}[\lambda]$. On vérifie facilement que ε est un homomorphisme croisé de G vers le groupe des automorphismes de la variété abélienne $\mathbf{A}$. Ces automorphismes étant définis sur $\mathbb{Q}(\sqrt{-3})$, la restriction ε_1 de ε à $\mathrm{Gal}(\bar{\mathbb{Q}}/\mathbb{Q}(\sqrt{-3}))$ est un homomorphisme de groupe. D'autre part ε est trivial sur $\mathrm{Gal}(\bar{\mathbb{Q}}/\mathbb{Q}(\rho))$ puisque $\theta^\sigma = \theta$ si $\sigma \in \mathrm{Gal}(\bar{\mathbb{Q}}/\mathbb{Q}(\rho))$. Le groupe G étant engendré par ses deux sous-groupes

$\mathrm{Gal}(\bar{\mathbb{Q}}/\mathbb{Q}(\sqrt{-3}))$ et $\mathrm{Gal}(\bar{\mathbb{Q}}/\mathbb{Q}(\rho))$, la trivialité de ε est équivalente à celle de ε_1. Le groupe $\mathrm{Gal}(\bar{\mathbb{Q}}/\mathbb{Q}(\sqrt{-3},\rho))$ est un sous-groupe d'indice 3 de $\mathrm{Gal}(\bar{\mathbb{Q}}/\mathbb{Q}(\sqrt{-3}))$ qui est contenu dans le noyau de ε_1. Si ce sous-groupe n'est pas distingué, le noyau de ε_1 est $\mathrm{Gal}(\bar{\mathbb{Q}}/\mathbb{Q}(\sqrt{-3}))$ tout entier et ε_1 est trivial. Sinon, ε_1 se factorise par un quotient d'ordre 3, donc $\varepsilon_1(\sigma)$ est, pour tout σ, un automorphisme d'ordre 3 de $\mathbf{A}$; il transforme donc le point de coordonnées $(x,y,1)$ en le point de coordonnées $(jx,y,1)$ où j est une racine cubique de l'unité. Ainsi $\varepsilon_1(\sigma) = \mathrm{id}$ si et seulement si $j = 1$, donc $\varepsilon_1(\sigma) = \mathrm{id}$ si et seulement si il fixe le point M de coordonnées $(\sqrt[3]{-\frac{D}{4}}, 0, 1)$; montrons que c'est le cas. On calcule les équations de θ^{-1} (en remarquant que $\delta(\rho) = 3a\rho^2 + 2b\rho + c = 2a\rho^2 + b\rho - \frac{d}{\rho}$) et de θ^σ à partir des équations de θ (proposition 3). Si l'on pose $\sigma(\rho) = \rho'$, on en déduit que les coordonnées de $P(\sigma)$ sont $(0, \sqrt{\frac{D}{4}}, 1)$ et (en remarquant que $-\frac{d}{\rho} + \frac{b+a\rho}{2} + \frac{3a\rho+b}{2}\rho' = -\frac{\delta(\rho')}{2}$) que les coordonnées de $\theta^\sigma \circ \theta^{-1}(M)$ sont $(-2\sqrt[3]{-\frac{P}{4}},*,1)$ où $*$ est une quantité dont nous n'avons pas besoin dans la suite. Si j est la racine cubique de l'unité telle que les coordonnées de $\varepsilon_1(\sigma)(M)$ sont $(j\sqrt[3]{-\frac{D}{4}},0,1)$, les formules d'addition sur la courbe $\mathbf{A}$ montrent que le point $[T_{P(\sigma)} \circ \varepsilon_1(\sigma)](M)$ a pour coordonnées $(-\frac{2}{j^2}\sqrt[3]{-\frac{P}{4}},*,1)$. L'égalité $T_{P(\sigma)} \circ \varepsilon_1(\sigma) = \theta^\sigma \circ \theta^{-1}$ implique donc $j = 1$, ce que l'on voulait. Le point $P(\sigma)$ étant clairement dans $\mathbf{A}[\lambda]$, la première partie de la démonstration est achevée.

Pour la dernière assertion de notre proposition, il suffit de remarquer que l'élément ϕ de $H^1(G,\mathbf{A}[\lambda])$ associé à $(\mathbb{C},\theta)$ est la classe du 1-cobord qui à σ associe $P(\sigma)$, et que, pour tout $\sigma \in \mathrm{Gal}(\bar{\mathbb{Q}}/L)$, le point $P(\sigma)$ est l'origine de $\mathbf{A}$.

<u>Remarque</u> : Si ϕ est l'élément de $H^1(G,\mathbf{A}[\lambda])$ associé au λ-recouvrement $(\mathbb{C},\theta)$ décrit ci-dessus, il est facile de vérifier que $(\mathbb{C},-\theta)$ est encore un λ-recouvrement et correspond à l'élément ϕ^2 de $H^1(G,\mathbf{A}[\lambda])$.

Nous allons montrer maintenant que tout λ recouvrement est du type $(\mathfrak{C},\theta)$ ou $(\mathfrak{C},-\theta)$ décrit ci-dessus. Pour cela nous aurons besoin du lemme suivant :

<u>Lemme</u> 5. Soit L un corps cubique dont la clôture galoisienne contient K. Il existe une forme cubique à deux variables

$f(U,V) = aU^3 + bU^2V + cUV^2 + dV^3$ possédant les trois propriétés suivantes :

1) ses coefficients a, b, c, d sont des entiers rationnels

2) son discriminant est de la forme $4kl^6$ avec l rationnel

3) le corps L est obtenu en adjoignant à $\mathbb{Q}$ une racine de l'équation $f(U,1) = 0$.

<u>Démonstration</u> : Posons $k = k_1 k_2^2$ avec k_1 et k_2 entiers rationnels et k_1 sans facteur carré. Choisissons un entier x de L tel que $L = \mathbb{Q}(x)$ et désignons par $X^3 + \alpha X^2 + \beta X + \gamma$ son polynôme minimal sur $\mathbb{Q}$; le discriminant de ce polynôme est du type $k_1 m^2$ avec m entier rationnel. Je dis alors que la forme $(2k_2)^2 m[U^3 + \alpha U^2V + \beta UV^2 + \gamma V^3]$ répond à la question : en effet, les points 1) et 3) sont clairs; d'autre part le discriminant de cette forme est

$$(2k_2)^8 m^4 k_1 m^2 = 4k_1 k_2^2 (2k_2 m)^6 = 4kl^6,$$

ce qui vérifie le point 2).

<u>Théorème</u> 6 : <u>Soit</u> ϕ <u>un élément non trivial de</u> $H^1(G,A[\lambda])$. <u>Désignons par</u> f <u>une forme cubique à deux variables vérifiant les conditions du lemme 5 pour le corps</u> L_ϕ <u>(introduit au § 2), et notons</u> $(\mathfrak{C},\theta)$ <u>le</u> λ-<u>recouvrement attaché à cette forme comme expliqué ci-dessus. Alors, l'é-lément de</u> $H^1(G,A[\lambda])$ <u>correspondant à</u> $(\mathfrak{C},\theta)$ <u>est soit</u> ϕ, <u>soit</u> ϕ^2.

<u>Démonstration</u> : Notons ψ l'élément de $H^1(G,A[\lambda])$ associé à $(\mathfrak{C},\theta)$. La proposition 4 montre que le corps cubique L_ψ est $\mathbb{Q}(\rho)$ si ρ est une racine de l'équation $f(U,1) = 0$. Du lemme 5 on déduit alors $L_\phi = L_\phi$, ce qui (théorème 2) implique soit $\psi = \phi$, soit $\psi = \phi^2$, C.Q.F.D.

Terminons ce paragraphe en remarquant que la méthode de calcul des λ-recouvrements décrite ci-dessus s'applique aussi au calcul des $\hat{\lambda}$-recouvrements : en effet $\hat{\lambda}$ est une isogénie de la courbe elliptique B d'équation $Y^2Z = X^3 - 27kZ^3$ vers la courbe elliptique A d'équation $Y^2Z = X^3 + kZ^3$; mais $3^6k = -27(-27k)$, donc la courbe A est canoniquement isomorphe à la courbe d'équation $Y^2Z = X^3 - 27(-27k)Z^3$ (l'isomorphisme considéré comme canonique étant celui qui envoie le point (x, y, z) de A sur le point $(3^2x, 3^3y, z)$ de la courbe d'équation $Y^2Z = X^3 - 27(-27k)Z^3$). Le composé de $\hat{\lambda}$ et de cet isomorphisme est alors l'isogénie λ_{-27k} si l'on convient de poser $\lambda = \lambda_k$ pour tenir compte de la dépendance de λ par rapport à k.

4. <u>EXEMPLES</u>

Commençons par le cas traité par Selmer, c'est-à-dire celui de la courbe elliptique $X^3 + Y^3 = AZ^3$ où A est un entier sans cube. Cette courbe est isomorphe sur $\mathbb{Q}$ à la courbe d'équation projective $Y^2Z = X^3 - 27(4A)^2Z^3$ qui devient donc, pour cet exemple, la courbe A de notre étude générale. On a alors $k = -27(4A)^2$ et le corps K est $\mathbb{Q}(\sqrt{-3})$. Les corps cubiques L attachés aux éléments de $H^1(G,A[\lambda])$ sont les corps purs i.e. ceux obtenus en adjoignant à $\mathbb{Q}$ la racine cubique d'un rationnel. Soit $L = \mathbb{Q}(\sqrt[3]{m})$ un tel corps; la forme cubique $A^2mU^3 - A^2m^2V^3$ vérifie les trois propriétés du lemme 5 (son discriminant est $-27A^8m^6 = 4(-27(4A)^2)(\frac{mA}{2})^6)$; introduisons alors la courbe $\mathbb{C}$ d'équation projective $W^3 = A^2mU^3 - A^2m^2V^3$; les deux λ-recouvrements associés aux deux éléments de $H^1(G,A[\lambda])$ attachés à L sont $(\mathbb{C},\theta)$ et $(\mathbb{C},-\theta)$ avec le θ défini au § 3. Ceux-ci sont dans l'image de $B(\mathbb{Q})/\lambda_{[A(\mathbb{Q})]}$ si et seulement si la courbe $\mathbb{C}$ possède un point rationnel. Comme on le sait, parmi l'infinité des λ-recouvrements, seul un nombre fini est tel que la courbe $\mathbb{C}$ possède, pour tout nombre premier p, un point p-adique; ceux-ci forment un sous-groupe du groupe des λ-recouvrements (i.e. de $H^1(G,A[\lambda])$) qui est appelé le groupe de Selmer de λ. La caractérisation des corps L correspondant aux éléments du groupe de Selmer de λ sera donnée dans un travail ultérieur (elle nécessite des techniques qui dépassent le cadre de cet exposé). Limitons nous ici à la remarque suivante : soit p un nombre premier divisant m mais ne divisant pas A; pour tout entier u (resp. v), la puissance de p qui divise A^2mu^3 (resp. $A^2m^2v^3$) est congru à 1 (resp. 2) modulo 3, et donc la puissance de p divisant $A^2mu^3 - A^2m^2v^3$ n'est pas congru à 0 modulo 3, ce qui implique que la courbe $W^3 = A^2mU^3 - A^2m^2V3$ ne possède pas de point p-adique. Pour la recherche des λ-recouvrements qui ont un point rationnel sur $\mathbb{Q}$, on peut donc se limiter aux λ-recouvrements associés aux corps $L = \mathbb{Q}(\sqrt[3]{m})$ avec m entier dont tous les diviseurs premiers divisent A. Il est clair que si n est le nombre des diviseurs premiers de A, il y a $\frac{3^n-1}{2}$ tels corps cubiques, ce qui signifie que le sous-groupe du groupe de λ-recouvrements auquel nous nous limitons est isomorphe à $(\mathbb{Z}/3)^n$.

Le lien avec le travail de Selmer est maintenant évident. Rappelons que l'une des deux familles de courbes introduite par Selmer est la famille des courbes $\mathfrak{C}_{a,b}$ d'équations projectives $aX^3 + bY^3 + cZ^3 = 0$ avec a, b, c entiers tels que $abc = A$. Multiplions l'équation de $\mathfrak{C}_{a,b}$ par A^2ab, il vient $A^2a^2bX^3 + A^2ab^2Y^3 + A^2abcZ^3 = 0$, soit $A^2a^2bX^3 + A^2a^4b^2(\frac{Y}{a})^3 + A^3Z^3 = 0$. Posons $m = a^2b$; les diviseurs premiers de m divisent A et l'équation de $\mathfrak{C}_{a,b}$ est $A^2mX^3 + A^2m^2(\frac{Y}{a})^3 + A^3Z^3 = 0$. Si nous posons $X = U$, $\frac{Y}{a} = -V$ et $AZ = W$, cette équation devient $A^2mU^3 - A^2m^2V^3 = W^3$ qui est bien celle que nous avons trouvé.

Remarques : 1) Comme on le voit dans le papier de Selmer, beaucoup de courbes $\mathfrak{C}_{a,b}$ ne possèdent pas de point p-adique pour certains nombres premiers p; cela signifie que le sous-groupe du groupe des λ-recouvrements qu'il introduit (et dont nous venons de voir qu'il est isomorphe à $(\mathbb{Z}/3)^n$) est plus gros que le groupe de Selmer de λ. Bien sûr cela sera clair sur la description explicite de ce groupe de Selmer.

2) L'équation de la courbe $\mathcal{C}$ des deux λ-recouvrements attachés au corps $L = \mathbb{Q}(\sqrt[3]{A})$ est $A^3 U^3 - A^4 V^3 = W^3$; cette courbe possède toujours le point rationnel $(1, 0, A)$, ce qui signifie que ces deux λ-recouvrements sont les images de deux éléments de $\mathcal{B}(\mathbb{Q})/_{\lambda[A(\mathbb{Q})]}$ par l'injection de $\mathcal{B}(\mathbb{Q})/_{\lambda[A(\mathbb{Q})]}$ dans $H^1(G,A[\lambda])$. Il est facile de vérifier que ces deux éléments sont les classes des deux points d'ordre fini $(0, 4A, 1)$ et $(0, -4A, 1)$.

Calculons maintenant les $\hat{\lambda}$-recouvrements. L'équation projective de $\mathcal{B}$ est $Y^2 Z = X^3 + 27^2 (4A)^2 Z^3$, donc le corps K est $\mathbb{Q}$, c'est-à-dire que les corps cubiques attachés aux éléments de $H^1(G,\mathcal{B}[\hat{\lambda}])$ sont les corps cubiques cycliques.

Rappelons quelques points de la théorie des corps cubiques cycliques. Nous désignons par ζ une racine cubique primitive de l'unité. Soit $\alpha = a + b\zeta$ un entier du corps $\mathbb{Q}(\zeta) = \mathbb{Q}(\sqrt{-3})$ qui est différent de ± 1 et dont la norme sur $\mathbb{Q}$ est de la forme $m = p_1 \cdots p_n$, les p_i étant des nombres premiers distincts deux à deux et congrus à 1 modulo 3 (on convient que $m = 1$ est de ce type). Le corps $L(\alpha) = \mathbb{Q}(\sqrt[3]{m\alpha} + \frac{m}{\sqrt[3]{m\alpha}})$ est un corps cubique cyclique qui ne dépend pas de la racine cubique de $m\alpha$ choisie. On obtient ainsi tous les corps cubiques cycliques et, si α_1 et α_2 sont deux entiers de $\mathbb{Q}(\sqrt{-3})$ possédant la propriété décrite ci-dessus, on a $L(\alpha_1) = L(\alpha_2)$ si et seulement si α_2 est l'un des quatre nombres $\alpha_1, -\alpha_1, \bar{\alpha}_1, -\bar{\alpha}_1$ ($\bar{\alpha}_1$ désignant le conjugué de α_1); ces résultats classiques sont repris, dans un langage proche de celui utilisé ici, dans [4]. Un et un seul des quatre nombres $\alpha_1, -\alpha_1, \bar{\alpha}_1, -\bar{\alpha}_1$ s'écrit $a + b\zeta$ avec a et b strictement positifs; ainsi les corps cubiques cycliques sont mis en bijection avec les couples d'entiers strictement positifs (a,b) tels que $m = a^2 - ab + b^2$ est un produit de nombres premiers distincts deux à deux et congrus à 1 modulo 3 ($m = 1$ étant accepté); nous noterons $L_{a,b}$ le corps cubique cyclique associé à (a,b) i.e. $L_{a,b} = \mathbb{Q}(\sqrt[3]{m\alpha} + \dfrac{m}{\sqrt[3]{m\alpha}})$ si $m = a^2 - ab + b^2$ et $\alpha = a + b\zeta$. Bien que cela soit inutile pour la suite, rappelons que le conducteur de $L_{a,b}$ est $p_1 \ldots p_n$ si 3 divise b, et $3^2 p_1 \ldots p_n$ sinon.

Nous aurons besoin du lemme suivant :

<u>Lemme</u> 7. Le corps $L_{a,b}$ est obtenu en ajoutant à $\mathbb{Q}$ l'une des racines du polynôme $bT^3 - 3(b-a)T^2 - 3aT + b$ (dont le discriminant est $3^4(a^2 - ab + b^2)^2$).

<u>Démonstration</u> : On a

$$bT^3 - 3(b-a)T^2 - 3aT + b =$$

$$\frac{1}{b^2}\{[bT - (b-a)]^3 - 3(a^2 - ab + b^2)[bT - (b-a)] + 2a^3 - 3a^2 b + 3ab^2 - b^3\} =$$

$$\frac{1}{b^2}\{[bT - (b-a)]^3 - 3m[bT - (b-a)] + m(2a - b)\}, \ m \ \text{étant toujours}$$
$$a^2 - ab + b^2.$$

On conclut en remarquant que, si $\alpha = a + b\zeta$, le polynôme minimal de

$$-(\sqrt[3]{m\alpha} + \frac{m}{\sqrt[3]{m\alpha}}) \ \text{est} \ X^3 - 3mX + m(2a - b).$$

Ce lemme montre que la forme cubique

$$f_{a,b}(U,V) = (3A)^2 m[bU^3 - 3(b-a)U^2 V - 3aUV^2 + bV^3]$$

(dont le discriminant est $3^{12} A^8 m^6 = 4(4A)^2(\frac{9Am}{2})^6$) vérifie les trois propriétés du lemme 5 pour le corps $L = L_{a,b}$. En conséquence, si $\mathfrak{c}^{(a,b)}$ est la courbe d'équation projective $W^3 = f_{a,b}(U,V)$, les deux $\hat\lambda$-recouvrements associés aux deux éléments de $H^1(G,\mathbf{B}[\hat\lambda])$ attachés à $L_{a,b}$ sont $(\mathfrak{c}^{(a,b)}, \theta)$ et $(\mathfrak{c}^{(a,b)}, -\theta)$ avec le θ défini au § 3. Remarquons maintenant que, si p est un nombre premier qui divise m, alors p ne divise ni a, ni b, ni $2a - b$: en effet $m = a^2 - ab + b^2$, donc "p divise a et m" entraînerait : "p divise b" et donc "p^2 divise m" ce qui contredit la définition de m; même raisonnement si p divise b et m; enfin, p est différent de 3 puisqu'il divise m, donc l'égalité $(2a - b)^2 = 4m - 3b^2$ montre que p divise 2a - b et m entraîne p divise b ce qu'on vient d'exclure. Ecrivant alors $bU^3 - 3(b - a)U^2V - 3aUV^2 + bV^3$ sous la forme

$$\frac{1}{b^2} \{[bU - (b \cdot a)V]^3 - 3m[bU - (b - a)V]V^2 + m(2a - b)V^3\}$$

on en déduit que la courbe $\mathfrak{c}^{(a,b)}$ ne possède pas de point p-adique si le nombre premier p divise m sans diviser A. En conséquence, pour notre étude, il suffit de regarder les $\hat{\lambda}$ recouvrements associés aux corps cubiques $L_{a,b}$ avec $m = a^2 - ab + b^2$ divisant A. Posons alors $A = mA_1$, l'équation de la courbe $\mathfrak{c}^{(a,b)}$ est

$$W^3 = (3A_1)^2 m^3 [bU^3 - 3(b - a)U^2V - 3aUV^2 + bV^3]$$

i.e.

$$3A_1 \left(\frac{W}{m}\right)^3 = bU^3 - 3(b - a)U^2V - 3aUV^2 + bV^3 \ .$$

La famille de ces $\mathfrak{c}^{(a,b)}$ est bien la seconde famille de courbes introduites par Selmer.

Remarque : Selmer traite séparément (chapitre VIII de son papier) la courbe d'équation $3AW^3 = U^3 - 3U^2V + V^3$ qui est (à la permutation de U et V près) notre courbe $\mathfrak{c}^{(1,1)}$. Nous n'avons pas de raison de séparer ce cas ici.

Nous traitons pour terminer deux exemples numériques qui ne rentrent pas dans le cas du travail de Selmer. Birch et Swinnerton-Dyer ont calculé le rang des courbes elliptiques d'équation $Y^2Z = X^3 - DZ^3$ pour $|D| \leq 400$ Dans ce domaine le plus grand rang trouvé est 3, et la première valeur de D pour laquelle le rang est 3 est $D = 174$. Comme première illustration numérique nous allons retrouver ce résultat; la seconde illustration numérique consistera à exhiber un rang strictement plus grand que 3, en fait nous montrerons que le rang de la courbe $Y^2Z = X^3 - 174 \ 2^2 \ 23^2 \ Z^3$ est 4. On notera que les calculs ne nécessitent l'emploi d'aucune machine et que ces exemples n'ont rien de particulier.

La courbe $Y^2Z = X^3 - 174Z^3$

Convenons de choisir la courbe d'équation $Y^2Z = X^3 - 174Z^3$ comme courbe $\mathbf{A}$ de notre étude générale, de sorte que $k = -174$ et $K = \mathbb{Q}(\sqrt{-174})$. Les λ-recouvrements correspondent donc aux corps cubiques dont la clôture galoisienne contient $\mathbb{Q}(\sqrt{-174})$. Limitons nous à l'étude

des λ-recouvrements associés aux corps cubiques non ramifiés en dehors de 174. Il y a 4 tels corps cubiques (considérés à conjugaison près), donc 8 λ-recouvrements associés, et ceux-ci sont les 8 éléments non triviaux d'un sous-groupe de type $(\mathbb{Z}/3)^2$ du groupe de tous les λ-recouvrements. L'un de ces 4 corps, que nous noterons L_1, est le corps cubique dont la clôture galoisienne est l'unique extension abélienne non ramifiée de K de degré 3; son discriminant est $-4{\times}174 = -696$, il se trouve donc dans les tables classiques de corps cubiques (celles de I.O. Angel, par exemple) dans lesquelles on peut lire que $L_1 = \mathbb{Q}(x)$ avec $x^3 - x^2 - 2x + 6 = 0$. La forme cubique $f_1(U,V) = U^3 - U^2V - 2UV^2 + 6V^3$ (dont le discriminant est $-4{\times}174$) vérifie donc les trois propriétés du lemme 5 pour le corps L_1. Ainsi, si $\mathbf{C}_1$ est la courbe d'équation projective $W^3 = f_1(U,V)$, les deux λ-recouvrements associés au corps L_1 sont $(\mathbf{C}_1, \theta)$ et $(\mathbf{C}_1, -\theta)$ avec le θ défini au § 3. Pour calculer les 3 autres corps cubiques (qui ne sont plus dans les tables classiques), nous utiliserons les techniques développées dans [4]. Remarquons que $\xi = 61 + 8\sqrt{58}$ est un entier du corps $\mathbb{Q}(\sqrt{3{\times}174})$ dont la norme est 9; introduisons $x = \sqrt[3]{9\xi} + \dfrac{9}{\sqrt[3]{9\xi}}$ et posons $L_9 = \mathbb{Q}(x)$. Il est clair que $x^3 - 27x - 1098 = 0$ et la formule du § 2 de [4] montre que le discriminant de L_9 est $-4 \times 174 \times 3^4$. La forme cubique $f_9(U,V) = U^3 - 27UV^2 - 1098$ (dont le discriminant est $-4 \times 174 \times 2^6 \times 3^6$) vérifie donc les trois propriétés du lemme 5 pour le corps L_9. Ainsi, si $\mathfrak{C}_9$ est la courbe d'équation projective $W^3 = f_9(U,V)$, les deux λ-recouvrements associés au corps L_9 sont $(\mathfrak{C}_9, \theta)$ et $(\mathfrak{C}_9, -\theta)$ avec le θ défini au § 3. Les deux autres corps cubiques sont contenus dans le composé $L_1 L_9$; cela implique que $(\mathfrak{C}_1, \theta)$ et $(\mathfrak{C}_9, \theta)$ forment une base du sous-groupe de type $(\mathbb{Z}/3)^2$ du groupe de tous les λ-recouvrements que nous regardons. Les deux courbes $\mathfrak{C}_1$ et $\mathfrak{C}_9$ possèdent des points rationnels (le point $(1, 0, 1)$ appartient à ces deux courbes) donc notre sous-groupe de λ-recouvrements isomorphe à $(\mathbb{Z}/3)^2$ est dans l'image de $B(\mathbb{Q})/\lambda[A(\mathbb{Q})]$ par l'application de descente de $B(\mathbb{Q})/\lambda[A(\mathbb{Q})]$ dans $H^1(G, A[\lambda])$.

L'équation de la courbe B est $Y^2 Z = X^3 + 81 \times 58 Z^3$, donc les $\hat{\lambda}$-recouvrements correspondent aux corps cubiques dont la clôture galoisienne contient le corps $\mathbb{Q}(\sqrt{58})$. Limitons-nous à l'étude des λ-recouvrements associés aux corps cubiques non ramifiés en dehors de 3×58. Il n'y a qu'un seul tel corps cubique, donc deux $\hat{\lambda}$-recouvrements associés, et ceux-ci sont les deux éléments non triviaux d'un sous-groupe de type $\mathbb{Z}/3$ du groupe de tous les $\hat{\lambda}$-recouvrements. Ce corps, que nous noterons $\hat{L}$, a pour discriminant $4 \times 58 \times 3^4$ et nous lisons dans la table de I.O. Angel que $L = \mathbb{Q}(x)$ avec $x^3 - 21x + 26 = 0$. La forme cubique $\hat{f}(U,V) = U^3 - 21UV^2 + 26V^3$ (dont le discriminant est $4 \times 58 \times 3^4$) vérifie donc les 3 propriétés du lemme 5 pour le corps $\hat{L}$. Ainsi, si $\hat{\mathfrak{C}}$ désigne la courbe d'équation projective $W^3 = \hat{f}(U,V)$, les deux $\hat{\lambda}$-recouvrements associés au corps $\hat{L}$ sont $(\hat{\mathfrak{C}}, \theta)$ et $(\hat{\mathfrak{C}}, -\theta)$ avec le θ défini au § 3. Le point $(1, 0, 1)$ étant un point rationnel de $\hat{\mathfrak{C}}$, le groupe engendré par $(\hat{\mathfrak{C}}, \theta)$ est dans l'image de $A(\mathbb{Q})/\hat{\lambda}[B(\mathbb{Q})]$.

Comme aucun point des points d'ordre 3 de A ou de B n'est défini sur Q, il résulte de ces calculs que le rang de $A(\mathbb{Q})$ (qui est égal au rang de $B(\mathbb{Q})$) est plus grand ou égal à $2+1=3$.

<u>Remarque</u> : Si l'on admet que le groupe de Selmer de l'isogénie λ (resp. $\hat{\lambda}$) est contenu dans le groupe formé des λ-recouvrements associés aux corps non ramifiés en dehors de 3 et des places de mauvaise réduction de A (qui sont les places de mauvaise réduction de B), ce qui se voit facilement cohomologiquement, alors nos calculs montrent que le groupe de Selmer de λ est $(\mathbb{Z}/3)^2$, que le groupe de Selmer de $\hat{\lambda}$ est $\mathbb{Z}/3$, que le rang de $A(\mathbb{Q})$ est 3 et que la 3 partie du groupe de Tate-Sofarevich de A est triviale.

<u>La courbe</u> $Y^2 Z = X^3 - 174 \times 2^2 \times 23^2 Z^3$

Convenons de choisir la courbe d'équation $Y^2 Z = X^3 - 174 \times 2^2 \times 23^2 Z^3$ comme courbe A de notre étude générale, de sorte que $k = -174 \times 2^2 \times 23^2$ et $K = \mathbb{Q}(\sqrt{-174})$. Les λ-recouvrements correspondent donc, comme dans l'exemple précédent, aux corps cubiques dont la clôture galoisienne contient $\mathbb{Q}(\sqrt{-174})$. Comme ci-dessus nous nous limitons à l'étude des λ-recouvrements associés aux corps cubiques non ramifiés en dehors de 3 et des places de mauvaise réduction, i.e. en dehors de 174×23. Il y a $\dfrac{3^3 - 1}{2}$ tels corps : en effet, soit $\xi = 9 + \sqrt{58}$ et $x = \sqrt[3]{23\xi} + \dfrac{23}{\sqrt[3]{23\xi}}$, alors on a $x^3 - 3 \times 23x - 828 = 0$ et ([4], § 2) le corps $L_{23} = \mathbb{Q}(x)$ a pour discriminant $-4 \times 174 \times 23^4$. Si L_1 et L_9 sont les deux corps introduits dans l'exemple précédent, alors les $\dfrac{3^3 - 1}{2}$ corps cubiques non ramifiés en dehors de 174×23 dont la clôture galoisienne contient K sont les $\dfrac{3^3 - 1}{2}$ corps cubiques contenus dans le composé $L_1 L_9 L_{23}$. A ces $\dfrac{3^3 - 1}{2}$ corps cubiques correspondent $3^3 - 1$ λ-recouvrements qui sont les $3^3 - 1$ éléments non triviaux d'un sous-groupe de type $(\mathbb{Z}/3)^3$ du groupe des λ-recouvrements. Pour avoir une base de ce sous-groupe, il suffit de choisir un λ-recouvrement associé à L_1, un recouvrement associé à L_9 et un recouvrement associé à L_{23}. En raisonnant comme dans l'exemple précédent, on voit que les trois courbes d'équation projective

$$W^3 = 2^2 \times 23^2 [U^3 - U^2 V - 2UV^2 + 6V^3]$$

$$W^3 = 2^2 \times 23^2 [U^3 - 27UV^2 - 1098]$$

$$W^3 = 2^2 [3U^3 - 23U^2 + 46V^3]$$

sont les courbes de trois λ-recouvrements associés respectivement à L_1, L_9 et L_{23}. En remarquant que les points $(4, 1, 2 \times 23)$, $(10, 1, -4 \times 23)$ et $(-4, 1, -6)$ sont respectivement sur la première, la seconde et la troisième de ces courbes, on voit que notre sous-groupe de type $(\mathbb{Z}/3)^3$ du groupe des λ-recouvrements est dans l'image de $B(\mathbb{Q})/\lambda[A(\mathbb{Q})]$.

De même on vérifie que le seul corps cubique non ramifié en dehors de $3 \times 58 \times 23$ et dont la clôture galoisienne contient $\mathbb{Q}(\sqrt{58})$ est le corps $\hat{L}$ introduit dans l'exemple précédent. Si $\hat{C}$ est la courbe d'équation $2^2 \times 23^2 [U^3 - 21UV^2 + 26V^3] = W^3$, les deux $\hat{\lambda}$-recouvrements associés à $\hat{L}$ sont $(\hat{C}, \theta)$ et $(\hat{C}, -\theta)$ avec le θ défini au § 3. Le point $(5, 1, 2 \times 23)$ étant sur $\hat{C}$, le groupe d'ordre 3 engendré par $(\mathbb{C}, \theta)$ est dans l'image de $A(\mathbb{Q})/_{\hat{\lambda}[B(\mathbb{Q})]}$.

Comme aucun des points d'ordre 3 de A ou de B n'est défini sur $\mathbb{Q}$, il résulte de ces calculs que le rang de $A(\mathbb{Q})$ est plus grand ou égal à 4. La même remarque que celle concluant l'exemple précédent montre qu'en fait ce rang est 4, que le groupe de Selmer de λ est $(\mathbb{Z}/3)^3$, que le groupe de Selmer de $\hat{\lambda}$ est $\mathbb{Z}/3$ et que la 3-composant du groupe de Tate-Safarevich est triviale.

<u>Remarque</u> : Dans les exemples numériques traités ici, les groupes de Selmer de λ et $\hat{\lambda}$ sont exactement les groupes de λ et $\hat{\lambda}$-recouvrements associés aux corps cubiques non ramifiés en dehors de 3 et des mauvaises places. En général les groupes de Selmer sont plus petits. Si l'on veut

pousser les calculs numériques de manière, par exemple, à obtenir des "grands" rangs, il convient d'abord de calculer explicitement ces groupes de Selmer. Ce sera l'objet d'un autre travail, nous verrons aussi que l'on peut calculer l'accouplement de Cassels et nous en tirerons des conséquences arithmétiques.

B I B L I O G R A P H I E

[1]   J.W.S. CASSELS, Diophantine equations with special references
to elliptic curves. Survey Article. Jour. London Math. Soc. 41,
193-291 (1966).

[2]   E.S. SELMER, The diophantine equation $ax^3 + by^3 = cz^3 = 0$. Acta
Math. 85, 203-362 (1951).

[3]   J. VELU, Isogénies entre courbes elliptiques. C.R. Acad. Sc.
Paris, 238-241 (1971).

[4]   BARRUCAND-SATGE, Corps résolubles et divisibilité de nombres
de classes d'idéaux. Ens. Math. IIème série, XXI, 165-188 (1979)

PROPRIÉTÉS DE RATIONALITÉ DE VALEURS SPÉCIALES

DE FONCTIONS L ATTACHÉES AUX CORPS CM

N. SCHAPPACHER

Soit (K,T) un "type CM", c'est-à-dire que K est un
corps de nombres totalement imaginaire, extension quadratique
d'un corps totalement réel k , et que T est un ensemble de
$n = [k:\mathbb{Q}]$ plongements de K dans $\mathbb{C}$ qui induisent tous les
plongements différents de k dans $\mathbb{R}$.

Soit φ un caractère de Hecke de K , "de type T" : Si
$\mathfrak{J}$ est le conducteur de φ , et que $\alpha \in K^*$ est congru à 1
modulo $\mathfrak{J}$, alors $\varphi(\alpha\mathfrak{O}_K) = \prod_{\tau \in T} \alpha^\tau$.

Pour les entiers $j \geqslant 1$ nous allons étudier la fonction
L donnée pour $Re(s) > 1+\frac{j}{2}$ par

$$L(\bar{\varphi}^j,s) = \sum_{(\mathfrak{U},\mathfrak{J})=1} \bar{\varphi}^j(\mathfrak{U}) \cdot N\mathfrak{U}^{-s} = \prod_{\mathfrak{P} \nmid \mathfrak{J}} (1 - \frac{\bar{\varphi}^j(\mathfrak{P})}{N\mathfrak{P}^s})^{-1} ,$$

où $\mathfrak{U}$ (resp. $\mathfrak{P}$) décrit les idéaux entiers (resp. premiers)
de K , premiers à $\mathfrak{J}$. (On considère le conjugué complexe de
φ^j pour des raisons de normalisation qui n'apparaîtront que
plus tard, en particulier dans la décomposition de la fonction
L en séries d'Eisenstein). Rappelons que $L(\bar{\varphi}^j,s)$ peut être
prolongée à tout le plan complexe en satisfaisant à une équation fonctionnelle reliant les valeurs en s et en $j+1-s$.

D'après Deligne [D], les points $s = i$ pour lesquels on
attend un résultat de rationalité pour la valeur $L(\bar{\varphi}^j,i)$,
divisée par une "période" convenable, sont les entiers i
(appelés "critiques") tels que les facteurs gamma des deux

côtés de l'équation fonctionnelle n'aient pas de pôles en $s = i$. Mis à part le cas $i = \dfrac{j+1}{2}$ (la coordonnée de l'axe de symétrie de l'équation fonctionnelle), si c'est un entier, il s'agit d'entiers i tels qu'on ait nécessairement

$$L(\overline{\varphi}^j, i) \neq 0 \neq L(\overline{\varphi}^j, j+1-i) \ .$$

On trouve facilement que les entiers critiques pour $\overline{\varphi}^j$ sont les i tels que $1 \leqslant i \leqslant j$. Grâce à l'équation fonctionnelle, il suffit d'en étudier la moitié : $j/2 < i \leqslant j$.

Dans ce cas, Deligne précise une période $c \in \mathbb{C}^*$ attachée à $\overline{\varphi}$, telle que la relation suivante soit conjecturée (en fait, simultanément pour tous les caractères $\overline{\varphi}^\sigma$, pour $\sigma \in \mathrm{Gal}(\overline{\mathbb{Q}}/\mathbb{Q})$) - voir $[\mathrm{D}]$, 2.8 et $[\mathrm{GS}]$, §9) :

Si $0 < j/2 < i \leqslant j$, alors $\dfrac{(2\pi i)^{j-i}}{\sqrt{d_k} \cdot c^j} L(\overline{\varphi}^j, i) \in \mathbb{Q}(\varphi^j)$.

Ici, d_k est le discriminant de k sur $\mathbb{Q}$ et $\mathbb{Q}(\varphi^j)$ est le corps de nombres engendré par les valeurs de φ^j .

Le but de cet exposé est de présenter une technique de démonstration pour cette conjecture. Toutefois je ne la démontre pas ici, voir le §4, où je donne des rapprochements successifs. Les difficultés qui subsistent sont probablement liées au fait, qu'on ne sait pas encore raffiner de façon adéquate les calculs faits (à $\overline{\mathbb{Q}}^*$ près) dans $[\mathrm{D}]$, aux alentours de la proposition 8.20.

Pendant tout ce qui suit, on ne considère que le cas clé : $j = i \geqslant 1$. La conjecture que je viens d'esquisser se déduit formellement de ce cas particulier ; et la théorie de certains opérateurs différentiels algébriques permet d'étendre les résultats obtenus par la méthode suivie ici aux i tels que $j/2 < i \leqslant j$: $[\mathrm{K2}]$, chap. II.

Mentionnons que Harder a récemment développé une méthode très générale et puissante pour la démonstration de résultats de rationalité de valeurs spéciales de fonctions L . Voir par exemple sa contribution dans ce volume. Il serait intéressant de mieux comprendre les analogies de ces deux voies d'accès à certaines valeurs spéciales de fonctions L .

Je remercie N. Katz et K. Ribet de m'avoir expliqué quelques points de la théorie algébrique des formes modulaires de Hilbert.

<u>Table des matières</u>

§1. FORMES MODULAIRES DE HILBERT
§2. SERIES D'EISENSTEIN
§3. DECOMPOSITION DES $L(\bar{\varphi}^j,j)$ EN SERIES D'EISENSTEIN
§4. DES VARIETES ABELIENNES A MULTIPLICATION COMPLEXE

§1. FORMES MODULAIRES DE HILBERT.

On aura besoin d'une variante de la théorie algébrique des formes modulaires de Hilbert, assez analogue à celle exposée au premier chapitre de [K2] et au §5 de [DR]. Pendant tout ce paragraphe, je fais tacitement appel à ces deux articles.

1.0. Soient k un corps de nombres totalement réel, $\mathcal{O}$ son anneau d'entiers, $n = [k:\mathbb{Q}]$ son degré et $\mathfrak{d}$ sa différente sur $\mathbb{Q}$. On suppose que $k \neq \mathbb{Q}$.

1.1. Soient R une $\mathbb{Q}$-algèbre et A une variété abélienne de dimension n sur R , à multiplication réelle par $\mathcal{O}$. L'espace tangent $\mathrm{Lie}(A/R)$ est donc un $\mathcal{O}\otimes_{\mathbb{Z}} R$-module libre de rang 1 (cf. [R], §1). On notera ω une base choisie du $\mathcal{O}\otimes R$-module des différentielles de première espèce de A définies sur R .

Soit N un entier positif. Une structure arithmétique de niveau N de A/R est un isomorphisme $\mathcal{O}$-linéaire

$$\eta : (N^{-1}\mathfrak{d}^{-1}/\mathfrak{d}^{-1})(1) \times N^{-1}\mathcal{O}/\mathcal{O} \xrightarrow{\sim} A(R)_N ,$$

où $A(R)_N$ est le $\mathcal{O}$-module des points de N-torsion de A rationnels sur R . La notation $(N^{-1}\mathfrak{d}^{-1}/\mathfrak{d}^{-1})(1)$ signifie le "twist à la Tate" : $(N^{-1}\mathfrak{d}^{-1}/\mathfrak{d}^{-1})(1) = \mathfrak{d}^{-1}\otimes\mu_N$. J'appellerai η simplement une $\Gamma(N)$-<u>structure</u> de A (sur R) - cf. [K1], Chap. II.

Les composantes connexes de l'espace grossier de modules des variétés abéliennes (polarisées) à multiplication par Θ correspondent de façon biunivoque aux classes restreintes d'idéaux de k . Cette correspondance est fournie par le Θ-module projectif de rang 1 , P(A), des homomorphismes Θ-linéaires symétriques de A à sa variété duale $\hat{A}$, muni de la notion de positivité définie par le cône des polarisations, $P_+(A)$ (voir [R], §1). Ceci amène à considérer les polarisations de nos variétés abéliennes "à l'action de Θ près". Plus précisément, étant donné un idéal fractionnaire c de k , on appelle c-_polarisation de_ A un isomorphisme de Θ-modules avec positivité

$$\alpha \; : \; (P(A), P_+(A)) \xrightarrow{\;\sim\;} (c, \{c \in c \mid c \gg 0\}) \; .$$

La classe restreinte de c est donc bien déterminée par A.- Quoi qu'il en soit, les polarisations ne joueront aucun rôle essentiel dans nos constructions.

1.2. Une _forme modulaire de Hilbert_ f _de type_ c _sur_ $\Gamma(N)$ _de poids_ j _définie sur_ R_o (qui, dans cet exposé, sera toujours un corps de caractéristique zéro) associe à chaque quadruplet $(A, \alpha, \omega, \eta)$ défini sur une R_o-algèbre R une valeur $f(A, \alpha, \omega, \eta)$, telle que :

    - cette valeur ne dépende de $(A, \alpha, \omega, \eta)$ qu'à R-isomorphisme près ;

    - l'évaluation en $(A, \alpha, \omega, \eta)$ commute avec des homomorphismes arbitraires de R_o-algèbres, $R \longrightarrow R'$, et l'extension des scalaires correspondante ;

    - pour tout $\lambda \in (\Theta \otimes_{\mathbb{Z}} R)^*$ on ait :

$$f(A, \alpha, \lambda^{-1}\omega, \eta) = (\mathcal{N}\lambda)^j \, f(A, \alpha, \omega, \eta) \; .$$

Ici, $\mathcal{N} : (\Theta \otimes_{\mathbb{Z}} R)^* \longrightarrow R^*$ est l'application déduite de la norme $k^* \longrightarrow \mathbb{Q}^*$.

1.3. Voici l'interprétation analytique de ce cadre sur $\mathbb{C}$: un couple (A, ω) se traduit comme un Θ-réseau $\mathcal{L}$ dans $k \otimes_{\mathbb{Q}} \mathbb{C}$, de sorte que $\mathcal{L}$ soit l'image par

$\omega : \mathrm{Lie}(A^{\mathrm{an}}) \longrightarrow k \otimes \mathbb{C}$ du groupe fondamental $\pi_1(A^{\mathrm{an}})$ du tore complexe A^{an} donné par A. Une c-polarisation α devient alors une forme alternée $\mathcal{O}$-bilinéaire $\beta : \mathcal{L} \times \mathcal{L} \longrightarrow \mathfrak{d}^{-1}c^{-1}$ identifiant $\overset{2}{\Lambda}_{\mathcal{O}}\mathcal{L}$ avec $\mathfrak{d}^{-1}c^{-1}$. Enfin, comme l'exponentielle nous donne un isomorphisme privilégié sur $\mathbb{C}$ entre $N^{-1}\mathbb{Z}/\mathbb{Z}$ et μ_N, une $\Gamma(N)$-structure arithmétique sur $\mathcal{L}$ devient simplement un isomorphisme $\mathcal{O}$-linéaire

$$\eta : N^{-1}\mathfrak{d}^{-1}/\mathfrak{d}^{-1} \times N^{-1}\mathcal{O}/\mathcal{O} \overset{\sim}{\longrightarrow} N^{-1}\mathcal{L}/\mathcal{L} \ .$$

De ce point de vue, une forme modulaire de Hilbert f de poids j sur $\Gamma(N)$ définie sur $\mathbb{C}$ est une fonction analytique de triplets $(\mathcal{L},\beta,\eta)$ telle que, pour $\lambda \in (k \otimes \mathbb{C})^{*}$, on ait

$$f(\lambda^{-1}\mathcal{L},\lambda\bar{\lambda}.\beta,\lambda^{-1}\eta) = \lambda^{j}.f(\mathcal{L},\beta,\eta) \ .$$

1.4. Chaque réseau muni d'une c-polarisation, $(\mathcal{L},\beta)$, est isomorphe à un réseau de la forme

$$\mathcal{L}_{a,b}(z) = 2\pi i(\mathfrak{d}^{-1}a^{-1} + bz)$$

muni de la polarisation canonique

$$\beta_{a,b}(2\pi i(a+bz),2\pi i(c+dz)) = ad-bc \ ,$$

où a,b sont des idéaux fractionnaires de k tels que $ab^{-1} = c$, et z est un élément du demi plan supérieur attaché à k :

$$\mathfrak{H} = \{z \in k \otimes \mathbb{C} \,|\, \mathrm{Im}(z) \gg 0\} \ .$$

De plus, chaque isomorphisme

$$\varepsilon : (N^{-1}\mathcal{O}/\mathcal{O})^2 \overset{\sim}{\longrightarrow} N^{-1}a^{-1}/a^{-1} \times N^{-1}b/b$$

induit (en tensorisant par $\mathfrak{d}^{-1}$ dans la première composante) une $\Gamma(N)$-structure de $\mathcal{L}_{a,b}(z)$, notée $\eta(\varepsilon)$.

Les paramètres a, b et ε étant fixés, une forme modulaire f de poids j sur $\Gamma(N)$ définie sur $\mathbb{C}$ fournit une

fonction holomorphe $f_{\mathfrak{a},\mathfrak{b},\varepsilon}$ sur $\mathfrak{H}$, invariante par l'opération

$$(f_{\mathfrak{a},\mathfrak{b},\varepsilon}\mid \begin{pmatrix} a & b \\ c & d \end{pmatrix})(z) = \mathscr{N}(cz+d)^{-j}\, f_{\mathfrak{a},\mathfrak{b},\varepsilon}\left(\frac{az+b}{cz+d}\right)\ ,$$

si $\begin{pmatrix} a & b \\ c & d \end{pmatrix}$ appartient à $\Gamma(N;\mathfrak{a},\mathfrak{b}) = SL_2(k) \cap \begin{pmatrix} 1+N\mathfrak{O} & N(\mathfrak{a}\mathfrak{b}\mathfrak{d})^{-1} \\ N(\mathfrak{a}\mathfrak{b}\mathfrak{d}) & 1+N\mathfrak{O} \end{pmatrix}.$

Il s'agit là, en fait, d'une correspondance biunivoque
$f \longmapsto f_{\mathfrak{a},\mathfrak{b},\varepsilon}$.

1.5. Cette observation entraîne en particulier l'existence,
sur $\mathbb{C}$, d'un <u>développement de Fourier</u> de f (ou de $f_{\mathfrak{a},\mathfrak{b},\varepsilon}$),
de la forme bien connue depuis les travaux de Blumenthal,
Hecke et Kloostermann :

$$f(\mathscr{L}_{\mathfrak{a},\mathfrak{b}}(z),\beta_{\mathfrak{a},\mathfrak{b}},\eta(\varepsilon)) = f_{\mathfrak{a},\mathfrak{b},\varepsilon}(z) = a_0(f;\mathfrak{a},\mathfrak{b},\varepsilon) +$$

$$\sum_{\substack{\nu\in\mathfrak{a}\mathfrak{b}\\ \nu\gg 0}} a_\nu(f;\mathfrak{a},\mathfrak{b},\varepsilon)\, e(tr(\tfrac{\nu z}{N}))\ ,$$

où $e(\tau) = \exp(2\pi i\tau)$. On écrit parfois q_N^ν au lieu de
$e(tr(\tfrac{\nu z}{N}))$.

Rappelons que les réseaux $\mathscr{L}_{\mathfrak{a},\mathfrak{b}}(z)$ et, par conséquence,
les "développements de Fourier" peuvent être algébrisés par
des variétés abéliennes $A_{\mathfrak{a},\mathfrak{b}}(q)$ sur un anneau de séries
formelles en q_N , analogues à la courbe de Tate du cas
elliptique. Après extension de scalaires par une $\mathbb{Q}$-algèbre
on trouve une base canonique $\omega_{\mathfrak{a},\mathfrak{b}}$ des différentielles sur
$A_{\mathfrak{a},\mathfrak{b}}(q)$. La suite exacte

$$0 \longrightarrow \mathfrak{a}^{-1}\mathfrak{b}^{-1}\otimes\mu_N \longrightarrow (A_{\mathfrak{a},\mathfrak{b}}(q))_N \longrightarrow N^{-1}\mathfrak{b}/\mathfrak{b} \longrightarrow 0$$

permet de tirer une $\Gamma(N)$-structure $\eta(\varepsilon)$ sur $A_{\mathfrak{a},\mathfrak{b}}(q)$ de
chaque isomorphisme ε comme avant.

Terminons ce paragraphe par le théorème qui justifie en
quelque sorte la construction esquissée d'une théorie algébrique des formes modulaires de Hilbert :

1.6. "$\underline{\text{Principe du développement de Fourier}}$".

(i)   Si le développement de Fourier attaché à un triplet de paramètres $(\mathfrak{a},\mathfrak{b},\varepsilon)$ d'une forme modulaire f de type $c = \mathfrak{a}\mathfrak{b}^{-1}$ sur $\Gamma(N)$ définie sur la $\mathbb{Q}$-algèbre R_o est zéro, alors $f = 0$.

(ii) Si, avec les mêmes notations, les coefficients du développement de f en $(\mathfrak{a},\mathfrak{b},\varepsilon)$ appartiennent tous à une sous-algèbre R_{oo} de R_o , alors f provient, par extension de scalaires, d'une forme définie sur R_{oo} .

(iii) Dans (ii), il suffit de supposer que les coefficients $\underline{\text{non-constants}}$ appartiennent à R_{oo} . Alors le terme constant, lui aussi, appartient à R_{oo} .

La partie (iii) se déduit du premier théorème de $[\text{K1}]$. - Pour (i) et (ii), cf. $[\text{R}]$, 6.7.

§2. SÉRIES D'EISENSTEIN.

Fixons un idéal c de k (comme module de polarisation), et deux entiers positifs N et j . Notons d_k le discriminant de k sur $\mathbb{Q}$.

2.1. THÉORÈME. Soit $F : N^{-1}\mathfrak{d}^{-1}/\mathfrak{d}^{-1} \times N^{-1}\mathcal{O}/\mathcal{O} \longrightarrow \mathbb{C}$ une fonction "de parité $(-1)^j$ ", c'est-à-dire que, pour toute unité $e \in \mathcal{O}^*$, on a $F(ex,ey) = (\mathcal{N}e)^j \, F(x,y) = (\mathcal{N}e)^{-j} \, F(x,y)$. Alors la formule (cf. 1.3)

$$E_{j,F}(\mathcal{L},\beta,\eta) \;=\; \sum_{\substack{a \in N^{-1}\mathcal{L} \\ a \bmod \mathcal{O}^*}} \frac{F(\eta^{-1}(a+\mathcal{L}))}{\mathcal{N}a^{j} \, |\mathcal{N}a|^{2s}}\Bigg|_{s=0}$$

(où la valeur à droite est calculée par prolongement analytique en s , si $j = 1$ ou 2) définit une forme modulaire du type c de poids j sur $\Gamma(N)$ définie sur $\mathbb{C}$.

En fait, son développement de Fourier en (a,b,ε) [cf. 1.5] vaut :

$$E_{j,F}(\mathcal{L}_{a,b}(z),\beta_{a,b},\eta(\varepsilon))$$

$$= \frac{\mathcal{N}a \; \sqrt{d_k} \; (-1)^{jn}}{(j-1)!^n} \left\{ a_0(a,b,\varepsilon) + \sum_{\substack{\nu \in ab \\ \nu \gg 0}} a_\nu(a,b,\varepsilon) q_N^\nu \right\} \; ,$$

où, pour $\nu \gg 0$,

$$a_\nu(a,b,\varepsilon) = \sum_{\substack{\nu=\lambda\mu \\ \lambda \in a, \mu \in b \\ \mu \bmod \mathcal{O}^*}} \mathrm{sgn}(\mathcal{N}\lambda) \; (\mathcal{N}\lambda)^{j-1} \; \hat{F}_\varepsilon(\lambda,\mu) \; ,$$

avec

$$\hat{F}_\varepsilon(\lambda,\mu) = \sum_{a \in \frac{N^{-1}a^{-1}b^{-1}}{a^{-1}b^{-1}}} F(\eta(\varepsilon)^{-1}(a+\tfrac{\mu}{N}z)) \, e(tr(\lambda a)) \; .$$

(Nous n'explicitons pas ici le terme constant, bien que ceci ne soit pas difficile).

La démonstration de ce théorème peut être laissée au lecteur, car elle ne présente aucune nouveauté essentielle par rapport à [K], (3.2) et [DR], §6. – Rappelons que les calculs remontent à Hecke.

Les formules explicites des coefficients de Fourier, jointes à la version la plus forte du principe du développement de Fourier, 1.5 (iii), donnent immédiatement le

2.2. THÉORÈME. Pour tout F, $\sqrt{d_k} \, E_{j,F}$ "est" une forme modulaire définie sur le corps $\mathbb{Q}(\mu_N,F)$, le plus petit sous-corps de $\mathbb{C}$ contenant les valeurs de F et les N-ièmes racines de l'unité.

2.3. Remarque. Les valeurs des séries d'Eisenstein construites ci-dessus ne dépendent pas, en fait, de la $\mathfrak{c}$-polarisation β. La construction est donc "la même" pour toutes les composantes connexes de l'espace de modules de nos variétés abéliennes.

§3. DÉCOMPOSITION DES $L(\bar{\varphi}^j,j)$ EN SÉRIES D'EISENSTEIN.

Nous revenons aux notations de l'introduction.

Soit N le plus petit entier positif contenu dans le conducteur $\mathfrak{J} \subset \mathfrak{O}_K$ du caractère de Hecke φ .

Soit $\mathcal{C}$ un ensemble d'idéaux entiers de K premiers à N représentant les classes d'idéaux de K .

Alors on trouve pour $\mathrm{Re}(s)$ assez grand :

$$L(\bar{\varphi}^j,s) = \sum_{\mathfrak{A} \in \mathcal{C}} \frac{N_{K/\mathbb{Q}}(\mathfrak{A})^s}{\bar{\varphi}^j(\mathfrak{A})} \sum_{\substack{a \in \mathfrak{A} \\ a \bmod \mathfrak{O}_K^*}} \frac{\bar{\varphi}^j(a\,\mathfrak{O}_K)}{N_{K/\mathbb{Q}}(a)^s} \ .$$

Posons $\chi(a) = \dfrac{\bar{\varphi}(a\,\mathfrak{O}_K)}{\mathcal{N}\bar{a}}$, pour $a \in K$ (avec $\chi(a) = 0$, si $(a,N) \neq 1$). Ici, K est plongé dans $k \otimes \mathbb{C}$ par T , le type CM de φ , de sorte que $\mathcal{N}\bar{a} = \prod_{\tau \in T} \bar{a}^\tau = \prod_{\tau \notin T} a^\tau$. On obtient alors, en considérant le caractère $\bar{\varphi}^j$ comme étant défini modulo N :

$$L(\bar{\varphi}^j,s) = \sum_{\mathfrak{A} \in \mathcal{C}} \frac{N_{K/\mathbb{Q}}(\mathfrak{A})^s}{\bar{\varphi}^j(\mathfrak{A})} \sum_{\substack{a \in \mathfrak{A} \\ a \bmod \mathfrak{O}_K^*}} \frac{\chi^j(a)}{\mathcal{N}a^j \, |\mathcal{N}a|^{2(s-j)}}$$

$$= \frac{N^{n(j-2s)}}{[\mathfrak{O}_K^* : \mathfrak{O}^*]} \sum_{\mathfrak{A} \in \mathcal{C}} \frac{N_{K/\mathbb{Q}}(\mathfrak{A})^s}{\bar{\varphi}^j(\mathfrak{A})} \sum_{\substack{a \in N^{-1}\mathfrak{A} \\ a \bmod \mathfrak{O}^*}} \frac{\chi^j(Na)}{\mathcal{N}a^j \, |\mathcal{N}a|^{2(s-j)}}$$

Or, $a \longmapsto \chi(Na)$ induit une fonction sur $N^{-1}\mathfrak{A}/\mathfrak{A}$. Etant donnée une $\Gamma(N)$-structure η sur $\mathfrak{A}$, on peut donc poser, pour tout $j \geqslant 1$:

$$F(\mathfrak{A},\eta) : N^{-1}\mathfrak{b}^{-1}/\mathfrak{b}^{-1} \times N^{-1}\mathfrak{O}/\mathfrak{O} \longrightarrow \mathbb{C}$$
$$(x,y) \longmapsto \chi^j(N.\eta(x,y)) \ .$$

Ceci donne finalement, dans les notations du §2 :

$$(3.1) \quad \frac{[\mathfrak{o}_K^* : \mathfrak{o}^*] \, N^{jn}}{\sqrt{d_k}} \, L(\bar{\varphi}^j, j) = \sum_{\mathfrak{A} \in \mathcal{C}} \frac{\varphi^j(\mathfrak{A}) E_{j, F(\mathfrak{A}, \eta)}(\mathfrak{A}, \beta, \eta)}{\sqrt{d_k}} \quad ,$$

où β est n'importe quelle polarisation du réseau $\mathfrak{A}$.

Les numérateurs des termes de la somme à droite sont les valeurs en $s = j$ des fonctions L partielles de $\bar{\varphi}^j$ relatives aux classes des $\mathfrak{A}^{-1}$, pour $\mathfrak{A} \in \mathcal{C}$.

§4. DES VARIÉTÉS ABÉLIENNES A MULTIPLICATION COMPLEXE.

La théorie des variétés abéliennes à multiplication complexe nous permet d'algébriser les réseaux $\mathfrak{A} \in \mathcal{C}$ qui apparaissent dans 3.1 et ensuite, d'étudier le comportement sous Galois des variétés qu'on a obtenues. Je présente dans ce paragraphe une suite de résultats de plus en plus précis.

4.1. Soit $\mathfrak{A}$ un idéal de K . On note $H(\mathfrak{A}) \subset \mathbb{C}$ le <u>corps des modules</u> de n'importe quelle variété abélienne polarisée de type CM (K,T) définie sur $\mathbb{C}$, isomorphe à $\mathbb{C}^T/\mathfrak{A}$: voir [S1], §3. C'est une extension abélienne non-ramifiée du corps réflex de (K,T) (mais nous allons utiliser très peu ce côté de la théorie). Partant d'un certain caractère de Hecke du corps réflex de (K,T), on démontre qu'il existe une variété abélienne $A(\mathfrak{A})$ sur $H(\mathfrak{A})$ de type CM (K,T) qui, après extension des scalaires à $\mathbb{C}$, est isomorphe sur $\mathbb{C}$ à $\mathbb{C}^T/\mathfrak{A}$: voir [S1], §5, en particulier la phrase suivant la proposition 7.

Choisissons une forme différentielle $\omega(\mathfrak{A})$ sur $A(\mathfrak{A})$ définie sur $H(\mathfrak{A})$, base du $\mathfrak{o} \otimes H(\mathfrak{A})$-module $H^O(A(\mathfrak{A}), \Omega^1)$. Soit $\alpha(\mathfrak{A})$ une polarisation sur $A(\mathfrak{A})$ dans le sens de 1.1 : c'est une $(N_{K/k}\mathfrak{A}).\mathfrak{b}$-polarisation, pour un idéal $\mathfrak{b}$ de k dont la classe restreinte est un invariant de l'extension K/k .

Alors

278

$$(A(\mathfrak{U}), \omega(\mathfrak{U}), \alpha(\mathfrak{U})) \underset{/\mathbb{C}}{\cong} (\mathbb{C}^T/\Omega(\mathfrak{U})\mathfrak{U}, \beta(\mathfrak{U})) \ ,$$

pour un élément $\Omega(\mathfrak{U}) \in (k \otimes \mathbb{C})^*$ et une $(N_{K/k}\mathfrak{U})\mathfrak{b}$-polarisation $\beta(\mathfrak{U})$ du réseau $\Omega(\mathfrak{U})\mathfrak{U}$. Fixons $\Omega(\mathfrak{U})$ ainsi qu'un tel iso-morphisme.

Notons $H_N(\mathfrak{U}) \supset H(\mathfrak{U})$ le corps de rationalité des points de N-torsion de $A(\mathfrak{U})$. (Par suite de la construction citée de $A(\mathfrak{U})$ - [S1], §5 -, $H_N(\mathfrak{U})$ est toujours une extension abélienne du corps réflex de (K,T)). Chaque $\Gamma(N)$-structure $\Omega(\mathfrak{U})\eta$ de $\Omega(\mathfrak{U})\mathfrak{U}$ provient évidemment d'une $\Gamma(N)$-structure $\zeta(\mathfrak{U})$ de $A(\mathfrak{U})$ définie sur $H_N(\mathfrak{U})$.

D'après 2.2, on a donc immédiatement (dans les notations de 3.1) l'énoncé suivant concernant la rationalité des va-leurs des fonctions L partielles de $\bar{\varphi}^j$:

$$\boxed{\frac{\varphi^j(\mathfrak{U})}{\sqrt{d_k}\ \Omega(\mathfrak{U})^j}\ E_{j,F}(\mathfrak{U},\eta)\quad (\mathfrak{U},\beta,\eta) \in H_N(\mathfrak{U})(\mu_N,\varphi^j)}$$

En fait, on pourrait supprimer μ_N de cet énoncé, car on a automatiquement que $\mu_N \subset H_N(\mathfrak{U})$.

4.2. Considérons de plus près les constructions des $A(\mathfrak{U})$ sur $H(\mathfrak{U})$. D'abord, il est clair que $H(\mathfrak{U})$ ne dépend que de la classe de l'idéal $\mathfrak{U}$. Appelons F (resp. F_N) le composé dans $\mathbb{C}$ des corps $H(\mathfrak{U})$ (resp. $H_N(\mathfrak{U})$), pour $\mathfrak{U} \in C$ (un système de représentants des classes d'idéaux de K comme au §3). F est donc toujours contenu dans le corps de classes de Hilbert du corps réflex de (K,T).

Considérons toutes les variétés abéliennes $A(\mathfrak{U})$ sur F . Supposons que, dans les constructions des différentes $A(\mathfrak{U})$, on a toujours employé le même caractère de Hecke du corps réflex. Alors les caractères de Hecke de F attachés aux $A(\mathfrak{U})$ par la théorie de la multiplication complexe sont tous égaux. Notons

$$\psi \;:\; F_{\mathbb{A}}^{*}/F^{*} \longrightarrow K_{\infty}^{*} \longrightarrow (\mathbb{C}^{T})^{*} = (k \otimes \mathbb{C})^{*}$$

cet unique vecteur de caractères de Hecke (indexé par les places à l'infini de K, ou bien les éléments de T) - cf. [ST], la fin du §7.

Il s'ensuit que les $A(\mathfrak{U})$ sont toutes isogènes entre elles sur F. Par conséquent, les $\Omega(\mathfrak{U})$ sont tous égaux, à des facteurs dans $(k \otimes F)^{*} \subset (k \otimes \mathbb{C})^{*}$ près, - disons à Ω.

L'action de $\mathrm{Gal}(F_N/F)$ sur les points de N-torsion des $A(\mathfrak{U})$, donc aussi sur les $\Gamma(N)$-structures $\zeta(\mathfrak{U})$, est décrite par ψ. On obtient donc de 3.1 (joint au fait que l'évaluation des séries d'Eisenstein commute avec cette action par la définition même des formes modulaires) :

$$\boxed{\dfrac{\sqrt{d_k}}{(\xi \cdot \mathscr{N}\Omega)^{\,j}}\; L(\bar{\varphi}^{\,j}, j) \in F(\mu_N, \varphi^{\,j})}$$

où $\xi \in F^{*}$ est tel que, pour un idèle $x \in F_{\mathbb{A}}^{*}$ de symbole d'Artin $\sigma \in \mathrm{Gal}(F^{ab}/F)$, on ait

$$\xi^{\sigma} = \frac{\mathscr{N}\,\overline{\psi(x)}}{\bar{\varphi}(\psi(x))}\; \xi \;,$$

où $\bar{\varphi}$ est interprété comme quasi-caractère continu sur $K_{\mathbb{A}}^{*}/K^{*}$.

4.3. Conservons les notations précédentes. Voici un cadre permettant une analyse plus fine du comportement par Galois des valeurs des séries L partielles.

Soit $S \subset \mathscr{O}_K$ tel que $\{a\mathscr{O}_K \mid a \in S\}$ ait le même cardinal que S et soit un système de représentants des classes de rayon modulo N des idéaux principaux de K premiers à N. Supposons que $1 \in S$. Pour chaque idéal $a\mathfrak{U}$, avec $a \in S$ et $\mathfrak{U} \in C$, choisissons une $\Gamma(N)$-structure $\eta(a\mathfrak{U})$ telle que, si $\mathfrak{B}$ et $\mathfrak{B}'$ sont deux idéaux de cette forme, on ait pour tout $b \in \mathfrak{B}$: $\eta(\mathfrak{B}')\,\eta(\mathfrak{B})^{-1}(b) \equiv b \pmod{N\mathscr{O}_K}$. (C'est un exercice facile de voir que ceci est possible).

Pour tout $\mathfrak{U} \in C$, fixons $(A(\mathfrak{U}), \omega(\mathfrak{U}), \alpha(\mathfrak{U}))$ sur F comme avant, 4.1. On a donc un isomorphisme fixé

$$(A(\mathfrak{U}), \omega(\mathfrak{U}), \alpha(\mathfrak{U})) \xrightarrow[/\mathbb{C}]{\theta(\mathfrak{U})} (\mathbb{C}^T/\Omega(\mathfrak{U})\mathfrak{U}, \beta(\mathfrak{U})) \; ,$$

avec une certaine polarisation $\beta(\mathfrak{U})$ de $\Omega(\mathfrak{U})\mathfrak{U}$.

Pour $a \in S$, posons $\Omega(a\mathfrak{U}) = a^{-1}\Omega(\mathfrak{U})$ et écrivons $\zeta(a\mathfrak{U})$ la $\Gamma(N)$-structure de $A(\mathfrak{U})$ (définie sur F_N) telle que

$$(A(\mathfrak{U}), \omega(\mathfrak{U}), \alpha(\mathfrak{U}), \zeta(a\mathfrak{U})) \xrightarrow{\theta(a\mathfrak{U})=\theta(\mathfrak{U})} (\mathbb{C}^T/\Omega(a\mathfrak{U})a\mathfrak{U}, \beta(a\mathfrak{U}), \Omega(a\mathfrak{U})\eta(a\mathfrak{U})).$$

Si maintenant $\mathfrak{B}$ est un idéal quelconque de K premier à N , alors on écrit $\mathfrak{B} = \varepsilon.a\mathfrak{U}$ pour $a \in S$, $\mathfrak{U} \in C$ et $\varepsilon \equiv 1$ (mod $N\mathfrak{O}_K$), on pose $\Omega(\mathfrak{B}) = \Omega(a\mathfrak{U}), \eta(\mathfrak{B}) = \varepsilon\eta(a\mathfrak{U})$ et on fixe l'algébrisation

$$(A(\mathfrak{U}), \omega(\mathfrak{U}), \alpha(\mathfrak{U}), \zeta(a\mathfrak{U})) \xrightarrow{\theta(\mathfrak{B})=\varepsilon\theta(\mathfrak{U})} (\mathbb{C}^T/\Omega(\mathfrak{B})\mathfrak{B}, \beta(\mathfrak{B}), \Omega(\mathfrak{B})\eta(\mathfrak{B})) \; .$$

Etant donné $\sigma \in \mathrm{Gal}(\overline{\mathbb{Q}}/\mathbb{Q})$, notons $V_T(\sigma) \in \mathrm{Gal}(K^{ab}/K)$ le "demi-transfert" attaché à T :

$$V_T(\sigma) = \prod_{\tau \in T} w_{\sigma\tau}^{-1} \, \sigma w_\tau \quad (\mathrm{mod} \; \mathrm{Gal}(\overline{\mathbb{Q}}/K^{ab})) \; ,$$

où w_t , pour un plongement $t : K \hookrightarrow \mathbb{C}$, est un prolongement choisi de t à $\overline{\mathbb{Q}}$ tel que $w_{\bar{t}} = \bar{w}_t$. Soit $x \in K_{\mathbb{A}}^*$ un idèle de K tel que

$$(x,K)^{-1} = V_T(\sigma) \quad \text{et} \quad x\bar{x} \in \widetilde{\chi}(\sigma).K^* \; ,$$

où $\widetilde{\chi} : \mathrm{Gal}(\overline{\mathbb{Q}}/\mathbb{Q}) \longrightarrow \hat{\mathbb{Z}}^*$ est le caractère cyclotomique : $\varepsilon^\sigma = \varepsilon^{\widetilde{\chi}(\sigma)}$, pour chaque racine de l'unité dans $\overline{\mathbb{Q}}$. Le théorème de Tate et Deligne sur la conjugaison des variétés abéliennes à multiplication complexe implique alors, pour $\mathfrak{U} \in C$, l'isomorphisme suivant (cf. $[T]$ et $[L]$, chap. 7) :

$$(A(\mathfrak{U}), \omega(\mathfrak{U}), \alpha(\mathfrak{U}), \zeta(\mathfrak{U}))^\sigma \xrightarrow[/\mathbb{C}]{\theta(x\mathfrak{U})} (\mathbb{C}^{\sigma T}/\Lambda(\mathfrak{U},\sigma)\Omega(x\mathfrak{U})x\mathfrak{U}, \beta,$$

$$\Lambda(\mathfrak{U},\sigma)\Omega(x\mathfrak{U})\eta(x\mathfrak{U})) \; ,$$

pour une polarisation β convenable et un élément

$$\Lambda(\mathfrak{U},\sigma) \in (k \otimes F)^{*} \subset (k \otimes \mathbb{C})^{*} \ ,$$

bien déterminé à multiplication près par une unité de K
congrue à 1 modulo N .

Vu le choix des $\Gamma(N)$-structures $\eta(\mathfrak{U})$, $\eta(x\mathfrak{U})$, ceci
entraîne, pour tout $\sigma \in \mathrm{Gal}(\overline{\mathbb{Q}}/\mathbb{Q})$, la relation (dans les notations du §3) :

$$\left[\frac{\varphi^{j}(\mathfrak{U})\ E_{j,F(\mathfrak{U},\eta(\mathfrak{U}))}(\mathfrak{U},\beta(\mathfrak{U}),\eta(\mathfrak{U}))}{\sqrt{d_{k}}\ .\ \mathscr{N}\Omega(\mathfrak{U})^{j}}\right]^{\sigma}$$

$$= \frac{(\varphi^{\sigma})^{j}(x\mathfrak{U}).E^{\sigma}_{j,F(x\mathfrak{U},\eta(x\mathfrak{U}))}(x\mathfrak{U},\beta',\eta(x\mathfrak{U}))}{\sqrt{d_{k}}\ .\ \mathscr{N}\Omega(x\mathfrak{U})^{j}}\ (\varphi^{\sigma}(x\mathfrak{O}_{k}).\mathscr{N}\Lambda(\mathfrak{U},\sigma))^{-j}$$

Quand σ fixe μ_{N} , ceci est essentiellement la valeur
en $s = j$ de la fonction L partielle de $(\overline{\varphi}^{j})^{\sigma}$ relative à
la classe de l'idéal $(x\mathfrak{U})^{-1}$, <u>multipliée par</u> le facteur
$(\varphi^{\sigma}(x\mathfrak{O}_{K})\ \mathscr{N}\Lambda(\mathfrak{U},\sigma))^{-j}$.

4.4. Pour passer du dernier énoncé à un théorème concernant
la valeur $L(\overline{\varphi}^{j},j)$, il faudrait comparer les $\Lambda(\mathfrak{U},\sigma)$, pour
les différents $\mathfrak{U}$ dans $\mathbb{C}$. Ceci est possible, par une généralisation sans anicroche de la proposition (4.10) de $[\mathrm{GS}]$
aux variétés abéliennes de dimension $\rangle\ 1$, <u>pourvu que</u> σ
fixe le corps réflex de (K,T) et qu'on soit dans un cas où
"l'équation de classes est irréductible", c'est-à-dire que
toutes les $A(\mathfrak{U})$, pour $\mathfrak{U} \in \mathbb{C}$, sont conjuguées entre elles,
à isomorphisme près. C'est le développement d'une telle
méthode dans le cas général qui m'échappe encore. Ce problème
semble être lié au fait, mentionné dans l'introduction, qu'on
ne dispose pas encore d'un raffinement adéquat des arguments
de "réflexion" dans $[\mathrm{D}]$, 8.19 ss.

Bibliographie

[D] P. DELIGNE.- Valeurs de fonctions L et périodes d'in-
     tégrales. Dans : Proc. Symp. Pure and Appl. Math.
     (AMS), 33 (1979), part 2, 313-346.

[DR] P. DELIGNE et K. RIBET.- Values of abelian L-functions
     at negative integers over totally real fields.
     Inventiones Math. 59 (1980), 227-286.

[GS] C. GOLDSTEIN et N. SCHAPPACHER.- Séries d'Eisenstein et
     fonctions L de courbes elliptiques à multiplica-
     tion complexe. J. reine u. angew. Math. 327 (1981),
     184-218.

[K1] N. KATZ.- p-adic interpolation of real analytic
     Eisenstein series. Ann. of Math. 104 (1976), 459-
     571.

[K2] N. KATZ.- p-adic L-functions for CM-fields. Inven-
     tiones Math. 49 (1978), 199-297.

[Kl] H. KLINGEN.-Über den arithmetischen Charakter der
     Fourierkoeffizienten von Modulformen. Math. Annalen
     147 (1962), 176-188.

[L] S. LANG.- Complex Multiplication, à paraître (Springer
     Verlag).

[R] M. RAPOPORT.- Compactifications de l'espace de modules
     de Hilbert-Blumenthal. Compos. Math. 36 (1978),
     255-335.

[S1] G. SHIMURA.- On the zeta function of an abelian variety
     with complex multiplication. Ann. of Math. 94
     (1971), 504-533.

[S2] G. SHIMURA.- On some arithmetic properties of modular
     forms of one and several variables. Ann. of Math.
     102 (1975), 491-515.

[ST] J.-P. SERRE et J. TATE.- Good reduction of abelian
     varieties. Ann. of Math. 88 (1968), 492-517.

[T] J. TATE.- On conjugation of abelian varieties of CM
     type, manuscrit non publié, Paris 1981.

THE DENSITY OF INTEGER POINTS ON HOMOGENEOUS VARIETIES

Wolfgang M. SCHMIDT

Let V be a homogeneous algebraic set in $\mathbb{C}^s$ defined over the rationals, i.e. a set $V = V(\underline{F}) = V(F_1,\ldots,F_r)$, consisting of the common zeros of given forms $F_1,\ldots,F_r$ of positive degrees, in s variables, and with rational coefficients. We are interested in

$$z_p(V) = z_p(\underline{F}) ,$$

the number of integer points $\underline{x} = (x_1,\ldots,x_s)$ on V in the cube $|x_i| \leq P$ $(i = 1,\ldots,s)$. In general, little is known about the behaviour of z_p when $P \to \infty$.

Birch [1] in 1957 proved that a system $\underline{F}$ of r forms of odd degrees $\leq k$ has a nontrivial integer zero provided $s > c_1 = c_1(k,r)$. We now have the following strengthening of Birch's result.

Theorem 1. Suppose $\underline{F}$ consists of r forms of odd degrees $\leq k$ in $s > c_2 = c_2(k,r)$ variables. Then

$$z_p(\underline{F}) \geq c_3 P^{s-c_2},$$

where $c_3 = c_3(\underline{F}) > 0$.

This theorem has fairly trivial analogues in the local fields. In the real case we know that r forms of odd degrees have a nontrivial zero if $s > r$. It may be deduced that the manifold $V_{\mathbb{R}}$ of real zeros has

$$(1) \qquad \dim V_{\mathbb{R}} \geq s - r.$$

In the p-adic case, let $c_4 = c_4(k,r;p)$ be the least number such that r forms $F_1,\ldots,F_r$ of degrees $\leq k$ with coefficients in the p-adic field $\mathbb{Q}_p$ have a nontrivial zero in $\mathbb{Q}_p$. Now if our forms have p-adic integer coefficients and if ν_ℓ is the number of solutions of the congruences $F_1(\underline{x}) \equiv \cdots \equiv F_r(\underline{x}) \equiv 0 \pmod{p^\ell}$, then a simple counting argument [5, Lemma 2] shows that

$$(2) \qquad \nu_\ell \geq c_5 p^{\ell(s-c_4)},$$

where $c_5 = c_5(\underline{F}) > 0$. Theorem 1 does not seem to be obtainable by Birch's elementary diagonalization method, or by the counting argument used for (2). It is a consequence of Theorem 2 below, which is proved by analytic techniques. We know little about the constant c_2, except that $c_2(3,1) \leq 15$ (essentially Davenport [3]), that $c_2(3,r) \ll r^5$, and that e.g. $\log \log c_2(5,r) \ll r$.

Probabilistic arguments suggest that one should usually have

$$z_p \approx P^{S-R},$$

where $R = r_1 + 2r_2 + \ldots + kr_k$ when $\underline{F}$ consists of r_d forms of degree d $(1 \leq d \leq k)$. Let $\mathcal{B}$ be a box with sides parallel to the coordinate axes, and write $z_p(\underline{F},\mathcal{B})$ for the number of zeros of $\underline{F}$ in the blown up box $P\mathcal{B}$. I propose to call $\underline{F}$ a Hardy-Littlewood-System if for every box $\mathcal{B}$,

$$z_p(\underline{F},\mathcal{B}) = \mu P^{S-R} + 0(P^{S-R-\delta})$$

where $\delta > 0$ and where $\mu = \mu(\underline{F},\mathcal{B})$ is the product of certain "local densities". Further I call $\underline{F}$ a Proper Hardy-Littlewood-System if $\mu(\underline{F},\mathcal{B}) > 0$ whenever $\mathcal{B}$ contains the origin in its interior.

For example, Davenport and Lewis [4] have shown that a single additive form $F = a_1 X_1^d + \ldots + a_s X_s^d$ where $d \geq 18$, $s > d^2$, and $a_1 a_2 \ldots a_s \neq 0$, is a Hardy-Littlewood-System, and it is a Proper system if either d is odd or the coefficients are not all of the same sign.

Now if F is a form of degree $d > 1$, write $h(F)$ for the least number h such that F "splits into h products", i.e.

$$F = A_1 B_1 + \ldots + A_h B_h$$

with forms A_i, B_i of positive degrees and with rational coefficients. When $\underline{F} = (F_1, \ldots, F_r)$ consists of forms of equal degree $d > 1$, write $h(\underline{F}) = \min h(F)$, with the minimum taken over the forms F of the rational pencil of $\underline{F}$.

Although Davenport [3] did not give such a formulation, he did prove that a single cubic form F with $h(F) \geq 16$ is a Proper Hardy-Littlewood-System. The author proved certain systems of quadratic [5] or of cubic [6] forms to be Proper Hardy-Littlewood-Systems. Birch [2] showed certain "general" systems to be of this kind. On the other hand it is easy to give examples of systems which are not Hardy-Littlewood. For example, take

$$F = \mathfrak{C}_1^D + \ldots + \mathfrak{C}_h^D$$

where D is even and where $\underline{\mathfrak{c}} = (\mathfrak{C}_1, \ldots, \mathfrak{C}_h)$ is a Proper Hardy-Littlewood-System of forms of degree d. Here $z_p(F) = z_p(\underline{\mathfrak{c}}) \sim \mu P^{s-dh}$, whereas $R = R(F) = dD$ may be both larger or smaller than dh. Note that in this example $h(F)$ is small, namely $h(F) \leq h$.

Linear equations can be got rid of by elimination, and they do not quite fit into our scheme. Hence let

$$(3) \qquad \underline{F} = (\underline{F}^{(k)}, \ldots, \underline{F}^{(2)}) ,$$

where the subsystem $\underline{F}^{(d)}$ $(2 \leq d \leq k)$ consists of $r_d \geq 0$ forms of degree d. Put $h_d = h(\underline{F}^{(d)})$ when $r_d > 0$, and $h_d = +\infty$ when $r_d = 0$.

Theorem 2. There is a function $\chi(d)$ such that a system $\underline{F}$ as above is a Hardy-Littlewood-System if

$$h_d \geq \chi(d) r_d \, kR \qquad\qquad (2 \leq d \leq k).$$

For instance, one may take $\chi(2) = 2$, $\chi(3) = 32$, $\chi(4) = 1152$, and $\chi(d) < 2^{4d} \cdot d!$ in general.

Write $v(\underline{r}) = v(r_k, \ldots, r_2)$ for the least number such that a system in more than $v(\underline{r})$ variables has a nontrivial p-adic zero for each prime p.

Supplement. $\underline{F}$ is a **Proper** Hardy-Littlewood-System provided (1) holds and

$$h_d \geq \chi(d) r_d \, k \, v(\underline{r}) \qquad\qquad (2 \leq d \leq k),$$

By what we said above, (1) is true when $\underline{F}$ consists only of forms of odd degree. In the course of the proof we have to make a study of h and related invariants. As a by-product we obtain an estimate of exponential sums which depends on h. The same approach might lead to elementary estimates of exponential sums over finite fields.

The details will appear in an article under the same title.

BIBLIOGRAPHY

[1]   BIRCH B.J. Homogeneous forms of odd degree in a large number of variables. Mathematika 4 (1957), 102-105.

[2]   BIRCH B.J. Forms in many variables. Proc. Royal Soc. A, 265 (1962), 245-263.

[3]   DAVENPORT H. Cubic forms in 16 variables. Proc. Royal Soc. A, 272 (1963), 285-303.

[4]   DAVENPORT H. and LEWIS D.J. Homogeneous additive equations. Proc. Royal Soc. A, 274 (1963), 443-460.

[5]   SCHMIDT W.M. Simultaneous rational zeros of quadratic forms. Seminar Delange-Pisot-Poitou (to appear).

[6]   SCHMIDT W.M. On cubic polynomials, IV. Systems of rational equations. Monatsh. Math. 93 (1982), 329-348.

APPLICATIONS OF LINEAR FORMS IN LOGARITHMS TO BINARY RECURSIVE SEQUENCES

by

T. N. SHOREY

§ 1 - <u>INTRODUCTION</u>.

For any sequence of rational integers $u_0, u_1, \ldots, u_m, \ldots$ satisfying

$$u_m = r\, u_{m-1} + s\, u_{m-2} \quad , \quad m = 2, 3, \ldots$$

where r and s are integers with $r^2 + 4s \neq 0$, we have

$$u_m = a\alpha^m + b\beta^m \quad , \quad m = 0, 1, 2, \ldots$$

where α and β are roots of the polynomial $x^2 - rx - s$ and

$$a = \frac{u_0 \beta - u_1}{\beta - \alpha} \quad , \quad b = \frac{u_1 - u_0 \alpha}{\beta - \alpha} \ .$$

The sequence $\{u_m\}$ is said to be a non-denerate binary recursive sequence if a, b, α, β are non-zero and α/β is not a root of unity. There is no loss of generality in assuming that $|\alpha| \geq |\beta|$. By $\{u_m\}$, we shall always mean a non-degenerate binary recursive sequence. The letters r, s, α, β, a and b will be understood, as described above, with reference to the sequence $\{u_m\}$. The sequences $\{u_m\}$ with $u_0 = 0$, $u_1 = 1$ are called Lucas sequences. The Lucas sequence with $r = s = 1$ is the Fibonacci sequence.

Unless otherwise specified, we shall denote by $c_1, c_2, \ldots$ effectively computable positive numbers depending only on the sequence $\{u_m\}$. For a rational integer x with $|x| > |$, we denote by $P(x)$ the greatest prime factor of x and by $\omega(x)$ the number of distinct prime factors of x. Further put $P(0) = P(\pm 1) = 1$ and $\omega(0) = \omega(\pm 1) = 0$.

287

§ 2 - THE MULTIPLICITY OF BINARY RECURRENCES AND THE DIVISORS OF $\{u_m\}$

It is well-known that

$$|u_m| \to \infty, \quad m \to \infty \ .$$

It follows from Baker's estimate $|2|$ on linear forms in logarithms that

$$(1) \qquad\qquad |u_m| \geq |\alpha|^{m - c_1 \log m}, \quad m \geq c_2$$

In fact the constants c_1 and c_2 depend only on a and b. See Stewart $[27]$ p. 33. *Further Parnami and the author $[12]$ applied (1) to prove that

$$(2) \qquad\qquad u_m \neq u_n$$

whenever $m \neq n$ and $\max(m,n) \geq c_3$. More precisely, Baker's inequality $[1]$ enables us to take $c_3 = C_1 \log R$ where $R = \max(|a|,|b|,2)$ and C_1 is certain effectively computable number depending only on α and β. Further this value of c_3 is best possible with respect to R. See the author $|23|$. For a rational integer λ, denote by $m(\lambda)$ the number of times λ occurs in the sequence $\{u_m\}$. If λ is different from the first $[c_3] + 1$ members of $\{u_m\}$, it follows that $m(\lambda) \leq 1$. Morgan Ward conjectured that $m(\lambda) \leq 5$ for every λ and Kubota proved the conjecture. In fact Kubota $[10]$ proved that $m(\lambda) \leq 4$ for every λ. Further Beukers $[3]$ has explicitly determined all the sequences $\{u_m\}$ for which $m(\lambda) = 4$. For precise statement of Beukers result, we refer to his paper $[3]$. The proofs of these results of Kubota and Beukers depend on Skolem's p-adic method.

For rational integers $A \neq 0$ and B with absolute values not exceeding $H(\geq 2)$, the author $[23]$ applied the estimates of Baker $[2]$ and van der Poorten $[15]$ on linear forms in logarithms to show that the equation

$$(3) \qquad\qquad Au_m - Bu_n = 0 \quad (m > n)$$

implies that

$$(4) \qquad\qquad m \leq c_4 \log H \ .$$

Combining the above result with the estimates for p-adic values of members of $\{u_m\}$, we obtain : suppose that r and s are relatively prime. Then, for rational integers $A \neq 0$ and B, the equation (3) implies that $m \leq C_1$ where C_1 is certain effectively computable number depending only on the sequence $\{u_m\}$ and $P(AB)$. See [23]. In view of the relation

$$(5) \qquad Au_m - Bu_n = 0, \quad A = u_m, \quad B = u_n,$$

the above assertion includes the following theorem

$$P(u_m) \to \infty \text{ effectively}, \quad m \to \infty$$

of Mahler [11] and Schinzel [20]. An ineffective version of this result was proved by Mahler. An effective proof was supplied by Schizel. The best known result, in this direction, is due to Stewart [27], [29];

$$(6) \qquad P(u_m) \geq C_2 \left(\frac{m}{\log m}\right)^{\frac{1}{d+1}}$$

Here $d = [Q(\alpha) : Q]$ and C_2 is certain effectively computable number depending only on a and b. Further we remark that the relation (5) also shows that the estimate (4) is best possible with respect to H.

It is conjectured that

$$P(u_m)/m \to \infty, \quad m \to \infty \ .$$

The conjecture is valid for almost all integers m. Further Stewart [29] proved that for almost all integers m, $P(u_m) \geq m(\log m) f(m)$ where $f(m)$ is any real valued function with $\lim_{m \to \infty} f(m) = 0$. For Lucas sequences, the conjecture is proved for all integers m with $\omega(m) \leq \frac{1}{\log 2} \log\log m$. See Stewart [28] and Shorey and Stewart [25]. In fact they proved more than mentioned above. Since $\frac{1}{\log 2} > 1$, the above inequality for $\omega(m)$ is valid for almost all integers m.

We can find c_5 such that $|u_m| > 1$ for $m \geq c_5$. For $n \geq c_5$, denote by $g = g(n)$ the largest positive integer such that it is possible to choose pairwise distinct primes $p_1,\ldots,p_g$ with p_i/u_{n+i} for $1 \leq i \leq g$. Then we shall apply (1), (2) and a theorem of Phillip Hall [14] on distinct representatives to obtain the following result.

Theorem 1. <u>Suppose that</u> r <u>and</u> s <u>are relatively prime. Then there</u> <u>exists</u> c_6 <u>such that</u>

$$g \geq c_6\, n^{\frac{1}{2}} \ , \ n \geq c_5 \ .$$

The corresponding problem[*] for a block of consecutive integers is considered in [8], [16], [4] and [17]. Petho [13] and Shorey and Stewart [26], independently, proved that there are only finitely many pure powers in $\{u_m\}$. This, together with[**]theorem 1, shows that for relatively prime integers r and s and for positive integers n and k with $n \geq c_5$ and $k \leq c_6\, n^{\frac{1}{2}}$, the equality $\omega(u_{n+1} \cdots u_{n+k}) = k$ implies that $u_{n+1}, \ldots, u_{n+k}$ are all primes. Dr. Ram Murty pointed out to me that this is possible only when $k \leq c_7$. For a precise formulation of the result on pure powers in $\{u_m\}$, see § 4.

For relatively prime integers r and s, it follows from theorem 1 that $P(u_{n+1} \cdots u_{n+k})$ is greater than or equal to the k-th prime whenever $n \geq c_5$ and $k \leq c_6\, n^{\frac{1}{2}}$. We shall strengthen this assertion as follows :

Theorem 2. <u>Suppose that</u> r <u>and</u> s <u>are relatively prime. Let</u> $\delta > 0$. <u>Then there exists an effectively computable number</u> $c_8 > 0$ <u>depending only on the sequence</u> $\{u_m\}$ <u>and</u> δ <u>such that for all positive integers</u> n <u>and</u> k <u>with</u>

$$n \geq c_8 \ , \ k \leq n\,(\log n)^{-3}\,(\log\log n)^{-2}$$

<u>we have</u>

$$P(u_{n+1} \cdots u_{n+k}) \geq (2 - \delta)\, k \log k \ .$$

The "elementary" argument of theorem 3 of Stewart [29] enables us to prove

$$P(u_{n+1} \cdots u_{n+k}) \geq (1 - \delta)\, k \log k$$

whenever $c_9 \leq k \leq c_{10}\, n$. The constants c_9 and c_{10} also depend on δ. The proof of theorem 2 depends on the combinatorial ideas of [18], the "elementary" argument of Stewart [29] and the estimates of Baker [2] and van der Poorten [15] on linear forms in logarithms. The assertion of theorem 2 can be strengthened if $k \leq n^{1-\theta}$ for any given $\theta > 0$. More precisely, we have

Theorem 3. <u>Let</u> $\theta > 0$. <u>Then there exist effectively computable numbers</u> $c_{11} > 0$ <u>and</u> $c_{12} > 0$ <u>depending only on the sequence</u> $\{u_m\}$ <u>and</u> θ <u>such</u> <u>for all positive integers</u> n <u>and</u> k <u>with</u>

$$n \geq c_{11} \quad , \quad e^{e^e} < k \leq n^{1-\theta}$$

we have

$$P(u_{n+1} \cdots u_{n+k}) \geq c_{12} \, k \, \log k \, \frac{\log \log k}{\log \log \log k} \ .$$

The proof of theorem 3 is similar to that of theorem 2. We shall prove these theorems in §6.

§ 3 - APPROXIMATION OF ALGEBRAIC NUMBERS BY QUOTIENTS OF MEMBERS OF $\{u_m\}$

In this section, we suppose that $A \neq 0$ and B are algebraic numbers of degrees not exceeding D and heights not exceeding $H(\geq 2)$. Then the equation (3) implies that there exist rational integers $A_1 \neq 0$ and B_1 satisfying $A_1 u_m - B_1 u_n = 0$ and $\max(|A_1|, |B_1|) \leq D H^3$. Hence, by (4), we conclude that $A u_m - B u_n \neq 0$ whenever $m > n$ and $m \geq c_{13} \log H$. Further, if $|\alpha| = |\beta|$, the author [23] applied the theorem of Baker [2] to show that

$$(7) \qquad |A u_m - B u_n| \geq |\alpha|^{m - c_{14}(\log(mH))(\log(n+2))}$$

whenever $m > n$ and $m \geq c_{13} \log H$. Here the constants c_{13} and c_{14} also depend on D. In (7), the restriction $|\alpha| = |\beta|$ is necessary. For Fibonacci sequence, we have

$$\alpha u_n - u_{n+1} = \beta^n = \alpha^{-n} \ , \quad n = 1, 2, \ldots$$

Putting $A = B = 1$ in (7), we obtain

$$|u_m - u_n| \geq |\alpha|^{m - c_{15}\nu}$$

where $\nu = (\log(m+2))(\log(n+2))$, $m \geq c_{16}$ and $m > n$. The above inequality follows trivially when $|\alpha| \neq |\beta|$.

Suppose that $|\alpha| = |\beta|$. Let $f(x,y)$ be a binary form with integer coefficients of degree $g \geq 1$. Assume that $f(1,0) \neq 0$. The it follows from (7) that

$$|f(u_m,u_n)| \geq |\alpha|^{mg - c_{17}\nu}$$

for all non-negative integers m and n with $m \geq c_{18}$ and $m > n$. For relation of this inequality to certain Diophantine equations, see the author [23].

§ 4 - <u>PURE POWERS IN THE SEQUENCE</u> $\{u_m\}$.

We have already mentioned that there are only finitely many pure powers in the sequence $\{u_m\}$. More precisely, Petho [13] and Shorey and Stewart [26], independently, proved the following result with the help of inequalities of Baker [1] and van der Poorten [15].

<u>Theorem 4. Let</u> d <u>be a non-zero fixed integer. If</u>

$$d\,x^q = u_m$$

<u>for integers</u> x <u>and</u> q <u>larger than one, then the maximum of</u> x, q <u>and</u> m <u>is less than</u> c_{19}. <u>Here</u> c_{19} <u>also depends on</u> d.

If r and s are relatively prime, Petho [13] proved theorem 4 with c_{19} depending only on the sequence $\{u_m\}$ and $P(d)$. For Fibonacci sequence $\{u_m\}$, Cohn [5] and Wyler [32] proved that u_m is a square only when $m = 0, 1, 2$ or 13. Cohn [7] applied this result and a related result [6] to determine all solutions of certain Diophantine equations. Shorey and Tijdeman [24] proved that there are only finitely many pure powers in the Lucas sequence defined by $u_0 = 0$, $u_1 = 1$ and $u_m = (x + 1)\, u_{m-1} - x\, u_{m-2}$ for $m \geq 2$, where x is a fixed integer larger than one. Thus there are only finitely many pure powers among the integers whose all the digits are equal to one in their x-adic expansions. For Fibonacci sequence $\{u_m\}$, London and Finkelstein (Fibonacci Quaterly 7 (1969)) showed that u_m is a perfect cube only when $m = 0, 1, 2$ or 6. Petho has recently given a different proof of this assertion by means of linear forms in logarithms. Shorey and Stewart |26| applied theorem 4 to prove :

<u>Theorem 5. Let</u> A, B, C <u>and</u> D <u>be integers with</u> $B^2 - 4AC$ <u>and</u> ACD <u>non-zero. If</u> x, y <u>and</u> t <u>are integers with</u> $|x|$ <u>and</u> t <u>larger than one satisfying</u>

$$(8) \qquad A x^{2t} + B x^t y + C y^2 = D \; ,$$

then the maximum of $|x|$, $|y|$ and t is less than C_3, a number which is effectively computable in terms of A, B, C and D.

Suppose that A, B, C and D are integers with $D \neq 0$ and $B^2 - 4AC > 0$ and not a perfect square. Then Guass proved that if the equation

$$(9) \qquad A x^2 + B x y + C y^2 = D \; ,$$

has one solution in integers x and y, then it has infinitely many solutions in integers x and y. Thus the situation is different if, in (9), we replace x by x^t with $t > 1$.

§ 5 - ON EXPONENTIAL EQUATIONS.

In the equation (8), the exponent t is also a variable. The equations in which the exponents also occur as variables are called exponential equations. Tijdeman [30] proved that there are only finitely many integers $x > 1$, $y > 1$, $m > 1$ and $n > 1$ satisfying Catalan's equation $x^m - y^n = 1$. Tijdeman's advance initiated much research in exponential equations. See Tijdeman [31]. In this direction, the author [22] showed that the theorem of Baker [2] gives the following result.

Theorem 6. Let $A \neq 0$, $B \neq 0$, C and D be integers. Suppose that x, y with $|x| \neq |y|$ are non-zero integers and m, n with $n < m$ are non-negative integers. Then there exists an effectively computable number $N_0 > 0$ depending only on A, B, C and D such that the equation

$$(10) \qquad A x^m + B y^m = C x^n + D y^n$$

with

$$A x^m \neq C x^n$$

implies that

$$m \leq N_0$$

If m and n are fixed integers; then the theorems of Roth [19] and Schinzel [21] give the following result on the equation (10). The result of Schinzel depends on the theorem of Siegel on integer solutions of the polynomial equation in two variables with integral coefficients.

Theorem 7. <u>For given integers</u> $A \neq 0$, $B \neq 0$, C, D <u>and non-negative integers</u> m, n <u>with</u> $m > 2$, $n < m$, <u>suppose that the equation</u> (10) <u>has infinitely many solutions in integers</u> x <u>and</u> y. <u>Then we have</u> :

(i) <u>If</u> $n \neq m - 2$, <u>then the binary forms</u> $A X^m + B Y^m$ <u>and</u> $C X^n + D Y^n$ <u>are divisible in</u> $Z[X,Y]$ <u>by a linear form.</u>
(ii) <u>If</u> $n = m - 2$, <u>then the binary forms</u> $A X^m + B Y^m$ <u>and</u> $C X^n + D Y^n$ <u>are divisible in</u> $Z[X,Y]$ <u>by a factor which is either a linear form or a quadratic form.</u>

<u>Proof of theorem</u> 7. There is no loss of generality in assuming that C and D are not both zero.
Put

$$F(X,Y) = A X^m + B Y^m - C X^n - D Y^n$$

In view of Roth's theorem [19] on the approximation of algebraic numbers by rationals, we can assume that $n \geq m - 2$. Thus $n = m - 1$ or $n = m - 2$. If $F(X,Y)$ is irreducible over rationals, the assertion follows immediately from the theorem of Schinzel [21], since $m > 2$. Thus we can assume taht $F(X,Y)$ is reducible over rationals. Then there exists a non-constant binary form* dividing both $A X^m + B Y^m$ and $C X^n + D Y^n$ in $Z|X,Y|$. Now the assertion follows immediately, since $n = m - 1$ or $n = m - 2$.

§ 6 - <u>PROOF OF THEOREM</u> 1.

We can assume that $n \geq c_{20} (> c_5)$ with c_{20} sufficiently large. By a theorem of Phillip Hall [14] on distinct representatives, there exists a positive integer t and distinct integers $n_0, \ldots, n_t$ with

$$n < n_j \leq n + g + 1 \ , \ 0 \leq j \leq t$$

and

$$\omega(u_{n_0} \ldots u_{n_t}) \leq t \ .$$

For every prime divisor p of $u_{n_0} \ldots u_{n_t}$, we take an $f(p)$ from the set $S = \{u_{n_0}, \ldots, u_{n_t}\}$ such that no other element of S contains p to a higher order in its factorisation. If c_{20} is sufficiently large, it follows from (2) that the members of S are distinct. Thus there exists at least one member of S, say u_N, which is not in the range of f. Suppose that a prime p divides u_N and $\mathrm{ord}_p(u_N) = \gamma$. Put $f(p) = u_{N_1}$.

If $N_1 > N$, then p^γ divides

$$\alpha^{N_1 - N} u_N - u_{N_1} = b\beta^N (\alpha^{N_1 - N} - \beta^{N_1 - N}) \ .$$

Similarly, if $N_1 < N$, we find that p^γ divides $b\beta^{N_1}(\alpha^{N-N_1} - \beta^{N-N_1})$. Since r and s are relatively prime, it follows that $p^\gamma \leq c_{21}^g$ and hence

$$(11) \qquad \qquad |u_N| \leq c_{21}^{gt} \ .$$

If c_{20} is sufficiently large, then the inequality (1) gives

$$(12) \qquad \qquad |u_N| \geq |\alpha|^{n/2} \ .$$

Now the theorem follows immediately by combining (12), (11) and the inequality $t < g$.

<u>Proof of theorem</u> 2. The constants $c_8, c_{22}, \ldots$ also depend on δ. We shall assume that $n \geq c_8$ with c_8 sufficiently large. In view of the inequality (6), we can assume that

$$k \geq n^{\frac{1}{4}} \geq c_8^{\frac{1}{4}} \ .$$

Further we suppose that

$$(13) \qquad \qquad k \leq n (\log n)^{-3} (\log\log n)^{-2}$$

and

$$P(u_{n+1} \cdots u_{n+k}) < (2 - \delta) k \log k \ .$$

Put $S = \{u_{n+1}, \ldots, u_{n+k}\}$ and denote by P the set of all prime factors of members of S. By prime number theory, we have

$$|P| < \left(2 - \frac{\delta}{2}\right) k \, .$$

Here $|P|$ denotes the number of members of P. For every prime p of P, we take an $f(p)$ from S such that no other member of S contains p to a higher order in its factorisation. Let S_0, S_1, S_2 be the subsets of S, respectively, of elements which are not in the range of f, are the images of precisely one element of P and are the images of at least two members of P. Thus

$$S = S_0 + S_1 + S_2 \, .$$

If c_8 is sufficiently large, it follows from (2) that $|S| = k$. Also observe that $2|S_2| \le |P|$. Thus $|S_2| < \left(1 - \frac{\delta}{4}\right)k$. Further, by an argument of Stewart [29], we have

$$(14) \qquad \prod |u_m| \le c_{22}^{k^2}$$

where the product is taken over all members of S_0. If c_8 is sufficiently large, the above product satisfies

$$(15) \qquad \prod |u_m| \ge |\alpha|^{\frac{n\,|S_0|}{2}} \, .$$

This inequality follows from (1). Combining (15), (14) and (13), we obtain

$$|S_0| \le c_{23} k^2 n^{-1} \le \frac{\delta k}{8} \, ,$$

if c_8 is sufficiently large. Hence

$$|S_1| \ge \frac{\delta k}{8} \, .$$

The elements of S_1 are of the form

$$u_{m_\nu} = p_\nu^{L_\nu} M_\nu, \quad \nu = 1, 2, \ldots, |S_1|$$

where $f(p_\nu) = u_{m_\nu}$ and $p_\nu \nmid M_\nu$. Again, by an argument of Stewart $|29|$, we conclude that

$$\prod_{\nu = 1}^{|S_1|} |M_\nu| \le c_{24}^{k^2} \; .$$

Hence we can find two distinct members of S_1, say u_{m_1} and u_{m_2} with $n + 1 \le m_1 < m_2 \le n + k$, such that

$$\max \left(|M_1| \; , \; |M_2| \right) \le c_{25}^{k} \; .$$

Further observe that

$$\max \left(p_1, p_2 \right) < k^2, \; \max \left(L_1, L_2 \right) \le c_{26} \, n \; .$$

Notice that

$$(16) \qquad u_{m_2} - \alpha^{m_2 - m_1} u_{m_1} = - b \, \beta^{m_1} (\alpha^{m_2 - m_1} - \beta^{m_2 - m_1}) \; .$$

This relation which appears in the work of Stewart $[29]$ is fundamental for the proofs of theorems 1-3. Now we split the proof of theorem 2 in two parts.

<u>Case I</u> $|\alpha| > |\beta|$. Then observe that

$$(17) \qquad 0 < |\alpha^{m_2 - m_1} u_{m_1} u_{m_2}^{-1} - 1| < c_{27}^{-n} \; ,$$

where $c_{27} > 1$. By Baker $[2]$, we have

$$(18) \qquad |\alpha^{m_2 - m_1} u_{m_1} u_{m_2}^{-1} - 1| > \exp \left(-c_{28} \, k (\log n)^3 (\log \log n) \right) \; .$$

Combining (18), (17) and (13), we conclude that $n \le c_{29}$ and this is not possible if $c_8 > c_{29}$.

<u>Case II</u> $|\alpha| = |\beta|$. Since α/β is not a root of unity, we find that β is not a unit. Let $\wp$ be a prime ideal in the ring of integers of $Q(\alpha)$ dividing β. Since r and s are relatively prime, it follows from (16)

that

$$n \leq m_1 \operatorname{ord}_\wp(\beta) \leq c_{30} + \operatorname{ord}_\wp(\alpha^{m_2 - m_1} u_{m_1} u_{m_2}^{-1} - 1).$$

Now apply the estimate of van der Poorten [15] and the inequality (13) to conclude that $n \leq c_{31}$ which is again not possible if $c_8 > c_{31}$. This completes the proof of theorem 2.

<u>Proof of theorem</u> 3. There is no loss of generality in assuming that $(r, s) = 1$. As in the proof of theorem 2, we can assume that n and k exceed a sufficiently large constant depending only on the sequence $\{u_m\}$ and θ. Let $0 < \varepsilon < 1$ and assume that

$$P(u_{n+1} \cdots u_{n+k}) < \varepsilon k \log k \, \frac{\log \log k}{\log \log \log k}.$$

We shall arrive at a contradiction for a suitable value of ε depending only on the sequence $\{u_m\}$ and θ. Put

$$\nu_1 = \left| 2 \varepsilon \frac{\log \log k}{\log \log \log k} \right|.$$

Let S, P and f be as in the proof theorem 2. Denote by T all the members of S which are images of not more than ν_1 members of P and denote by R the complement of T in S. Now apply the argument of theorem 2 for the members of T and arrive at a contradiction for a suitable choice of ε depending only on $\{u_m\}$ and θ. We omit the details, as they are similar to those of theorem 2.

* p 288 Mignotte and the author has extended this result to some recursive sequences of higher order.

* P 290 In this direction, the first result is due to Grimm, American Math. Monthly 76 (1969), 1126-28.

**p 290 The primes $p_1, \ldots, p_g$ can be chosen to be sufficiently large.

* p 294 I am indebted to Dr. M. Nori for pointing out the existence of the binary form described above.

B I B L I O G R A P H Y

[1]   A. Baker, A sharpening of the bounds for linear forms in loga-
        rithms II, Acta Arith. 24 (1973), 33-36.

[2]   A. Baker, The theory of linear forms in logarithms, Advances in
        transcendence theory, Academic Press, London and New York (1977),
        1-27.

[3]   F. Beukers, The multiplicity of linear recurrences, Compositio
        Math. 40 (1980), 251-267.

[4]   P.L. Cijsouw and R. Tijdeman, Distinct prime factors of consecu-
        tive integers, Diophantine approximation and its applications,
        Prac. Conf. Washington D.C., New York (1973), 59-76.

[5]   J.H.E. Cohn, On square Fibonacci numbers, J. London Math. Soc.,
        39 (1964), 537-540.

[6]   J.H.E. Cohn, Lucas and Fibonacci numbers and some Diophantine
        equations, Proc. Glasgow Math. Assoc., 7 (1965), 24-28.

[7]   J.H.E. Cohn, Eight Diophantine equations, Proc. London Math. Soc.,
        16 (1966), 153-166. Addendum, ibid., 17 (1967), 381.

[8]   P. Erdos and J.L. Selfridge, Some problems on the prime factors
        of consecutive integers II, Proc. Wash. State Univ. Conference on
        Number theory, Pullman (Wash.) 1971, 13-21.

[9]   K.K. Kubota, On a conjecture of Morgan Ward I, Acta Arith. 33
        (1977), 11-28.

[10]   K.K. Kubota, On a conjecture of Morgan Ward II, Acta Arith. 33
        (1977), 29-48.

[11]   K. Mahler, Eine arithmetische Eigenschaft der rekurrierenden Rei-
        hen, Mathematica B (Zutphen) 3 (1934-1935), 1-4.

[12]   J.C. Parnami and T.N. Shorey, Subsequences of binary recursive
        sequences, Acta Arith. (1981), 193-196.

[13]   A. Petho, Perfect powers in second order linear recurrences,
        J. Number Theory, to appear.

[14]   Phillip Hall, On representatives of subsets, J. London Math. Soc.,
        10 (1935), 26-30.

[15] A.J. van der Poorten, Linear forms in logarithms in the p-adic case, Transcendence theory : Advances and applications, Academic Press, London (1977), 29-57.

[16] K. Ramachandra, Application of Baker's theory to two problems considered by Erdos and Selfridge, J. Indian Math. Soc., 37 (1973)

[17] K. Ramachandra, T.N. Shorey and R. Tijdeman, On Grimm's problem relating to factorisation of a block of consecutive integers, Journ. Reine Angew. Math., 273 (1975), 109-124.

[18] K. Ramachandra, T.N. Shorey and R. Tijdeman, On Grimm's problem relating to factorisation of a block of consecutive integers II, Journ. Reine Angew. Math., 288 (1976), 192-201.

[19] K.F. Roth, Rational approximations to algebraic numbers, Mathematika 2 (1955), 1-20.

[20] A. Schinzel, On two theorems of Gel'fond and some of their applications, Acta Arith. 13 (1967), 177-236.

[21] A. Schinzel, An improvement of Runge's theorem on Diophantine equations, Commentarii Pontif. Acad. Sci 2, N° 20 (1968).

[22] T.N. Shorey, The equation $a\,x^m + b\,y^m = c\,x^n + d\,y^n$, Acta Arith. (to appear).

[23] T.N. Shorey, Linear forms in members of binary recursive sequences (to appear).

[24] T.N. Shorey and R. Tijdeman, New applications of Diophantine approximations to Diophantine equations, Math. Scand. 39 (1976), 5-18.

[25] T.N. Shorey and C.L. Stewart, On divisors of Fermat, Fibonacci, Lucas and Lehmer numbers II, J. London Math. Soc. (2) 23 (1981), 17-23.

[26] T.N. Shorey and C.L. Stewart, On the Diophantine equation $a\,x^{2t} + b\,x^t\,y + c\,y^2 = d$ and pure powers in recurrence sequences, (to appear).

[27] C.L. Stewart, Divisor properties of arithmetical sequences, Ph.D. Thesis, University of Cambridge, 1976.

[28] C.L. Stewart, On divisors of Fermat, Fibonacci, Lucas and Lehmer numbers, Proc. London Math. Soc. (3) 35 (1977), 425-447.

[29] C.L. Stewart, _On divisors of linear recurrence sequences_, (to appear).

[30] R. Tijdeman, _On the equation of Catalan_, Acta Arith. 29 (1976), 197-209.

[31] R. Tijdeman, _Exponential Diophantine equations_, Proc. Intern. Congress Math. Helsinki (1979), 381-387.

[32] O. Wyler, _Squares in the Fibonacci series_, Amer. Math. Monthly, 71 (1964), 220-222.

SUR LA PROBABILITÉ QU'UN ENTIER

POSSÈDE UN DIVISEUR DANS UN INTERVALLE DONNE

G. TENENBAUM

Nous nous proposons ici de faire une présentation plus
détaillée de l'article portant le même titre (à paraître
à <u>Compositio Mathematica</u>) et de développer quelques exemples
d'applications.

Le problème de l'évaluation asymptotique du nombre
$H(x,y,z)$ des entiers $\leqslant x$ ayant au moins un diviseur d ,
$y \leqslant d < z$, a été abordé par Besicovitch en 1934. En prouvant
[1] que, pour $z = 2y$, on a

$$(1) \qquad \liminf_{y \to \infty} \; \lim_{x \to \infty} \frac{1}{x} H(x,y,z) = 0 \; ,$$

il construit une suite $\mathcal{A}$ dont l'ensemble des multiples

$$\mathcal{B}(\mathcal{A}) = \bigcup_{a \in \mathcal{A}} a\mathbb{N}$$

ne possède pas de densité asymptotique – réfutant ainsi une
conjecture de l'époque.
Après avoir montré [3] que l'on peut remplacer dans (1)
lim inf par lim, Erdös généralise le résultat au cas
$z = y^{1+u}$, avec $u = u(y) = o(1)$ [4]. Il précise même que
son argument fournit, sous l'hypothèse supplémentaire que
$y = O(z)$, la majoration

$$H(x,y,z) \ll x \, u^{\alpha}$$

303

pour $x \geqslant x_o(y)$, et où α désigne une constante positive. Ces résultats et d'autres théorèmes concernant les suites primitives et les ensembles de multiples sont démontrés dans le livre d'Halberstam et Roth [11 ; chap. 5].

Linnik et Vinogradov ont posé le problème de l'estimation du nombre $A(x)$ des entiers $< x$ qui s'écrivent comme produit de deux nombres $< \sqrt{x}$, c'est-à-dire le nombre des entiers apparaissant effectivement dans la matrice carrée $(ij)_{1 \leqslant i,j < \sqrt{x}}$. Il est très facile de constater que l'on a

$$(2) \qquad H(\tfrac{x}{4}, \tfrac{1}{4}\sqrt{x}, \tfrac{1}{2}\sqrt{x}) \leqslant A(x) \leqslant H(x, \sqrt{\tfrac{x}{\log x}}, \sqrt{x}) + \tfrac{x}{\log x} .$$

En effet, si $n = ij < \tfrac{x}{4}$ avec $\tfrac{1}{4}\sqrt{x} \leqslant i < \tfrac{1}{2}\sqrt{x}$, alors $j \leqslant \tfrac{x}{4i} < \sqrt{x}$, et l'inégalité de droite provient de ce que, si $n > \tfrac{x}{\log x}$ est compté dans $A(x)$, alors $n = ij$ avec, disons, $\sqrt{x} > i \geqslant \sqrt{n} > \sqrt{\tfrac{x}{\log x}}$. En 1960, Erdös établit la formule asymptotique

$$(3) \qquad A(x) = x(\log x)^{-\delta + o(1)}$$

avec

$$(4) \qquad \delta := 1 - \log(e \log 2)/\log 2 = 0,086071... \; .$$

Sa démonstration est facilement adaptable en une preuve de

$$(5) \qquad H(x,y,z) = x(\log x)^{-\delta + o(1)}$$

lorsque y et z sont des fonctions de x telles que $\log \log z/y = o(\log \log x)$ et $\log x = O(\log z)$. Une adaptation convenable de l'argument permet d'établir [16] que

$$(6) \qquad \lim_{x \to \infty} \frac{1}{x} H(x,y,2y) = (\log y)^{-\delta + o(1)} \; .$$

Outre les questions relatives aux ensembles de multiples, ces résultats ont déjà reçu des applications dans des branches variées de la théorie des nombres : représentation multiplicative des entiers [7], [8], valeur moyenne et mesure de répartition de fonctions arithmétiques [12], [17], [18], [19], [20].

Dans [17], nous avions déjà prouvé que la majoration

$$(7) \qquad \limsup_{x \to \infty} \frac{1}{x} H(x, x^\theta, x^{\theta(1+u)}) \ll_\varepsilon u^\delta (\log \frac{1}{u})^{-\frac{1}{2}+\varepsilon}$$

est valide, pour chaque $\varepsilon > 0$, uniformément lorsque (u, θ) parcourt $[0, \frac{1}{2}]^2$. Définissons, pour chaque entier n , une variable aléatoire D_n prenant les valeurs $(\log d)/(\log n)$, pour tous les diviseurs d de n , avec probabilité uniforme $1/\tau(n)$. On sait [2] qu'en moyenne D_n est distribuée selon la loi de l'Arcsinus de Paul Lévy ; plus précisément, on a pour x infini

$$(8) \qquad \sum_{n \leqslant x} \text{Prob}(D_n \leqslant \theta) = \frac{2}{\pi} x \, \text{Arcsin} \sqrt{\theta} + (\frac{x}{\sqrt{\log x}}) \ .$$

Uniformément pour $0 \leqslant \theta \leqslant 1$. La question du comportement "local" de D_n se pose donc naturellement, et, en particulier, celle de savoir si la loi de distribution de D_n est, pour presque tout n , proche de celle de l'Arcsinus. L'estimation (7) joue un rôle fondamental dans l'étude des D_n ; elle a notamment été utilisée de manière cruciale dans les démonstrations des résultats suivants :

(i)   Etant donnée une loi de probabilité λ sur $[0,1]$, toute suite $\mathscr{A}$ telle que la suite $(D_n)_{n \in \mathscr{A}}$ admette λ pour loi limite est de densité naturelle nulle [17].

(ii)   Pour tout couple (α, β) de $[0,1]^2$, la fonction arithmétique $n \longmapsto \text{Prob}(\alpha \leqslant D_n < \beta)$ possède une mesure de répartition dont le support est inclus dans l'ensemble des rationnels dyadiques [19].

(iii) La fonction arithmétique
$n \longmapsto (\log n)^{-1} \max|\log d'/d|$, où le maximum est pris sur l'ensemble des diviseurs consécutifs de n , possède une mesure de répartition continue ν , et, l'on a pour $0 \leqslant \alpha \leqslant \frac{1}{2}$ [20]

$$c\alpha(\log 1/\alpha)^{-1} \leqslant \nu([0,\alpha]) \leqslant c'\alpha \log 1/\alpha \ .$$

La continuité de ν en 0 , qui est également une conséquence directe de (7), a été prouvée et utilisée par Stewart dans un travail concernant les propriétés arithmétiques de certains polynômes cyclotomiques [15]. Nous pouvons démontrer les trois résultats suivants :

Théorème 1. Sous l'hypothèse

$$1 < 2y \ll z \ll \min(y^{3/2}, x^{1/2})$$ (9)

et, en définissant u par la relation $z = y^{1+u}$, on a

$$xu^{\delta} L_1(1/u) \ll H(x,y,z) \ll xu^{\delta} L_2(1/u)$$ (10)

où δ est défini par (4) et où L_1 et L_2 sont deux fonctions à variation lente, tendant vers 0 à l'infini, dont un choix possible est

$$L_1(v) = \exp\{-c_1 \sqrt{\log v . \log \log v}\}$$

$$L_2(v) = c_2 (\log v)^{-1/2} \log \log v .$$

De plus, dans le cas où $z = O(y)$, on peut omettre le facteur $\log \log v$ dans $L_2(v)$.

Théorème 2. Supposons que x , y , et z tendent vers l'infini de façon que $z-y \longrightarrow \infty$ et $z \ll \min(2y, \sqrt{x})$. En définissant η , $0 \ll \eta \ll 1$, par la relation $z = (1+\eta)y$, on a :

(i) s'il existe une fonction $\xi(y) \longrightarrow \infty$ telle que

$$\eta (\log y)^{\log 4 - 1} \exp\{\xi(y) \sqrt{\log \log y}\} = o(1)$$ (11)

alors

$$H(x,y,z) \sim \eta x$$

(ii) si $\gamma := (\log 1/\eta)(\log \log y)^{-1} \ll \log 4 - 1 + o(1)$,

alors

$$H(x,y,z) = x(\log y)^{-A((1+\gamma)/\log 2) + o(1)}$$

avec

$$A(v) := v \log v - v + 1 .$$

<u>Théorème</u> 3. Pour $1 \ll y \ll z \ll x$, on a

$$H(x,y,z) = x\left(1+O\left(\frac{\log y}{\log z}\right)\right) \ .$$

De plus, pour tout $\varepsilon > 0$, et, sous les conditions

$$y^\varepsilon z < x \ , \ \text{et,} \ y \gg y_o(\varepsilon)$$

on a aussi

$$x - H(x,y,z) \gg \varepsilon x \ \frac{\log y}{\log z} \ .$$

<u>Remarque</u>. La condition $z \ll \sqrt{x}$ intervenant dans les théorèmes 1 et 2 peut être relâchée en considérant la symétrie autour de $\sqrt{n}$ des diviseurs de n .
Le théorème 1 contient strictement tous les résultats antérieurs sur $H(x,y,z)$. Les deux améliorations essentielles qu'il contient sont l'uniformité en x , y , z du résultat, et, l'existence d'une minoration optimale quant à l'exposant de u – ce qui n'était connu que dans le cas des formules (5) et (6). Les théorèmes 2 et 3 complètent l'étude de la fonction $H(x,y,z)$ lorsque $z < 2y$ et $\log y = o(\log z)$ respectivement. Le point (i) du théorème 2 peut être interprété heuristiquement comme révélant une certaine indépendance des différentes conditions $n \equiv 0 \pmod{d}$, $y \ll d < z$, lorsque z est suffisamment proche de y .

Nous explicitons maintenant trois applications du théorème 1.

1. Dans $[6]$, Erdös et Hall ont établi une majoration de

$$\lim_{x \to \infty} \frac{1}{x} H(x,y,y \ \exp\{(\log y)^\alpha\})$$

pour $0 \ll \alpha < 1-\log 2$ afin de prouver que la densité naturelle de la suite des entiers n satisfaisant à

$$M(n,y) := \sum_{d|n,d\ll y} \mu(d) \neq 0$$

est $O((\log y)^{-\gamma_o})$ avec $\gamma_o = 1 - \frac{e}{2} \log 2 = 0,0579\ldots$. La fonction $M(n,y)$ intervient dans de nombreuses questions arithmétiques et notamment dans la méthode de Vaughan pour

majorer des formes bilinéaires de la Théorie des Nombres.
Voyons comment l'emploi du Théorème 1 permet d'obtenir l'amé-
lioration $\gamma_o = \delta$. Soit $m = \prod_{p \mid n} p$ le noyau de n et
$q = q(n)$ le plus petit facteur premier de n . On a

$$M(n,y) = M(m,y) = \sum_{\substack{d \mid m/q \\ d < y}} \mu(d) + \sum_{\substack{d \mid m/q \\ d < y/q}} \mu(qd)$$

$$= \sum_{\substack{d \mid m/q \\ y/q \leqslant d < y}} \mu(d) \ .$$

Ainsi, $M(n,y)$ n'est éventuellement non nul que si n possède un diviseur dans $[y/q,y[$. Quitte à négliger une suite
d'entiers de densité supérieure $\ll (\log y)^{-\alpha}$, on peut supposer que $q = q(n) < \exp\{(\log y)^{\alpha}\}$, d'où, par (10),

$$\mathrm{dens}\{n : M(n,y) \neq 0\} \ll (\log y)^{-\alpha} + (\log y)^{(\alpha-1)\delta} \ .$$

Le choix optimal est $\alpha = \delta/(1+\delta)$, ce qui améliore le résultat
d'Erdös et Hall mais est inférieur au résultat annoncé. En
fait, une modification très simple de la méthode employée
pour majorer

$$\lim_{x \to \infty} \frac{1}{x} H(x,y,z)$$

permet de montrer que, si $q < \exp\{(\log y)^{1-\varepsilon}\}$, on a

$$\mathrm{card}\{n \leqslant x : q(n) = q \ ; \ \exists d \mid n , \ y/q \leqslant d < y\}$$

$$\ll_{\varepsilon} \frac{x}{q} \frac{(\log q)^{\delta-1}}{(\log y)^{\delta}} \ .$$

La convergence de la série $\displaystyle\sum_{q \ \mathrm{premier}} q^{-1}(\log q)^{\delta-1}$ implique
alors le résultat annoncé.

2. Soit $1 = d_1 < d_2 < \ldots < d_\tau = n$ la suite des diviseurs consécutifs de n . Erdös a posé le problème de la valeur moyenne
de la fonction arithmétique

$$f(n) = \sum_{i=1}^{\tau(n)-1} \theta(d_i/d_{i+1})$$

où θ est une fonction suffisamment régulière sur $[0,1]$.
Désignons par $\varepsilon(n;y,z)$ la fonction caractéristique de la
suite des entiers n ayant au moins un diviseur d ,
$y \leqslant d < z$; on vérifie facilement que

$$f(n) = \theta(1)(\tau(n)-2) + \theta(\tfrac{1}{n}) - \int_1^n \int_1^n \varphi(y/z)\,\varepsilon(n;y,z)\,\frac{dy\;dz}{z^2}$$

où l'on a posé $\varphi(t) = \theta'(t) + t\theta''(t)$. Par sommation sur n ,
il vient donc

$$\sum_{n \leqslant x} f(n) = \theta(1)x\,\log x + O(x) + O(\int_1^x \int_1^x |\varphi(y/z)| \times$$

$$\times\ H(x,y,z)\,\frac{dy\;dz}{z^2})\ .$$

L'emploi du théorème 1 implique alors facilement la formule
asymptotique

$$\sum_{n \leqslant x} f(n) = \theta(1)x\,\log x + O(x(\log x)^{1-\delta}\,\frac{\log\,\log\,\log\,x}{\sqrt{\log\,\log\,x}})$$

avec la précision supplémentaire que l'exposant $1-\delta$ du
terme de reste est optimal dès que $\varphi(t)$ est de signe constant sur $[0,1]$.
Ce résultat est démontré en détail dans un travail en commun
avec P. Erdös, à paraître prochainement au Bulletin de la
Société Mathématique de France, intitulé "Sur les diviseurs
consécutifs d'un entier".
3. Nous avons établi dans $[17]$ que la suite des entiers n
ayant au moins un diviseur d , $n^{\lambda/t} \leqslant d < n^{1/t}$, possède,
pour tout couple (λ,t) de $[0,1] \times [1,+\infty[$, une densité
asymptotique $h(\lambda,t)$ satisfaisant à la majoration

$$h(1-u,t) \underset{\varepsilon}{\ll} u^\delta (\log\tfrac{1}{u})^{-\frac{1}{2}+\varepsilon}$$

pour $0 \leqslant u \leqslant \tfrac{1}{2}$ et $t \geqslant 2$, et, nous avons conjecturé l'opti-
malité de l'exposant δ figurant dans cette majoration. En
1979, dans un travail non publié effectué en commun avec
P. Erdös, nous avions obtenu une minoration de $h(1-u,t)$
avec un exposant de u sensiblement inférieur à 2δ .
L'inégalité (10) implique, pour $0 \leqslant u \leqslant \tfrac{1}{2}$ et $t \geqslant 2$, l'enca-
drement

$$u^{\delta} \, L_1(1/u) \ll h(1-u,t) \ll u^{\delta} \, L_2(1/u)$$

qui constitue la motivation initiale de ce travail.
Concluons en énonçant un problème ouvert dû à Erdös. Si
$\varepsilon(y,z)$ (resp. $\varepsilon'(y,z)$) désigne la densité asymptotique de
la suite des entiers ayant au moins un (resp. exactement un)
diviseur dans l'intervalle $[y,z[$, le théorème 2 montre que
pour $z < y + y(\log y)^{1-\log 4-\varepsilon}$, on a $\varepsilon(y,z) \sim \varepsilon'(y,z)$
lorsque $y \to \infty$. Est-il vrai que, pour
$z > y + y(\log y)^{1-\log 4+\varepsilon}$, on a $\varepsilon'(y,z) = o(\varepsilon(y,z))$
lorsque $y \to \infty$?

Bibliographie

[1] A.S. BESICOVITCH.- On the density of certain sequences
     of integers. Math. Annalen 110 (1934), 336-341.

[2] F. DRESS, J.-M. DESHOUILLERS et G. TENENBAUM.- Lois de
     répartition des diviseurs, 1. Acta Arithm. (4) 34
     (1979), 273-285.

[3] P. ERDÖS.- Note on the sequences of integers no one of
     which is divisible by any other. J. London Math.
     Soc. 10 (1935), 126-128.

[4] P. ERDÖS.- A generalization of a theorem of Besicovitch.
     J. London Math. Soc. 11 (1936), 92-98.

[5] P. ERDÖS.- Sur une inégalité asymptotique en théorie des
     nombres (en russe). Vestnik Leningrad Univ., Serija
     Mat. Mekh. i Astr. 13 (1960), 41-49.

[6] P. ERDÖS et R.R. HALL.- On the Möbius function. J. reine
     angew. Math., 315 (1980), 121-126.

[7] P. ERDÖS et C. POMERANCE.- Matching the natural numbers
     up to n with distinct multiples in another inter-
     val. Proc. Nederl. Akad. Wetensch, A 83 (2) (1980),
     147-161 et Indag. Math. 42 n° 2.

[8] P. ERDÖS et A. SZEMEREDI.- On multiplicative representa-
     tions of integers. J. Austral. Math. Soc. 21
     (Séries A) (1976), 418-427.

[9] G. HALÁSZ.- Remarks to my paper "On the distribution of
     additive and the mean values of multiplicative
     arithmetic functions". Acta Math. Acad. Scient.
     Hung. 23 (3-4), (1972), 425-432.

[10] H. HALBERSTAM et H.-E. RICHERT.- On a result of
     R.R. Hall. J. Number Theory (1) 11 (1979), 76-89.

[11] H. HALBERSTAM et K.F. ROTH.- Sequences. Oxford at the
     Clarendon Press (1966).

[12] C. HOOLEY.- On a new technique and its applications to
     the theory of numbers. Proc. London Math. Soc. (3)
     38 (1979), 115-151.

[13] K.K. NORTON.- On the number of restricted prime factors
     of an integer, I, Illinois J. Math. 20 (1976),
     681-705.

[14] K.K. NORTON.- Estimates for partial sums of the expo-
     nential series. J. of Math. Analysis and Applica-
     tions 63 (1) (1978), 265-296.

[15] C.L. STEWART.- On divisors of Fermat, Fibonacci, Lucas and Lehmer numbers. _Proc. of the London Math. Soc._ (3) 35 (1977), 425-447.

[16] G. TENENBAUM.- Sur la répartition des diviseurs. _Sém. Delange Pisot Poitou_ 17 (1975/76) n° G14, 5p.

[17] G. TENENBAUM.- Lois de répartition des diviseurs, 2. _Acta Arithm._ (1) 38 (1980), 1-36.

[18] G. TENENBAUM.- Lois de répartition des diviseurs, 3. _Acta Arithm._ (1) 39 (1981), 19-31.

[19] G. TENENBAUM.- Lois de répartition des diviseurs, 4. _Ann. Inst. Fourier_ (3) 29 (1979), 1-15.

[20] G. TENENBAUM.- Lois de répartition des diviseurs, 5. _J. London Math. Soc._ (2) 20 (1979), 165-176.

ON A CLASS OF G-FUNCTIONS

K. VÄÄNÄNEN

1 - <u>INTRODUCTION</u>

In his fundamental paper in 1929, C.L. Siegel [10] developed a method for proving the algebraic independence of the values of E-functions. Entire functions $g_1, \ldots, g_s$ are called E-functions if they are
of the form

$$g_i(z) = \sum_{\nu=0}^{\infty} a_{i\nu} z^{\nu} / \nu! \quad (i = 1, \ldots, s),$$

where the coefficients $a_{i\nu}$ belong to an algebraic number field K of
degree κ over Q and satisfy the conditions :

(i) $|\overline{a_{i\nu}}| \leq \gamma_1 Q_1$ $(i = 1, \ldots, s; \nu = 0, 1, \ldots)$ for some constants
γ_1 and Q_1,

(ii) there exists a sequence $\{q_n\}$, $q_n \in \mathbb{N}$, such that $q_n a_{i\nu} \in O_K$
(integers of K) $(i = 1, \ldots, s; \nu = 0, 1, \ldots, n)$ and
$q_n \leq \gamma_2 Q_2^n$ $(n = 0, 1, \ldots)$ for some constants γ_2 and Q_2.
(The assumptions on the coefficients $a_{i\nu}$ given by Siegel are slightly
less restrictive, but this definition suffices in all known applications). Siegel's method can be applied to $g_1, \ldots, g_s$ satisfying

$$(1) \qquad y_i' = q_{i0} + \sum_{j=1}^{s} q_{ij} y_j \quad (i = 1, \ldots, s),$$

where all $q_{ij} \in K(z)$. Following the generalization of Siegel's method
by Shidlovskii [9], we now know that the algebraic independence (over
$C(z)$) of the E-functions $g_1, \ldots, g_s$ implies the algebraic independence (over Q) of the values of these functions at every algebraic
point $\alpha \neq 0$ and different from the poles of q_{ij}.

It is natural to ask whether Siegel's method could also be used to
examine functions other than E-functions. Siegel [10] mentions the pos-

313

sibility of using it in the consideration of the arithmetic properties of the values of G-functions and gives some examples of the irrationality results that could be obtained. By G-functions he means functions $g_1, \ldots, g_s$ of the form

$$g_i(z) = \sum_{\nu=0}^{\infty} a_{i\nu} z^{\nu} \quad (i = 1, \ldots, s),$$

where the coefficients $a_{i\nu} \in K$ and satisfy the conditions (i) and (ii) given above. It can be shown that the sum and product of G-functions are also G-functions, and similarly that derivation and substitution $z \to \lambda z$ with algebraic λ again gives G-functions. To be able to apply Siegel's method we also have to assume that the set $g_1, \ldots, g_s$ forms a solution to (1).

Nurmagomedov [7], [8] considered these Siegel G-functions, but did not obtain irrationality results. The reason for this was that the construction of the approximation forms in Siegel's method leads one into difficulties with the growth of the denominators of the coefficients. This drawback was already pointed out by Siegel. Galochkin [5] then introduced a further condition for the system (1), which enables him to observe that the function values $g_1(\alpha), \ldots, g_s(\alpha)$ at certain special points α do not satisfy a polynomial equation of bounded degree (over K). We shall now give a result generalizing Galochkin's considerations, but before this it would be good to mention the two main recent developments concerning G-functions. Firstly Bombieri [2] uses the results of Dwork and Robba on p-adic differential equations together with Siegel's method and in this way reaches important general theorems containing the statement of Siegel on the irrationality of the values of abelian integrals, for instance. Secondly the Padé approximation considerations of Chudnovsky [3], [4] give interesting results on the linear independence of the values of G-functions, e.g. on the values of generalized hypergeometric functions.

2 - MAIN RESULT

We now give the extra condition for the system (1) introduced by Galochkin [5]. By (1) we obtain

$$y_i^{(1)} = q_{i01} + \sum_{j=1}^{s} q_{ij1} y_j \quad (i = 1, \ldots, s; \ 1 = 0, 1, \ldots),$$

where $q_{ij1} \in K(z)$. Assume now that the following condition is satisfied:

(iii) (Galochkin's condition) there exist a sequence $\{d_n\}$, $d_n \in \mathbb{N}$, and a polynomial $T \in O_K[z]$ ($\neq 0$) such that $d_n \leq \gamma_3 Q_3^n$ ($n = 0,1,\ldots$) for some constants γ_3 and Q_3, and such that all the functions

$$d_n T^l q_{ijl}/l! \in O_K[z] \quad (l = 0, 1,\ldots, n).$$

We say that the G-functions

$$g_i(z) = \sum_{\nu=0}^{\infty} a_{i\nu} z^{\nu} \quad (i = 1,\ldots, s)$$

belong to the class $G(K; \gamma_1, Q_1, \gamma_2, Q_2, \gamma_3, Q_3)$, if the conditions (i), (ii) and (iii) are satisfied. This will be assumed in the following. Furthermore, we assume that the functions $g_1,\ldots, g_s$ are algebraically independent over $C(z)$. We then have the following theorem.

Theorem. Let $\tau\ (\geq \kappa)$ and N be given natural numbers. There exists a positive constant $c = c(g_i,(1))$ such that if θ is an algebraic number of height $h(\theta) \leq h\ (\geq e^e)$ satisfying

$$[K(\theta) : Q] \leq \tau, \quad \theta T(\theta) \neq 0, \quad \log h \geq (\max\{2,N\})^{2s} \log\log h,$$

$$|\theta| < \exp\{- c\tau N (\log h)^{(2s-1)/(2s)} (\log\log h)^{1/(2s)}\},$$

then, for any polynomial $0 \neq P \in O_K[x_1,\ldots, x_s]$ of degree $\leq N$ and $|\bar{P}| \leq H$, we have

$$|P(g_1(\theta),\ldots, g_s(\theta))| > C \exp\{- \lambda\tau (\log h /\log\log h)^{1/2} \log H\},$$

where $\lambda = \lambda(g_i,(1)) > 0$ is a constant and $C > 0$ is a constant independent on H. (By $|\bar{P}|$ we mean the maximum of the absolute values of the conjugates of all the coefficients of P).

Unfortunately the bound for $|\theta|$ depends on N, so that one cannot get transcendence results. We note that Galochkin [5] considers the case, where $\theta = 1/q$ and q is a large enough natural number. The constants c and λ can be effectively determined, but the constant C is in general ineffective.

In the applications we encounter non-trivial difficulties with the condition (iii). Our result can, for example, be applied to the functions $g_i(z) = \log(1 + \alpha_i z)$, where $\alpha_i \neq 0$ ($i = 1,\ldots, s$) are distinct algebraic numbers, or to the so-called polylogarithms

$$g_i(z) = \sum_{n=1}^{\infty} z^n/n^i \quad (i = 1,\ldots, s).$$

We next take $s = 2$ and define $g_1(z) = F(z)$, $g_2(z) = F'(z)$, where F is the hypergeometric function

$$F(z) = F(\alpha, \beta, \gamma; z) = \sum_{n=0}^{\infty} \frac{(\alpha)_n (\beta)_n}{n! \, (\gamma)_n} z^n \, ,$$

$$(x)_0 = 1, \ (x)_n = x(x+1)\ldots(x+n-1) \ (n = 1, 2,\ldots).$$

It is proved in [1] that if $\alpha, \beta, \gamma \in Q$, $\gamma \neq 0, -1,\ldots;$ $\alpha, \beta, \gamma-\alpha, \gamma-\beta \notin Z$ and F is not an algebraic function, then our theorem can be applied to the functions g_1 and g_2. In fact, we have a slightly better bound $|\theta| < \exp\{-c\tau N(\log h)^{3/4}\}$ in the case $F = F(1/2,1/2,1;z)$ (see [6], [11]). Note, in this case, that the transcendency of the values of F at algebraic points follows from Schneider's results on the periods of elliptic functions (see also [4], Corollary 6.4).

3 - SKETCH OF THE PROOF

Here we briefly sketch the proof of the theorem, for the details we refer to [11].

Let

$$G_1(z) \equiv 1, \ G_2(z),\ldots, G_m(z), \ m = \binom{M+s}{s},$$

denote the power-products

$$g_1^{i_1}(z)\ldots g_s^{i_s}(z), \ i_1 + \ldots + i_s \leq M \ (\geq N), \ M \in \mathbb{N}.$$

It follows from (1) that the functions G_i satisfy a homogeneous system of differential equations

$$y_i' = \sum_{j=1}^{m} Q_{ij} y_j \quad (i = 1,\ldots, m),$$

where $Q_{ij} \in K(z)$. This implies

$$y_i^{(1)} = \sum_{j=1}^{m} Q_{ijl} y_j \quad (i = 1,\ldots, m; \ l = 0, 1,\ldots)$$

with $Q_{ij1} \in K(z)$. It is important that one obtains the result that the functions G_i belong to the class

$$G(K; (2\gamma_1)^M, 2Q_1, \gamma_2^M, Q_2^{1+\log M}, \gamma_3^M, Q_3^{1+\log M})$$

with the same polynomial T as with the functions g_i.

Next, for each $n \in \mathbb{N}$, Siegel's lemma implies the existence of m polynomials $P_j \in O_K[z]$, not all $\equiv 0$, of degree $\leq 2n - 1$, such that

$$R(z) = \sum_{j=1}^{m} P_j G_j = \sum_{\nu=\Omega}^{\infty} a_\nu z^\nu, \quad \Omega = 2mn - [n/2] - 1,$$

where

$$|\overline{P_j}| \leq (n.t.l.),$$

$$|R(z)| \leq (n.t.l.)|z|^\Omega \text{ for all } |z| < (2\bar{Q}_1)^{-1}, \ \bar{Q}_1 = \max\{1, 2Q_1\}$$

(here the notation "not too large" $= (n.t.l.)$ means a quantity of the form $D^{m^2 n(1+\log M)}$ with some constant $D = D(g_i,(1)) \geq 1$). Further linear forms are constructed by differentiating,

$$R_0(z) = R(z), \ R_k(z) = d_k T^k(z) R^{(k)}(z)/k! \ (k = 1, 2, \ldots).$$

These are of the form

$$R_k(z) = \sum_{j=1}^{m} P_{kj} G_j \ (k = 0, 1, \ldots),$$

where $P_{kj} \in O_K[z]$ (condition (iii)). The classical use of the Siegel-Shidlovskii theory then gives m linear forms

$$r_i(\theta) = \sum_{j=1}^{m} P_{ij} G_j(\theta) \ (i = 1, \ldots, m)$$

satisfying the following lemma.

<u>Lemma</u>. If $n > E = E(g_i,(1),M)$ is a natural number and θ is an algebraic number of height $h(\theta) \leq h$ satisfying $\theta T(\theta) \neq 0$, $|\theta| < (2\bar{Q}_1)^{-1}$, then the following conditions are valid :

(I) $\det(p_{ij}) \neq 0$, $p_{ij} \in O_{K(\theta)}$,

(II) $|\overline{p_{ij}}| \leq (n.t.l.)h^{(3+d/2)n}$, $d = \max\{\deg T, \deg Tq_{ij}\}$,

(III) $|r_i(\theta)| \leq (n.t.l.)h^{(3+d/2)n}|\theta|^{2(m-1)n}$.

Let P now be as in the theorem and denote the linear forms

$$g_1^{j_1}(z)\ldots g_s^{j_s}(z)P(g_1(z),\ldots, g_s(z)), \quad j_1 + \ldots + j_s \leq M - N,$$

by

$$L_i(z) = \sum_{j=1}^{m} a_{ij}G_j(z) \quad (i = 1, 2,\ldots, v, \ v = \binom{M-N+s}{s})),$$

$$a_{ij} \in O_K, \quad |\overline{a_{ij}}| \leq H.$$

By the lemma there exist $w = m - v$ linear forms r_i, say $r_1,\ldots,r_w$, such that these and the linear forms $L_i(\theta)$ are linearly independent. Their determinant $\Delta \in O_{K(\theta)}$ satisfies :

$$\Delta = \begin{vmatrix} a_{11} & \cdots & a_{1m} \\ \cdot & \cdots & \cdot \\ a_{v1} & \cdots & a_{vm} \\ p_{11} & \cdots & p_{1m} \\ \cdot & \cdots & \cdot \\ p_{w1} & \cdots & p_{wm} \end{vmatrix} = \begin{vmatrix} L_1(\theta) & a_{12} & \cdots & a_{1m} \\ \cdot & \cdot & \cdots & \cdot \\ L_v(\theta) & a_{v2} & \cdots & a_{vm} \\ r_1(\theta) & p_{12} & \cdots & p_{1m} \\ \cdot & \cdot & \cdots & \cdot \\ r_w(\theta) & p_{w2} & \cdots & p_{wm} \end{vmatrix} \neq 0.$$

The above expression for Δ and the lemma enables us to estimate $|\Delta|$ and $|\overline{\Delta}|$, and this leads immediately to the estimates

$$1 \leq |N(\Delta)| \leq$$

$$(n.t.l.)^{\tau w}h^{(3+d/2)n\tau w}H^{\tau v}\{\max\{|L_i(\theta)|\}/H + |\theta|^{2(m-1)n}\} \equiv S_1 + S_2.$$

Now we see, by choosing the parameters M and n in a suitable way, that there exists a constant c such that $S_2 < 1/2$ if θ satisfies the conditions given in the theorem. This implies $S_1 > 1/2$, which leads to a lower bound for $|P|$, thus proving our result.

BIBLIOGRAPHY

[1] BEUKERS F.,MATALA-AHO T.,VÄÄNÄNEN K.,   Remarks on the arithmetic
     properties of the values of hypergeometric functions, to appear in
     Acta Arith..

[2] BOMBIERI E. On G-functions, Recent progress in analytic number
     theory, Symp. Durham 1979, Vol. 2, 1-67 (1981).

[3] CHUDNOVSKY G.-V. Transcendental Numbers, Lecture Notes in Mathe-
     matics 751, 45-69 (1979).

[4] CHUDNOVSKY G.-V. Padé approximations to the generalized hypergeome-
     tric functions I, J. Math. pures et Appl. 58, 445-476 (1979).

[5] GALOCHKIN A.-I. Lower bounds for polynomials of the values of the
     class of analytic functions, Mat. Sb. 95 (137), N° 3, 396-417 (1974).

[6] MATALA-AHO T. VÄÄNÄNEN K. On the arithmetic properties of certain
     values of one Gauss hypergeometric function, Acta Univ. Oulu, Ser.
     A, Math. N° 24 (1981).

[7] NURMAGOMEDOV M.-S. Arithmetic properties of a class of analytic
     functions, Mat. Sb. 86 (127), N° 3, 339-365 (1971).

[8] NURMAGOMEDOV M.-S. The arithmetic properties of the values of G-
     functions, Vestnik Moscov. Univ. Ser. I, Mat. Meh. 26, N° 6, 79-86
     (1971).

[9] SHIDLOVSKII A.-B. On a criterion for algebraic independence of the
     values of a class of integral functions, Izv. Akad. Nauk SSSR, Ser.
     Mat. 23, 35-66 (1959).

[10] SIEGEL C.-L. Uber einige Anwendungen diophantischer Approximationen,
     Abh. Preuss. Akad. Wiss., Phys.-Math. Kl. Nr. 1 (1929).

[11] VÄÄNÄNEN K. On a class of G-functions, Mathematics, Univ. of Oulu,
     N° 1 (1981).

QUELQUES REMARQUES SUR LA CONJECTURE $\lambda_1 \geqq 1/4$

Marie-France VIGNERAS

Il n'est pas question de démontrer cette conjecture, mais de tra-
duire dans un langage classique des résultats récents de la théorie des
formes automorphes.

I - Soit M une variété riemannienne compacte, Δ le laplacien associé
à sa métrique, opérant sur le sous-espace dense des fonctions C^∞ de
$L^2(M)$, et Spec (M) le spectre de M, c'est-à-dire l'ensemble des valeurs
propres, avec multiplicités, de Δ dans $L^2(M)$. Toute valeur propre est
positive ou nulle, le spectre est discret, les multiplicités sont finies.
On se demande quelle est la première valeur propre non nulle λ_1.

Soit M une surface de Riemann compacte de genre $g > 1$. D'après
le théorème d'uniformisation, $M = \Gamma H$ où H est le demi-plan supérieur
muni de la métrique hyperbolique, Γ un sous-groupe discret, cocompact,
de $SL(2,R)$, et opère par homographies sur H. On généralise la situation au cas où Γ n'est plus cocompact, mais de covolume fini dans
$SL(2,R)$. Le spectre du laplacien hyperbolique

$$\Delta = -y^2\left(\frac{\partial^2}{\partial x^2} + \frac{\partial^2}{\partial y^2}\right)$$

n'est plus discret, mais l'on a une décomposition en partie discrète et
continue, et l'on s'intéresse à la partie discrète, et à sa première valeur propre non nulle λ_1. Selberg [S. 1965] a fait la conjecture suivan-

te, intéressante tant du point de vue de la théorie des nombres, que de celui de la théorie des formes automorphes ou de la géométrie différentielle.

__CONJECTURE__. Si $\Gamma = \Gamma(N) = \{ \begin{pmatrix} a & b \\ c & d \end{pmatrix} \in SL(2,\mathbb{Z}), \begin{pmatrix} a & b \\ c & d \end{pmatrix} \in 1 + N\, M(2,\mathbb{Z}) \}$, alors $\lambda_1 \geq 1/4$.

Selberg annonce simultanément la minoration

$$\lambda_1 \geq 3/16$$

résultant d'une estimation de Weil des sommes de Kloostermann (une démonstration pour $\Gamma_0(N) = \{ \begin{pmatrix} a & b \\ c & d \end{pmatrix} \in SL(2,\mathbb{Z}), N|c \}$ est donnée dans Deshouillers et Iwaniec [D.I.]). Depuis 1965, aucune amélioration de cette minoration n'a été obtenue ! La théorie des formes automorphes en fournit une autre démonstration.

On se propose de donner (§ VI) :

1) La démonstration de la minoration $\lambda_1 \geq 3/16$, déduite du théorème de passage de $GL(2)$ à $GL(3)$ de Gelbart et Jacquet [G.J.].

2) Des exemples où $\lambda = 1/4$ montrant ainsi que $1/4$ est la meilleure valeur possible, déduits du théorème de passage de G' à $GL(2)$ de Gelbart [G.] où G' est le groupe multiplicatif d'une extension quadratique.

3) Des exemples de suites (X_n) de surfaces de Riemann compactes, dont le genre tend vers l'infini, et telles que $\lambda_1(X_n) \geq 3/16$, et conjecturalement $\lambda_1(X_n) \geq 1/4$. Ceci répond à une question posée par Buser [B.] et se déduit du théorème de passage de D^X à $GL(2)$ de Jacquet-Langlands [J.L.], où D^* est le groupe multiplicatif d'une algèbre de quaternions sur $\mathbb{Q}$.

4) La généralisation de 1), 2), 3) aux dimensions supérieures. Ceci ne pose pas de problèmes puisque les résultats de la théorie des formes automorphes restent valables si le corps de base $\mathbb{Q}$ est remplacé par un

corps de nombres quelconque.

On a une conjecture analogue à la conjecture de Selberg, portant sur les coefficients de Fourier des fonctions propres pour le laplacien Δ. On se place dans un espace de fonctions, apparemment plus général $L^2(\Gamma_o(N) \backslash H, \chi)$, en utilisant les remarques suivantes ([Sh.] 3.53 p. 86 et 3.58 p. 87) :

- le groupe

$$\Gamma_{oo}(N) = \{ (\begin{smallmatrix} a & b \\ c & d \end{smallmatrix}) \in SL(2,\mathbb{Z}), \ N|c \ \text{ et } \ N|b \}$$

est conjugué au groupe $\Gamma_o(N^2)$

$$\sigma^{-1}\Gamma_{oo}(N)\sigma = \Gamma_o(N^2) \quad \text{si} \quad \sigma = (\begin{smallmatrix} N & 0 \\ 0 & 1 \end{smallmatrix})$$

- le groupe quotient $\Gamma_{oo}(N) / \Gamma(N)$ est isomorphe à $(\mathbb{Z}/N\mathbb{Z})^{\times}$

Si χ est un caractère de Γ, on note $L^2(\Gamma \backslash H, \chi)$ l'ensemble des fonctions f sur H vérifiant $f(\gamma h) = \chi(\gamma) \, f(h)$, $\gamma \in \Gamma$, $h \in H$, et de carré $|f|^2 \in L^1(\Gamma \backslash H)$. On a donc une décomposition :

$$L^2(\Gamma(N) \backslash H) = \bigoplus_{\chi} L^2(\Gamma_o(N^2) \backslash H, \chi)$$

où χ parcourt l'ensemble des caractères de Dirichlet mod N, induisant des caractères de $\Gamma_o(N)$, donc de $\Gamma_o(N^2)$, en posant $\chi(\begin{smallmatrix} a & b \\ c & d \end{smallmatrix}) = \chi(d)$. Seuls les caractères pairs : $\chi(-1) = 1$ donnent un espace $L^2(., \chi)$ non nul.

Soit $f \in L^2(\Gamma_o(N) \backslash H, \chi)$ avec $\Delta f = \lambda f$. On normalise le <u>développement en série de Fourier</u> par rapport à x, en posant

$$f(z) = y^{1/2} \sum_{n \in \mathbb{Z}} a(n) \, K_{ir}(2\pi|n|y) \exp(2i\pi nx) \ , \ r = \sqrt{\lambda - 1/4}$$

et $K_s = K_{-s}$ est la fonction de Bessel modifiée, solution de l'équation différentielle

$$z^2 \frac{d^2w}{dz^2} + z \frac{dw}{dz} - (z^2 + s^2)w = 0$$

asymptotiquement équivalente quand $z \to \infty$ à

$$K_s(z) \sim \sqrt{\pi/2z}\ e^{-z} \ , \ |\text{Arg } z| < \pi$$

(références : [M.] (18), (19), (69) et [A.St.] (9.6.1.) p. 374, (9.7.2.) p. 378).

On dit que f est __parabolique__ si le terme constant dans le développement de Fourier de $f(\gamma z)$ est nul pour tout $\gamma \in SL(2,\mathbb{Z})$. On note $L_o^2(..)$ l'ensemble des formes paraboliques. L'__opérateur de Hecke__ $T(n)$, $n > 0$, $(n,N) = 1$ est défini par :

$$T(n)\ f(z) = n^{-1/2} \sum_{\substack{ad=n \\ a>0 \\ b \bmod d}} f(\tfrac{az+b}{d})\chi(a) \ , \qquad f \in L^2(\Gamma_o(N) \setminus H, \chi) \ .$$

On vérifie facilement

$$T(m)\ T(n) = T(n)\ T(m) = \sum_{d|(m,n)} \chi(d)\ T(mn/d^2)$$

On définit l'opérateur $T(-1)$:

$$T(-1)\ f(z) = f(-\bar{z})$$

Les opérateurs Δ, $T(-1)$, $T(n)$ $n > 0$ $(n,N) = 1$ sont hermitiens, commutent entre eux. Il existe une base (infinie) de $L_o^2(\Gamma_o(N) \setminus H, \chi)$ formée de fonctions propres pour tous ces opérateurs. Soit f l'une d'elles :

$$\Delta\ f = \lambda f$$

$$T(n)\ f = \lambda(n)\ f \ , \ n > 0 \ , \ (n,N) = 1$$

$$T(-1)\ f = \varepsilon f \ , \ \varepsilon = \mp 1$$

La normalisation des opérateurs $T(n)$ a été faite de sorte que les coefficients vérifient

$$a(p) = \lambda(p)\, a(1) \quad (p,N) = 1 \ , \ p \text{ premier,}$$

$$a(-n) = \varepsilon\, a(n)$$

$$a(m)\, a(n) = \sum_{d\,|\,(m,n)} \chi(d)\, a(mn/d^2) \ , \ m > 0 \ , \ n > 0 \ , \text{ premiers à } N.$$

On normalise f en posant $a(1) = 1$. C'est avec ces normalisations que l'on a la

<u>CONJECTURE</u>. Pour f comme ci-dessus, on a $|a(p)| \leqq 2$, pour p premier, $p\,|\,N$.

La théorie des représentations montre que cette conjecture et la conjecture de Selberg sont les deux volets d'une même conjecture appelée <u>conjecture de Petersson</u> (Satake [Sa.] p. 261-262, et le § VI de ce texte).

On se propose de démontrer, simultanément avec les résultats 1) à 4) :

1°) la démonstration de la minoration $|\dot a(p)| \leqq 2p^{1/4}$ [*];

2°) des exemples où $\lambda = 1/4$ et $a(p) = 2$ pour un ensemble fini, donné à l'avance, de nombres premiers p.

Les notes qui suivent ont été déjà exposées à l'Université de Bordeaux 1. Leur rédaction a bénéficiée des remarques de J.M. Deshouillers et de J.-P. Serre. Je remercie spécialement L. Clozel et T. Knapp pour m'avoir expliqué le cas archimédien ([C.], [Kn.]).

II - <u>Classification des représentations irréductibles unitaires non ramifiées de</u> $GL(2,\mathbb{R})$ <u>et</u> $GL(2,\mathbb{C})$.

On la trouvera par exemple dans Jacquet-Langlands ([J.L.] p. 166 et p. 122) ou dans Wallach ([W.] p. 80 à 85). On se limite à rappeler les résultats qui nous seront utiles. Soit $K = \mathbb{R}$ ou $\mathbb{C}$ et $G = GL(2,K)$. Un quasi-caractère χ de $K^{\cdot}$ s'écrit

$$\chi(x) = |x|^{s-m}\, x^m \ , \ x \in K^{\cdot} = \mathbb{R}^{\cdot} \ , \ s \in \mathbb{C} \ , \ m \in \{0,1\}$$

$$\chi(z) = (z\bar z)^{s-m/2}\, z^m \ , \ z \in K^{\cdot} = \mathbb{C}^{\cdot} \ , \ s \in \mathbb{C} \ , \ m \in \mathbb{Z}.$$

Le sous-groupe compact maximal standard de G est

$$\underline{K} = O(2,\mathbb{R}) \quad \text{si} \quad K = \mathbb{R}$$

$$\underline{K} = U(2,\mathbb{C}) \quad \text{si} \quad K = \mathbb{C}$$

Soit B le sous-groupe des matrices triangulaires supérieures de GL(2,K). Un quasi-caractère χ de B prenant la valeur 1 sur les unipotents s'écrit

$$\chi\begin{pmatrix} a & n \\ o & b \end{pmatrix} = \chi_1(a)\,\chi_2(b)$$

où χ_1, χ_2 sont deux quasi-caractères de K .

Soit $I(\chi_1,\chi_2)$ la représentation induite unitairement de B à G, définie de sorte que si χ_1, χ_2 sont unitaires alors $I(\chi_1,\chi_2)$ est unitaire. L'espace de $I(\chi_1,\chi_2)$ est l'ensemble des fonctions f définies sur G, telles que la restriction $f|_K \in L^2(K)$ et qui vérifient l'équation fonctionnelle à gauche

$$f\left(\begin{pmatrix} a & n \\ o & b \end{pmatrix}g\right) = \chi_1(a)\,\chi_2(b)\,\left\|\frac{a}{b}\right\|^{1/2}\,f(g)$$

où $\| \cdot \|$ est le module de K.

$\| x \| = |x|$ et $\| z \| = z\bar{z}$, selon que K = $\mathbb{R}$ ou $\mathbb{C}$

Le groupe G opère par translation à droite. Soit $\underline{g}$ l'algèbre de Lie du groupe réel G et $\underline{g}_{\mathbb{C}}$ sa complexification.

$$\underline{g}_{\mathbb{C}} \cong M(2,\mathbb{C}) \quad \text{si} \quad K = \mathbb{R}$$

$$\underline{g}_{\mathbb{C}} \cong M(2,\mathbb{C}) + M(2,\mathbb{C}) \quad \text{si} \quad K = \mathbb{C}$$

et $\underline{g}$ est l'ensemble des éléments de $\underline{g}_{\mathbb{C}}$ de la forme $X + \bar{X}$.

Le centre $\underline{z}$ de l'algèbre enveloppante de $\underline{g}_{\mathbb{C}}$ est engendré par la matrices

$$D = -(Z^2 + 2(X_-X_+ + X_+X_-))/4,\ J,\ \text{si}\ K = \mathbb{R}$$

$$D \oplus 1, \ 1 \oplus D, \ J \oplus 1, \ 1 \oplus J, \quad \text{si } K = \mathbb{C}$$

où

$$X_+ = \begin{pmatrix} 0 & 1 \\ 0 & 0 \end{pmatrix}, \ X_- = \begin{pmatrix} 0 & 0 \\ 1 & 0 \end{pmatrix}, \ Z = \begin{pmatrix} 1 & 0 \\ 0 & -1 \end{pmatrix}, \ J = \begin{pmatrix} 1 & 0 \\ 0 & 1 \end{pmatrix}.$$

L'opérateur de Casimir est égal à D. Il est contenu dans $\underline{g}$. Il opère dans l'espace de $I(\chi_1,\chi_2)$ par un scalaire λ facile à calculer. Pour $H \in \underline{g}$, l'action de H sur f est par définition

$$H * f(g) = \frac{d}{dt} f(g \exp t H)\big|_{t=0}.$$

On voit facilement que

$$\exp (tX_+) = \begin{pmatrix} 1 & 1+t \\ 0 & 1 \end{pmatrix} \quad \exp (tZ) = \begin{pmatrix} e^t & 0 \\ 0 & e^{-t} \end{pmatrix}$$

donc on a

$$X_+ * f(1) = 0, \ Z * f(1) = \begin{cases} s+1 & , \ K = \mathbb{R} \\ 2(s+1), & K = \mathbb{C} \end{cases}$$

si l'on pose $s = s_1 - s_2$. Comme D est aussi donné par l'expression,

$$D = -(Z^2 - 2Z + 2X_+ X_-)/4$$

on vérifie sans peine que $D * f(1) = \lambda f(1)$ avec

$$-\lambda = \begin{cases} (s^2-1)/4, & K = \mathbb{R} \\ s^2-1 & K = \mathbb{C} \end{cases}$$

le théorème principal de classification est le suivant.

<u>Théorème</u> : <u>On suppose</u> $\mathrm{Re}(s) \leqq 0$.

1) $I(\chi_1,\chi_2)$ <u>admet un unique quotient non nul irréductible, que l'on notera</u> π_{χ_1,χ_2}.

2) π_{χ_1,χ_2} <u>est différent de</u> $I(\chi_1,\chi_2)$ <u>si et seulement si</u>

$$s = -k-1, \ k \geqq 0, \ m_1 + m_2 = k \bmod 2, \ k \in \mathbb{N} \text{ si } K = \mathbb{R}$$

$$s = -k-1, \quad k \geq 0, \quad |m_1 - m_2| \leq k, \quad 2k \in \mathbb{N}, \quad \text{si} \quad K = \mathbb{C} .$$

3) π_{χ_1,χ_2} <u>est unitaire si et seulement si</u> $I(\chi_1,\chi_2)$ <u>est unitaire.</u>

<u>Liste des représentations irréductibles unitaires</u> π_{χ_1,χ_2} :

a) la série principale unitaire π_{χ_1,χ_2} avec $s_1, s_2 \in i\mathbb{R}$

b) la série complémentaire π_{χ_1,χ_2} avec $s_1 + s_2 \in i\mathbb{R}$, $m_1 = m_2$, $-1 \leq s < 0$.[(*)]

On remarquera

1) les représentations irréductibles π_{χ_1,χ_2} admettant un vecteur $\underline{K}$ - invariant (par définition, non ramifiées) sont celles vérifiant la condition $m_1 = m_2 = 0$. La dimension de l'espace des vecteurs $\underline{K}$ -invariants est alors égale à 1.

2) $s = -1$ est la première valeur de s telle que $I(\chi_1,\chi_2)$ cesse d'être irréductible. C'est aussi la borne pour la série complémentaire.

3) la valeur propre de l'opérateur de Casimir sur π_{χ_1,χ_2} est égale à

$$\lambda = \left\{ \begin{array}{ll} (1-s^2)/4 & , \quad K = \mathbb{R} \\ (1-s^2) & , \quad K = \mathbb{C} \end{array} \right.$$

On a donc

$$\lambda \geq \left\{ \begin{array}{ll} 1/4, & K = \mathbb{R} \\ 1, & K = \mathbb{C} \end{array} \right.$$

si et seulement si π_{χ_1,χ_2} est dans la série principale.

III - <u>Généralisation à</u> $GL(n)$. <u>Passage de</u> $GL(2)$ <u>à</u> $GL(n)$.

Pour tout $n \geq 2$, et tout n - uple $(\chi_1,\chi_2,\ldots)$ de quasi-caractères de $K^{\cdot}$, on définit de façon analogue une représentation unitairement induite $I(\chi_1,\chi_2,\ldots)$, admettant un unique quotient non nul irréductible ne dépendant pas de l'ordre de $\chi_1,\chi_2,\ldots$ si $\mathrm{Re}(s_1) \leq \mathrm{Re}(s_2) \leq \ldots$, que l'on note $\pi_{\chi_1,\chi_2,\ldots}$. La liste des représentations irréductibles unitaires $\pi_{\chi_1,\chi_2,\ldots}$ comporte

a) la série principale unitaire : $s_1, s_2, \ldots \in i\mathbb{R}$

b) l'ensemble des autres, formant ce que l'on appelle la série complémentaire[(*)].

La série complémentaire est connue pour $n = 3,4$ [Sp.] mais je ne crois pas qu'on la connaisse si $n \geq 5$.

La représentation symétrique

$$\mathrm{Sym}^n : GL(2) \to GL(n+1)$$

"induit" une application

$$\mathrm{Sym}^n(\pi_{\chi_1, \chi_2}) = \pi_{\chi_1^n, \chi_1^{n-1}\chi_2, \ldots}$$

respectant la série principale unitaire. Mais, l'image de la série complémentaire de $GL(2)$ n'est pas contenue dans celle de $GL(n)$. Ce point est fondamental dans la démonstration de la minoration $\lambda \geq 3/16$, par la théorie des formes automorphes.

La valeur $s = -1/n$ est la première valeur de s telle que $\mathrm{Sym}^n(I(\chi_1, \chi_2)) = I(\chi_1^n, \chi^{n-1}, \chi_2, \ldots)$ n'est pas irréductible. Pour $-1/n < s < 0$, il est clair en utilisant la transitivité de l'induction que $\mathrm{Sym}^n(I(\chi_1, \chi_2))$ donc $\mathrm{Sym}^n(\pi_{\chi_1, \chi_2})$ est unitaire. Pour $s = -1/n$, $\mathrm{Sym}^n(I(\chi_1, \chi_2))$ n'est pas unitaire, sinon $\mathrm{Sym}^n(\pi_{\chi_1, \chi_2})$ serait facteur direct dans $\mathrm{Sym}^n(I(\chi_1, \chi_2))$, or $\mathrm{Sym}^n(\pi_{\chi_1, \chi_2})$ est l'unique quotient de $\mathrm{Sym}^n(I(\chi_1, \chi_2))$. Knapp [Kn.] m'a dit que par continuité (voir Kostant [Ko.]), pour $s = -1/n$, $\mathrm{Sym}^n(\pi_{\chi_1, \chi_2})$ est unitaire, et que pour $s = -1/m$, $2 \leq m \leq n$, on peut voir facilement que $\mathrm{Sym}^n(\pi_{\chi_1, \chi_2})$ est unitaire en utilisant la transivité de l'induction et les représentations unitaires de Stein [St.]. On conjecture que l'on a décrit ainsi toutes les représentations $\mathrm{Sym}^n(I(\chi_1, \chi_2))$ et $\mathrm{Sym}^n(\pi_{\chi_1, \chi_2})$ qui sont unitaires. Pour $n=2$, c'est connu [C.], [Sp.]. On a donc nécessairement

$$-1/2 \leq s < 0, \quad \text{donc} \quad \lambda \geq \begin{cases} 3/16 & \text{si } K = \mathbb{R} \\ 3/4 & \text{si } K = \mathbb{C} \end{cases} \; !$$

Pour $n = 3$, les résultats de Speh [Sp.] permettent peut-être de le montrer. Pour n quelconque, je ne sais pas si les résultats récents, et non publiés, de Enright le démontrent.

PROPOSITION.

1) Si π_{χ_1, χ_2} appartient à la série principale unitaire, alors $\mathrm{Sym}^n(I(\chi_1, \chi_2))$ et $\mathrm{Sym}^n(\pi_{\chi_1, \chi_2})$ sont unitaires pour tout n.

2) Si π_{χ_1, χ_2} appartient à la série complémentaire, alors $\mathrm{Sym}^n(I(\chi_1, \chi_2))$ et $\mathrm{Sym}^n(\pi_{\chi_1, \chi_2})$ sont unitaires si $-1/n < s < 0$. Si $s = -1/m$, $2 \leq m \leq n$, alors $\mathrm{Sym}^n(I(\chi_1, \chi_2))$ n'est pas unitaire mais $\mathrm{Sym}^n(\pi_{\chi_1, \chi_2})$ est unitaire.

IV - Le cas p-adique.

Il est entièrement analogue au cas réel ou complexe. Soit K un corps local non archimédien. On fixe une uniformisante p. On note $\|\cdot\|$ le module de K, $q = \|p\|^{-1}$, $\mathcal{O}$ l'anneau des entiers de K, et U le groupe des unités de $\mathcal{O}$. Tout élément de K s'écrit de façon unique $x = p^n u$, $n \in \mathbb{Z}$, $u \in U$. Un quasi-caractère χ de $K^{\cdot}$ s'écrit

$$\chi(x) = \|x\|^s \, \mu(u), \quad s \in \mathbb{C}, \text{ défini seulement modulo } 2\pi i/\log q,$$

où μ est un caractère de U. Le sous-groupe compact maximal standard de $G = GL(2,K)$ est $\underline{K} = GL(2,\mathcal{O})$.

Soient χ_1, χ_2 deux quasi-caractères de $K^{\cdot}$. On définit $I(\chi_1, \chi_2)$ comme dans $II^{(\star)}$, et $s = s_1 - s_2$.

Théorème : On suppose $\mathrm{Re}(s) \leq 0$.

1) $I(\chi_1, \chi_2)$ admet un unique quotient non nul irréductible que l'on notera π_{χ_1, χ_2}.

2) π_{χ_1, χ_2} est différent de $I(\chi_1, \chi_2)$ si et seulement si $s = -1$ et $\mu_1 = \mu_2$.

3) π_{χ_1, χ_2} est unitaire si et seulement si $I(\chi_1, \chi_2)$ est unitaire.

<u>Liste des représentations irréductibles unitaires.</u>

a) la série principale unitaire avec s_1, $s_2 \in i\mathbb{R}$.

b) la série complémentaire avec $s_1 + s_2 \in i\,R$, $\mu_1 = \mu_2$, $-1 \leq s < 0$. On triche encore un peu, car $s = -1$ correspond à la série discrète.

On remarque

1) les représentations irréductibles non ramifiées de G sont les représentations π_{χ_1,χ_2} avec $s \neq -1$, $\mu_1 = \mu_2 = 1$.

2) $s = -1$ est la première valeur de s telle que $I(\chi_1,\chi_2)$ cesse d'être irréductible. C'est aussi la borne pour la série complémentaire.

3) le rôle de l'opérateur de Casimir est tenu par l'opérateur de Hecke $\tilde{T}(p)$ que l'on va définir. On normalise une mesure de Haar sur G, de sorte que $\mathrm{vol}(\underline{K}) = 1$. L'opérateur $\tilde{T}(p)$ est l'opérateur de convolution avec la fonction caractéristique de la double classe

$$\underline{K} \begin{pmatrix} p & 0 \\ 0 & 1 \end{pmatrix} \underline{K} = \underline{K} \begin{pmatrix} p & 0 \\ 0 & 1 \end{pmatrix} \cup \bigcup_{b \in \mathcal{O}/p\mathcal{O}} \underline{K} \begin{pmatrix} 1 & b \\ 0 & p \end{pmatrix}$$

On a

$$\tilde{T}(p)\, f(g) = \int_{K\begin{pmatrix} p & 0 \\ 0 & 1 \end{pmatrix}K} f(g\, x^{-1})\, dx$$

Supposons π_{χ_1,χ_2} non ramifiée. Soit f un vecteur de l'espace de π_{χ_1,χ_2}, $\underline{K}$-invariant, non nul. La décomposition $G = B\underline{K}$ montre que f est déterminé par $f(1)$ puisque

$$f\left(\begin{pmatrix} a & n \\ 0 & b \end{pmatrix} k\right) = \chi_1(a)\, \chi_2(b)\, \| a/b \|^{1/2}\, f(1), \text{ si } k \in \underline{K}$$

On a donc $\tilde{T}(p)f = \tilde{\lambda}(p)f$. Il est facile de voir que

$$\tilde{\lambda}(p) = q^{1/2}\, (q^{s_1} + q^{s_2}).$$

On a donc :

$$|\tilde{\lambda}(p)| \leq 2\, q^{1/2}\, q^{-\mathrm{Res}/2}$$

et si l'on est dans la série principale unitaire non ramifiée :

$$|\overset{\sim}{\lambda}(p)| \leq 2\, q^{1/2}$$

Soit $T(p) = q^{-1/2}\, \tilde{T}(p)$. Alors, $T(p)f = \lambda(p)f$ et $\lambda(p) = (q^{s_1} + q^{s_2})$ donc selon lés cas :

$$|\lambda(p)| \leq 2\, q^{-\mathrm{Res}/2} \quad \text{ou} \quad |\lambda(p)| \leq 2$$

Pour $n \geq 2$, on définit comme dans le cas archimédien $\mathrm{Sym}^n(\pi_{\chi_1,\chi_2})$. Si $n = 2$, on peut montrer ([J. P.-S. S.] p. 204, prop. 6.7) qu'il n'y a pas d'autres valeurs de s, autre que les évidentes, telles que $\mathrm{Sym}^2(\pi_{\chi_1,\chi_2})$ appartienne à la série complémentaire :

$$-1/2 \leq s < 0$$

Pour ces valeurs, on a

$$|\overset{\sim}{\lambda}(p)| \leq 2\, q^{3/4}, \quad |\lambda(p)| \leq 2\, q^{1/4}.$$

Références pour ce § : [J.L.], [Go.] [G.]

<u>Valeur du paramètre</u> $s = s_1 - s_2$ <u>des représentations</u> π_{χ_1,χ_2} <u>non rami-fiées de</u> GL(2) <u>telles que</u> $Sym^n(\pi_{\chi_1,\chi_2})$ <u>soit unitaire.</u>

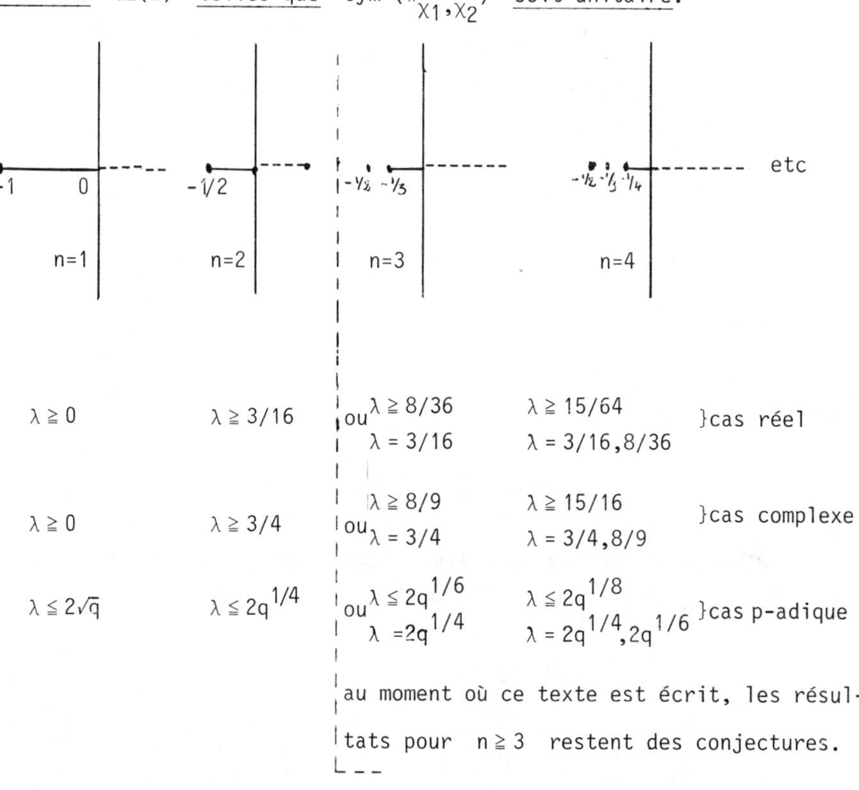

λ désigne la valeur propre du Casimir dans le cas réel ou complexe, et de l'opérateur de Hecke $T(p)$ dans le cas p-adique [et dans ce cas, q est l'inverse du module d'une uniformisante].

V - <u>Le cas adélique. Lien avec le cadre classique.</u>

On refère à [B.J.] et à [G.]. Le passage de la théorie classique à la théorie adélique se fait en deux étapes :

- à $f \in L^2(\Gamma_0(N) \backslash H, \chi)$, propre pour Δ, $T(n), T(-1)$ on associe une forme automorphe $F(f)$,

- à $F(f)$ on associe une représentation automorphe $\pi(f)$.

<u>Dictionnaire de passage de</u> H <u>à</u> $GL(2, \mathbb{R})^+$ ([V.] p. 111 et p. 133)

$$G^+ = GL(2,\mathbb{R})^+ = \{g \in GL(2,\mathbb{R}) \, , \, \det g > 0\} \, .$$

Le groupe G^+ opère transitivement par homographie sur le demi-plan supérieur H. Le groupe d'isotropie de i est $0(2,\mathbb{R})^+ \mathbb{R}^{\cdot} = \underline{K}^+ \mathbb{R}^{\cdot}$. Le difféomorphisme $g \to g(i)$ de $G^+/\underline{K}^+ \mathbb{R}^{\cdot}$ sur H induit une application sur les fonctions :

$$f(z) \to F(f)(g) = f(z) \quad si \quad z = g(i)$$

et envoie le Casimir sur le laplacien hyperbolique $\Delta = -y^2(\partial x^2 + \partial^2/\partial y^2)$:

$$DF = F\Delta$$

On procède de même en dimension 3.

$$H_{(3)} = \{u = \begin{pmatrix} z & -v \\ v & z \end{pmatrix}, \, z \in \mathbb{C}, \, v \in \mathbb{R}, \, v > 0\}$$

est le demi-espace supérieur sur lequel $G = GL(2,\mathbb{C})$ opère transitivement par homographie

$$\begin{pmatrix} a & b \\ c & d \end{pmatrix} u = (au+b)(cu+d)^{-1}$$

Le groupe d'isotropie de $i_{(3)} = \begin{pmatrix} 0 & -1 \\ 1 & 0 \end{pmatrix}$ est $U(2,\mathbb{C}) \, \mathbb{C}^{\cdot} = \underline{K} \, \mathbb{C}^{\cdot}$. Le difféomorphisme $g \to g(i_{(3)})$ de $G/\underline{K} \, \mathbb{C}^{\cdot}$ envoie le Casimir sur le laplacien $-v^2(\partial^2/\partial x^2 + \partial^2/\partial y^2 + \partial^2/\partial v^2)$

<u>La forme automorphe</u> $F(f)$.

Les théorèmes d'approximation forte donnent les décompositions

$$\mathbb{A}^{\cdot} = \mathbb{Q}^{\cdot} \, \mathbb{R}^+ \, \underset{p}{\pi} \, \mathbb{Z}_p^{\cdot}$$

où $\mathbb{A}$ est l'anneau des adèles de $\mathbb{Q}$, et

$$GL(2,\mathbb{A}) = GL(2,\mathbb{Q}) \, GL(2,\mathbb{R})^+ \, \underset{p}{\pi} \, K'_p$$

où K'_p est un sous-groupe ouvert compact de $GL(2,\mathbb{Q}_p)$ presque toujours égal à $\underline{K}_p = GL(2,\mathbb{Z}_p)$. On choisira

$$K'_p = \{\begin{pmatrix} a & b \\ c & d \end{pmatrix} \in GL(2,\mathbb{Z}_p), \ N|c\}$$

On note $g = g_{\mathbb{Q}}\, g_{\infty} k'$ la décomposition correspondante de $g \in GL(2,\mathbb{A})$. Si $f \in L^2(\Gamma_0(N) \backslash H, \chi)$ est propre pour Δ, $T(n)$, la forme automorphe associée à f est la fonction $F(f) \in L^2(GL(2,\mathbb{Q})Z(\mathbb{A}) \backslash GL(2,\mathbb{A}), \chi_{\mathbb{A}})$ définie par

$$F(f)\,(g) = f(z), \quad \text{si} \quad z = g_{\infty}(i).$$

Ici $\chi_{\mathbb{A}}$ est le caractère de $\mathbb{Z}(\mathbb{A})/Z(\mathbb{Q})$ identifié à $(\mathbb{A}/\mathbb{Q})^{\times}$, canoniquement associé au caractère de Dirichlet χ ([V.2.] p. 334). D et $\tilde{T}(p)$ définis dans les précédents § opèrent naturellement sur les variables g_{∞} et g_p. On voit que

$$DF = F\Delta$$

$$p^{-1/2}\,\tilde{T}(p)\,F = F\,T(p) = T(p)F$$

<u>La représentation automorphe</u> $\pi(f)$.

L'espace automorphe $E(f)$ est l'espace fermé engendré par les translatés à droite de $F(f)$ par $GL(2,\mathbb{A})$. La représentation par translation à droite de $GL(2,\mathbb{A})$ sur $E(f)$ est la représentation automorphe associée à f, notée $\pi(f)$.

On démontre :

- $\pi(f)$ est irréductible et factorisable, $\pi(f) = \otimes \pi_v(f)$, $v \in V$, où $\pi_v(f)$ est une représentation irréductible et unitaire de $GL(2,\mathbb{Q}_v)$ et V est l'ensemble des places de $\mathbb{Q}$.

- $\pi(f)$ est non ramifiée si v est réelle ou associée à un nombre premier p, $p \nmid N$.

On a alors

$$\pi_v = \pi_{\chi_1,\chi_2}$$

où χ_1, χ_2 sont des quasi-caractères de $\mathbb{Q}_v^{\times}$. On détermine π_{χ_1,χ_2} par les deux conditions :

· $\chi_1\chi_2 = \chi_v$, où χ_v est la composante en v de $\chi_{\mathbb{A}}$

. la valeur propre du Casimir si v est réelle, et de l'opérateur $p^{-1/2}\,\tilde{T}(p)$ si v est associée à p, est égale à λ, ou $a(p)$.

<u>Généralisation.</u>

Soit K un corps de nombres, $\mathcal{O}$ l'anneau de ses entiers, N un idéal de $\mathcal{O}$, et

$$\Gamma_0(N) = \{(\begin{smallmatrix} a & b \\ c & d \end{smallmatrix}) \in SL(2,\mathcal{O}),\ \ c \in N\}$$

χ un caractère de $(\mathcal{O}/N)^{\times}$ prolongé à $\Gamma_0(N)$,

$\pi_{v\in\infty} H_v = H^r\,H_{(3)}^s$, l'espace hyperbolique associé à K, où ∞ est l'ensemble des places infinies de K comportant r places réelles $(H_v = H)$ et s places complexes $(H_v = H_{(3)})$, πH_v est un espace homogène pour le groupe $G_{\infty}^+ = \pi_{v\in\infty} GL(2,K_v)^+$

A toute fonction $f \in L^2(\Gamma_0(N) \backslash \pi_{v\in\infty} H_v, \chi)$ propre pour les laplaciens Δ_v et les opérateurs de Hecke (définis de façon analogue aux $T(p)$) est associée une représentation automorphe

$$\pi(f) = \otimes \pi_v(f),\ \ v \in V$$

de $GL(2,\mathbb{A})$, où $\mathbb{A}$ est l'anneau des adèles de K, et V l'ensemble de ses places. La méthode est la même, compliquée par le fait que $GL(2,K) \backslash GL(2,\mathbb{A}) / G_{\infty}^+ \pi_p K_p'$, est en général un ensemble de cardinal fini ≥ 1. Les représentations $\pi_v(f)$ de $GL(2,K_v)$ sont unitaires, irréductibles, et si v est infinie ou ne divise pas N, elles sont non ramifiées et se déterminent comme précédemment.

De manière générale, si G est un groupe réductif connexe défini sur K, de centre Z, et χ un caractère de $Z(\mathbb{A})/Z(K)$, on note $L_0^2(G(K)Z(\mathbb{A}) \backslash G(\mathbb{A}), \chi)$ l'ensemble des formes paraboliques sur $G(\mathbb{A})$ ([B.J.]) sur lequel $G(\mathbb{A})$ opère par translation à droite. Un composant irréductible de cette représentation s'appelle une représentation automorphe parabolique pour $G(\mathbb{A})$.

VI - Applications.

Nous avons dans les paragraphes II à VI tenté d'expliquer la correspondance entre le langage classique dans lequel on souhaite formuler les résultats et celui des représentations automorphes, dans lequel on a récemment démontré des théorèmes profonds. Ces théorèmes que nous allons rappeler, sous une forme faible qui nous sera suffisantes, admettent pour corollaires immédiats les résultats 1), 1'),...etc. du paragraphe I d'introduction.

1) Le théorème de passage de $GL(2)$ à $GL(3)$.

Gelbart et Jacquet [G.J.] ont montré le théorème de passage suivant : soit K un corps de nombres, et π une représentation automorphe de $GL(2,\mathbb{A})$. On suppose que est parabolique et que pour tout caractère χ de $\mathbb{A}^{\times}/K^{\times}$, les représentations π et $\pi\chi$ ne sont pas équivalentes. Alors, il existe une représentation automorphe parabolique π' pour $GL(3,\mathbb{A})$ telle que si $\pi_v = \pi_{\chi_1,\chi_2}$, on a $\pi'_v = \pi_{\chi_1^2,\chi_1\chi_2,\chi_2^2}$ pour toute place v de K.

Il est connu que si π est une représentation automorphe de $GL(2,\mathbb{A})$ ne vérifiant pas l'hypothèse ci-dessus, ses composantes à l'infini n'appartiennent pas à la série complémentaire ([G.] p. 174 et [L.L.] p. 726-785).

COROLLAIRE. Pour tout entier $N \geq 1$, $\lambda_1(\Gamma(N) \setminus H) \geq 3/16$

COROLLAIRE. Pour tout entier $N \geq 1$, tout caractère χ de $(\mathbb{Z}/N\mathbb{Z})^{\cdot}$, toute fonction $f \in L^2(\Gamma_0(N) \setminus H, \chi)$ parabolique, propre pour Δ et $T(p)$, $(p,N) = 1$, on a $|a(p)| \leq 2\,p^{1/4}$.

COROLLAIRE. Soit K un corps de nombres, et $\mathbb{N}$ un idéal entier. Pour toute place infinie v de K, la première valeur propre non nulle du laplacien Δ_v vérifie :

$$\lambda_{1,v}\left(\Gamma(\mathfrak{N}) \backslash \prod_{v \in \infty} H_v\right) \geq \begin{cases} 3/16 & \text{si } v \text{ est réelle} \\ 3/4 & \text{si } v \text{ est complexe} \end{cases}$$

On conjecture qu'un théorème de passage de $GL(2)$ à $GL(n)$, associé à Sym^{n-1}, doit exister, mais sa formulation correcte ne semble pas encore connue (et certainement non démontrée). Ceci entraînera-t-il $\lambda \geq 1/4$? (les cas exceptionnels de représentations unitaires de Stein doivent être considérés). Dans la théorie des représentations automorphes, l'analogue de la conjecture de Selberg $\lambda_1 \geq 1/4$, est la

CONJECTURE DE PETERSSON. Aucune représentation automorphe parabolique π de $GL(2,\mathbb{A})$ n'a une composante appartenant à la série complémentaire. Cette conjecture a été démontrée par Deligne, comme une conséquence des conjectures des Weil, si $K = \mathbb{Q}$, et si la composante à l'infini est ramifiée (ce cas correspondant exactement à la conjecture originale de Ramanujan-Peterson).

Comme il est expliqué dans [L.], si l'on suppose que les fonctions $L_n(s,\pi) = L(s, \text{Sym}^n \otimes \widetilde{\text{Sym}}^n, \pi)$ sont holomorphes à droite de $\text{Re}(s) = 1$ pour tout $n \geq 2$, alors π vérifie la conjecture de Peterson.

2) <u>Une construction explicite</u> ([G.] p. 147-154).

On rappelle le théorème suivant de Gelbart :

Soit L une extension quadratique de K, d'anneau des adèles $\mathbb{A}_L$. A tout caractère χ de $(\mathbb{A}_L/L)^{\cdot}$ on peut associer une représentation automorphe $\pi(\chi)$ de $GL(2,\mathbb{A})$ telle que

- $\pi(\chi)$ est parabolique si χ ne se factorise pas par la norme,

- si v est une place de K qui se décompose en deux places w_1 et w_2 dans L, alors $\pi(\chi)_v = \pi_{\chi_{w_1},\chi_{w_2}}$ ou χ_{w_i} est la composante en w_i de χ, $i = 1,2$.

Application : $K = \mathbb{Q}$, S est un ensemble fini de places de $\mathbb{Q}$. La théorie du corps de classes permet de construire une extension quadratique L (réelle si $\infty \in S$), telle que toutes les places de S se décomposent dans

L, et un caractère χ ne se factorisant pas par la norme, et égal à 1
à toutes les places de L divisant une place de S.

On cherche

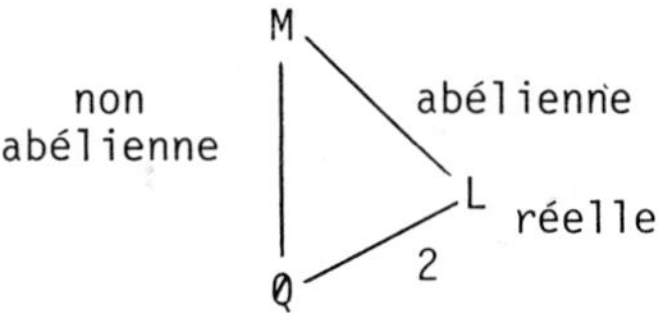

une extension quadratique réelle L, une extension abélienne M/L, telle
que M/Q ne soit pas abélienne, et telle que pour tout i, p_i soit
décomposé complètement dans M. On construit facilement des exemples
avec M/Q galoisienne de groupe de Galois le groupe symétrique S_3. On
est ramené à trouver un polynôme de discriminant d

$$X^3 + aX + b \qquad d = -4\,a^3 - 27\,b^2 = [(x_1 - x_2)(x_2 - x_3)(x_1 - x_3)]^2$$

de racines x_1, x_2, x_3 dans $\mathbb{C}$, de coefficients $a, b \in \mathbb{Z}$,

a) possédant trois racines dans $\mathbb{Q}_{p_i}$ pour tout i,

b) ne possédant pas de racines dans $\mathbb{Q}$,

c) d n'est pas un carré.

Si les premiers p_i sont tous distincts de 2, le corps premier à p_i
éléments a au moins trois éléments distincts : 0, 1, -1. Le lemme de
Hensel appliqué au polynôme $X^3 - X = X\,(X-1)(X+1)$ montre que a) est
satisfait si

$$a \equiv -1 \mod p_i$$
$$b \equiv 0 \mod p_i$$

On choisit q différent des p_i, q premier, et un polynôme
$X^3 + a_q X + b_q$, dont les coefficients sont entiers, et n'ayant pas de racines sur $\mathbb{F}_q$ (par exemple, q = 2 et $X^3 + X + 1$). Si n est assez grand,
alors b) est satisfait si

$$a \equiv a_q \mod q^n$$
$$b \equiv b_q \mod q^n$$

d'après le lemme de Krasner. Enfin, on choisit q' premier différent des p_i et de q, et un entier $a_{q'}$ qui n'est pas un carré modulo q'. Alors on a c) si

$$a = a_{q'} \mod q'$$
$$b = 0 \quad \mod q'$$

Tout couple (a,b) vérifiant le système fini de congruences ci-dessus conviendra. Cette construction ne marche que si l'un des p_i est égal à 2. Aussi il est préférable d'effectuer la construction en utilisant la version forte du lemme de Hensel ([Gr.] p. 64) :

LEMME DE HENSEL GENERALISE. Soit R un anneau de valuation discrète complet, d'uniformisante p. Soit $P(X) \in R[X]$, $a \in R$, $m \geq 1$ entier, tels que :

$$P(a) \equiv 0 \mod p^{2m+1}, \quad P'(a) \not\equiv 0 \mod p^{m+1}$$

alors P possède une racine $b \in R$, telle que

$$b \equiv a \mod p^{m+1} .$$

On choisit alors $L = \mathbb{Q}(\sqrt{d})$ et χ égal au grössen caractère de l'extension M/L. Pour la représentation correspondante,

$$\lambda = 1/4, \text{ si } \infty \in S \quad \text{et } \tilde{\lambda}(p) = 2\,p^{1/2}, \text{ donc } a(p) = 2, \text{ si } p \in S.$$

On en déduit que $1/4$ appartient au spectre discret de $\Gamma(N) \backslash H$, pour une infinité de $N \geq 1$. On peut d'ailleurs dans ce procédé contrôler la valeur de N. On pourrait procéder de même avec $K \neq \mathbb{Q}$.

3) <u>Passage de</u> D^X <u>à</u> GL(2) ([J.L.] p. 494).

Soit D un corps de quaternions sur K. Soit D^X le groupe multiplicatif de D. On définit comme pour GL(2) la notion de représentation automorphe pour $D^X(\mathbb{A})$. Jacquet et Langlands ont démontré le théorème suivant :

Si $\pi'_{\mathbb{A}}$ est une représentation automorphe parabolique pour $D^X(\mathbb{A})$, il existe une représentation automorphe parabolique $\pi_{\mathbb{A}}$ pour $GL(2,\mathbb{A})$, telle que pour toute place $v \in V$ telle que $D_v^X = GL(2,K_v)$ on ait

$$\pi_v = \pi'_v.$$

On associe à D^X, comme à $GL(2)$, des groupes de congruence. Soit R un ordre maximal de D (jouant le rôle de $M(2,\mathcal{O})$) et $\underline{N}$ un idéal bilatère de R. Soit

$$\Gamma'(\underline{N}) = \{d \in R, \; d \in 1 + \underline{N}R, \; \text{norme réduite de } d \text{ égale à } 1\}.$$

Il est connu ([V.] p. 104) que $\Gamma'(\underline{N})$ est isomorphe à un sous-groupe discret de $G'_\infty = \underset{v}{\pi} \, GL(2,K_v)$, $v \in \infty$, $GL(2,K_v) = D_v^X$ (cet ensemble est supposé non vide) de covolume fini, et cocompact. Supposons $K = \mathbb{Q}$. On déduit du théorème de Jacquet et Langlands :

<u>COROLLAIRE</u>. Pour tout entier $N \geq 1$, $\lambda_1(\Gamma'(N)\backslash H) \geq 3/16$.

Le genre de ces surfaces est donné par une formule explicite ([V.] p.122) et tend vers l'infini avec N. On a donc :

<u>COROLLAIRE</u>. Le genre des surfaces de Riemann compactes $\Gamma'(N)\backslash H$ tend vers l'infini avec N, et $\lambda_1(\Gamma'(N)\backslash H) \geq 3/16$.

On peut évidemment généraliser la construction aux variétés générales $\Gamma'(\mathbb{N}) \backslash \pi H_v$.

(*) p. 325. Cette majoration a été démontrée par Proskurin [P.] comme une conséquence de l'estimation de Weil des sommes de Kloosterman.

(*) p. 325, 328 et 331. On triche un peu : $s = -1$ correspond traditionnellement à une représentation de la série discrète, et non de la série complémentaire ...

(*) p. 329. On triche encore un peu.

(*) p. 330. On remplacera seulement la condition $f|_K \in L^2(K)$ par : f est localement constante.

B I B L I O G R A P H I E

[A.St.] M. ABRAMOWITZ, I. A. STEGUN, Handbook of Mathematical Functions, Dover Publications, New-York (1970).

[B.J.] A. BOREL, H. JACQUET, Automorphic forms and representations, Proceedings of Symposia in Pure Mathematics, 33 (1979), part 1, 189-202.

[B.] P. BUSER, On Cheeger's inequality $\lambda_1 \geq h^2/4$, Proceedings of Symposia in Pure Mathematics, 36 (1980), 229-77.

[C.] C. CLOZEL, Lettre janvier 1981.

[D.I.] J.M. DESHOUILLERS, H. IWANIEC, Kloosterman sums and Fourier coefficients of cusp forms, Preprint Bordeaux (1981).

[G.] S. GELBART, Automorphic Forms on Adele groups, Annals of Math Studies, Princeton University Press (1975).

[G.J.] S. GELBART, H. JACQUET, A relation between automorphic representation of GL(2) and GL(3), Ann. Scient. Ec. Norm. Sup. 4° Série, t..II (1978) 471-542.

[Go.] R. GODEMENT, Notes on Jacquet-Langlands theory, the Institute for Advanced Study (1970).

[J.L.] H. JACQUET, R.P. LANGLANDS, Automorphic Forms on GL(2), Springer-Verlag Lecture Notes 114 (1970).

[J.PS.S.] H. JACQUET, I.I. PIATETSKI-SHAPIRO, J. SHALIKA, Automorphic forms on GL(3) I, II, Annals of Mathematics 109 (1979), 169-212 et 213-258.

[Kn.] T. KNAPP, lettre Mars 1982.

[K.] B. KOSTANT, On the existence and the irreducibility of certain series representation, Lie groups and their representations, Proceedings Bolyai Janos Mathematical Society (1971), 231-330.

[M.] H. MAASS, Uber eine neue Art von nichtanalytischen automorphen Funktionen und die Bestimmung Dirichletscher Reihen durch Funktionalgleichungen, Math. Ann. 121 (1949), 141-183.

[Sa.]   I. SATAKE, Spherical functions and Ramanujan conjecture, Proceedings of Symposia in Pure Mathematics, IX, (1966), 258-264.

[S.]   A. SELBERG, On the estimation of Fourier coefficients of modular forms, Proceedings of Symposia in Pure Mathematics, VIII (1965), 1-15.

[Sh.]   G. SHIMURA, Introduction to the arithmetic theory of automorphic functions, Princeton University Press (1971).

[Sp.]   B. SPEH, Thèse M.I.T. (1977).

[St.]   E. STEIN, Analysis in matrix spaces and some new representations of SL(N,C). Annals of Mathematics 86 (1967), 461-490.

[V.]   M.F. VIGNERAS, Arithmétique des algèbres de quaternions, Springer-Verlag Lecutres Notes 800 (1980).

[V2.]   Valeurs au centre de symétrie des séries L attachées aux formes modulaires, Séminaire de théorie des nombres, Paris 1979-1980, Birkhaüser (1981).

[W.]   N. WALLACH, Representations of reductive Lie groups, Proceedings of Symposia in Pure Mathematics, 33 (1979), part 1, 71-86.

[P.]   N.V. PROSKURIN, Estimates of eigenvalues of Hecke Operators, in the space of parabolic forms of weight 0 (Russian). Zap. nauchn. seminarov LOMI $\underline{82}$, 136-143 (1979).

[Gr.]   M.J. GREENBERG, Lectures on Forms in many variables. W.A. Benjamin (1969).

[L.L.]   J.P. LABESSE, R.P. LANGLANDS, L-indistiguishability for SL(2). Can. J. Math. Vol XXXI, N° 4, 1979, pp. 726-785.

[L.]   R.P. LANGLANDS, Problems in the theory of Automorphic Forms. Springer-Verlag Lecture Notes 170 (1970), pp. 18-61.

ADRESSES DES AUTEURS

B.J. BIRCH and N.M. STEPHENS

University College, Cardiff
Mathematics Institute,
Senghennydd Road,
CARDIFF

ANGLETERRE

G. BRATTSTRÖM

Nicandersgatan, 3
S - 252 39 HELSINGBORG

SUEDE

Ph. CASSOU-NOGUES et M.J. TAYLOR

Université de Bordeaux I
U.E.R. de Mathématiques et d'Informatique
351, Cours de la Libération

F 33405 TALENCE Cedex

G. CHRISTOL

Université de Paris 6
Département de Mathématiques
4, place Jussieu

F 75230 PARIS Cedex 05

R. GILLARD

Université de Grenoble I
Institut de Mathématiques Pures
B.P. 116

F 38402 Saint MARTIN D'HERES

G. HARDER

Sonderforschungsbereich
"Theoretische Mathematic"
Universität BONN
Beringstrasse 4
5300 BONN 1

ALLEMAGNE FEDERALE

J.-F. JAULENT

Era N° 070654
Université de Franche-Comté
Faculté des Sciences-Mathématiques

F 25030 BESANCON Cedex

J.-R. JOLY

>Institut Fourier
>Université de Grenoble I
>B.P. 116
>
>F 38402   Saint MARTIN D'HERES

S. LANG

>Math. Dept. Yale University
>New Haven Conn 06520
>
>U.S.A.

M. LAURENT

>Université Pierre et Marie Curie
>Tour 45-46, 5ème étage
>4, place Jussieu
>
>F 75230   PARIS Cedex 05

M. MENDES FRANCE

>U.E.R. de Mathématiques
>Université de Bordeaux I
>351, Cours de la Libération
>
>F 33405   TALENCE Cedex

J.F. MESTRE

>U.E.R. de Mathématiques et d'Informatique
>Université de Bordeaux I
>351, Cours de la Libération
>
>F 33405   TALENCE Cedex

J.C. MOREAU

>ERA 979 "Problèmes Diophantiens"
>Institut Henri Poincaré
>11, rue Pierre et Marie Curie
>
>F 75231   PARIS Cedex 05

J.L. NICOLAS

>U.E.R. des Sciences de Limoges
>Département de Mathématiques
>123, rue Albert Thomas
>
>F 87060   LIMOGES Cedex

J. OESTERLE

>Ecole Normale Supérieure
>45, rue d'Ulm
>
>F 75230   PARIS

J. QUEYRUT

>U.E.R. de Mathématiques et d'Informatique
>Université de Bordeaux I
>351, Cours de la Libération
>
>F 33405 TALENCE Cedex

G. ROBIN

>Département de Mathématiques
>Université de Limoges
>123, Avenue Albert Thomas
>
>F 87060 LIMOGES Cedex

P. SATGE

>Université de Caen
>Département de Mathématiques
>
>F 14032 CAEN Cedex

N. SCHAPPACHER

>Mathematisches Institut d. Univ.
>Bunsenstr. 3-5
>D-3400 GÖTTINGEN
>
>ALLEMAGNE FEDERALE

W.M. SCHMIDT

>University of Colorado
>Boulder
>
>U.S.A.

T.N. SHOREY

>School of Mathematics
>Tata Institute of fundamental Research
>Homi Bhabha Road
>BOMBAY 400 005
>
>INDIA

G. TENENBAUM

>Case Officielle N° 140
>
>F 54037 NANCY Cedex

K. VÄÄNÄNEN

>Department of Mathematics
>University of Oulu
>90570 OULU 57
>
>FINLAND

M.-F. VIGNERAS

Ecole Normale Supérieure de Jeunes Filles
1, rue Maurice Arnoux
F 92120   MONTROUGE

Progress in Mathematics
Edited by J. Coates and S. Helgason

Progress in Physics
Edited by A. Jaffe and D. Ruelle

- A collection of research-oriented monographs, reports, notes arising from lectures or seminars
- Quickly published concurrent with research
- Easily accessible through international distribution facilities
- Reasonably priced
- Reporting research developments combining original results with an expository treatment of the particular subject area
- A contribution to the international scientific community: for colleagues and for graduate students who are seeking current information and directions in their graduate and post-graduate work.

Manuscripts

Manuscripts should be no less than 100 and preferably no more than 500 pages in length.

They are reproduced by a photographic process and therefore must be typed with extreme care. Symbols not on the typewriter should be inserted by hand in indelible black ink. Corrections to the typescript should be made by pasting in the new text or painting out errors with white correction fluid.

The typescript is reduced slightly (75%) in size during reproduction; best results will not be obtained unless the text on any one page is kept within the overall limit of 6x9½ in (16x24 cm). On request, the publisher will supply special paper with the typing area outlined.

Manuscripts should be sent to the editors or directly to: Birkhäuser Boston, Inc., P.O. Box 2007, Cambridge, Massachusetts 02139

PROGRESS IN MATHEMATICS
Already published

PM 1   Quadratic Forms in Infinite-Dimensional Vector Spaces
Herbert Gross
ISBN 3-7643-1111-8, 432 pages, paperback

PM 2   Singularités des systèmes différentiels de Gauss-Manin
Frédéric Pham
ISBN 3-7643-3002-3, 346 pages, paperback

PM 3   Vector Bundles on Complex Projective Spaces
C. Okonek, M. Schneider, H. Spindler
ISBN 3-7643-3000-7, 396 pages, paperback

PM 4   Complex Approximation, Proceedings, Quebec, Canada, July 3-8, 1978
Edited by Bernard Aupetit
ISBN 3-7643-3004-X, 128 pages, paperback

PM 5   The Radon Transform
Sigurdur Helgason
ISBN 3-7643-3006-6, 207 pages, hardcover

PM 6   The Weil Representation, Maslov Index and Theta Series
Gérard Lion, Michèle Vergne
ISBN 3-7643-3007-4, 348 pages, paperback

PM 7   Vector Bundles and Differential Equations
Proceedings, Nice, France, June 12-17, 1979
Edited by André Hirschowitz
ISBN 3-7643-3022-8, 256 pages, paperback

PM 8   Dynamical Systems, C.I.M.E. Lectures, Bressanone, Italy, June 1978
John Guckenheimer, Jürgen Moser, Sheldon E. Newhouse
ISBN 3-7643-3024-4, 305 pages, hardcover

PM 9   Linear Algebraic Groups
T. A. Springer
ISBN 3-7643-3029-5, 314 pages, hardcover

PROGRESS IN PHYSICS
Already published